全国高等职业教育"十三五"规划教材

电子工艺与品质管理

夏西泉　林　涛　邓显林　编著
任德齐　主审

机械工业出版社

本书以理论够用为度、注重培养学生的实践基本技能为目的,具有指导性、可实施性和可操作性的特点。全书共分为8章,主要内容包括常用电子元器件的结构、主要参数、识别与判别;PCB的设计基础、工艺流程、手工制作的方法与步骤;PCB焊接基础、手工焊接、浸焊操作要领与步骤;导线的加工工艺流程、焊接种类、形式和方法;电子产品组装中元器件加工与安装方法、整机组装中连接种类及工艺过程;电子产品调试方案设计、调试种类和方法;典型电子产品项目介绍与应用;常用表面贴装元器件的类型、主要参数、识别与判别以及表面贴装元器件的贴焊工艺与常用表面安装设备操作工艺流程;工艺文件的编制、电子产品质量管理及ISO 9000标准等。

　　本书内容丰富,取材新颖,图文并茂,直观易懂,具有很强的实用性,可供高职高专院校电子信息技术、通信技术、电气工程、自动化等专业的学生使用,也可作为实践指导教师和从事电子工作的工程技术人员的参考书。

　　本书配有授课电子课件,需要的教师可登录www.cmpedu.com免费注册,审核通过后下载,或联系编辑索取(QQ:1239258369,电话:010-88379739)。

图书在版编目(CIP)数据

电子工艺与品质管理/夏西泉,林涛,邓显林编著. —2版. —北京:机械工业出版社,2017.6

全国高等职业教育"十三五"规划教材

ISBN 978-7-111-57075-2

Ⅰ.①电… Ⅱ.①夏… ②林… ③邓… Ⅲ.①电子产品-生产工艺-高等职业教育-教材②电子产品-质量管理-高等职业教育-教材 Ⅳ.①TN05

中国版本图书馆CIP数据核字(2017)第132638号

机械工业出版社(北京市百万庄大街22号 邮政编码100037)

策划编辑:王 颖 责任编辑:王 颖

责任校对:郑 婕 责任印制:常天培

唐山三艺印务有限公司印刷

2017年7月第2版第1次印刷

184mm×260mm·15.25印张·360千字

0001—3000册

标准书号:ISBN 978-7-111-57075-2

定价:39.90元

出 版 说 明

《国务院关于加快发展现代职业教育的决定》指出：到 2020 年，形成适应发展需求、产教深度融合、中职高职衔接、职业教育与普通教育相互沟通，体现终身教育理念，具有中国特色、世界水平的现代职业教育体系，推进人才培养模式创新，坚持校企合作、工学结合，强化教学、学习、实训相融合的教育教学活动，推行项目教学、案例教学、工作过程导向教学等教学模式，引导社会力量参与教学过程，共同开发课程和教材等教育资源。机械工业出版社组织全国 60 余所职业院校（其中大部分是示范性院校和骨干院校）的骨干教师共同策划、编写并出版的"全国高等职业教育规划教材"系列丛书，已历经十余年的积淀和发展，今后将更加结合国家职业教育文件精神，致力于建设符合现代职业教育教学需求的教材体系，打造充分适应现代职业教育教学模式的、体现工学结合特点的新型精品化教材。

"全国高等职业教育规划教材"涵盖计算机、电子和机电 3 个专业，目前在销教材 300 余种，其中"十五""十一五""十二五"累计获奖教材 60 余种，更有 4 种获得国家级精品教材。该系列教材依托于高职高专计算机、电子、机电 3 个专业编委会，充分体现职业院校教学改革和课程改革的需要，其内容和质量颇受授课教师的认可。

在系列教材策划和编写的过程中，主编院校通过编委会平台充分调研相关院校的专业课程体系，认真讨论课程教学大纲，积极听取相关专家意见，并融合教学中的实践经验，吸收职业教育改革成果，寻求企业合作，针对不同的课程性质采取差异化的编写策略。其中，核心基础课程的教材在保持扎实的理论基础的同时，增加实训和习题以及相关的多媒体配套资源；实践性较强的课程则强调理论与实训紧密结合，采用理实一体的编写模式；涉及实用技术的课程则在教材中引入了最新的知识、技术、工艺和方法，同时重视企业参与，吸纳来自企业的真实案例。此外，根据实际教学的需要对部分课程进行了整合和优化。

归纳起来，本系列教材具有以下特点。

1）围绕培养学生的职业技能这条主线来设计教材的结构、内容和形式。

2）合理安排基础知识和实践知识的比例。基础知识以"必需、够用"为度，强调专业技术应用能力的训练，适当增加实训环节。

3）符合高职学生的学习特点和认知规律。对基本理论和方法的论述容易理解、清晰简洁，多用图表来表达信息；增加相关技术在生产中的应用实例，引导学生主动学习。

4）教材内容紧随技术和经济的发展而更新，及时将新知识、新技术、新工艺和新案例等引入教材。同时注重吸收最新的教学理念，并积极支持新专业的教材建设。

5）注重立体化教材建设。通过主教材、电子教案、配套素材光盘、实训指导和习题及解答等教学资源的有机结合，提高教学服务水平，为高素质技能型人才的培养创造良好的条件。

由于我国高等职业教育改革和发展的速度很快，加之我们的水平和经验有限，因此在教材的编写和出版过程中难免出现问题和疏漏。恳请使用这套教材的师生及时向我们反馈质量信息，以利于我们今后不断提高教材的出版质量，为广大师生提供更多、更适用的教材。

机械工业出版社

前　言

随着电子信息技术的迅速发展，电子工艺水平也取得了长足的进步，这为现代电子企业提高产品的质量和可靠性奠定了坚实的基础。但是，要生产出外观时尚、功能齐全的现代电子数码产品，仅有先进的设备与生产线显然是不够的，还需要大量熟练掌握电子工艺技能、熟悉现代化电子产品生产全过程的技能型专门人才。

近年来，我国高等职业教育蓬勃发展，职业教育改革也在不断深入，为了培养大量高素质技能型专门人才，国家号召各高职院校大力推行工学结合、突出实践能力的人才培养模式改革，加强校企合作、突出实训、实习基地建设，以达到改善办学条件、彰显办学特色、全面提高教学质量的目的。这在政策和理念上为高技能人才培养提供了保障机制。

为此，编者结合目前职业教育的特点和多年从事电子工艺教学实践，本着以理论够用为度，注重培养读者的实践基本技能为目的编写了这本教材，旨在使读者具备电子工艺与品质管理等方面的基础知识，具有电子产品生产领域中的工艺设计、制作、调试、安装和日常维修等相关能力，以满足现代电子企业对电子工艺性人才的日益需求。

本书在编写中具有如下特点：

1）力求反映新知识、新技术、新工艺、新方法。本书既有传统元器件的识别与判别、PCB 手工制作及焊接、电路静态与动态调试等内容；也有 SMT 元器件的识别与判别、SMT 贴焊技术、CAD 软件设计 PCB、IPC – A –610（电子组件的可接受性要求）评价标准等关于 SMT 的工艺知识；还引入了现代化生产过程中质量管理和质量保证标准——ISO 9000 系列标准；同时，也增加了 LCD、PDP、触摸屏等广泛应用的新器件，以达到反映知识更新和科技发展最新动态的目的。

2）力求体现训练的可操作性、机型的典型性。本书紧密联系实际，突出技能训练，全书共有 23 个训练任务，主要包括常用元器件识别与检测、PCB 设计与制作、手工焊接、电路板组装及调试、SMT 设备操作及工艺流程、工艺文件编制等内容。各训练任务均具可操作性，这对加强学生实践技能的培养起到了极其重要的作用。另外，选了 4 个通用而又典型的电子产品作为整机安装与调试的综合训练项目，旨在培养学生综合运用知识解决实际问题的能力。

3）力求体现技能项目的多样性与趣味性相结合。本书技能训练项目中既可操作到指针式万用表、热风焊枪、BGA 植锡等仪表和新型手工焊接设备；也可操作到数字万用表、数字电桥、DDC 数字信号发生器、数字存储示波器等新型调测设备；还可操作到 PC、激光打印机以及快速制作 PCB 的制板设备；更要操作到焊锡膏印刷机、贴片机、回流焊机以及 SMT 相关检测等设备，这些都大大地增加了本书的趣味性。尤其是 PCB 的制作成功，收音机、开关电源、声光延时控制器、MF47A 型万用表等典型电子产品的装调成功，更能体现学生的成就感。

4）力求作到技能操作与职场健康安全意识相配合。本书技能训练项目中，不管是在检测与调试的误差、生产环节的用电安全等方面，还是在设备的安装连接、操作安全等方面都以"实训注意事项"的形式给予提示，意在零距离培养读者掌握比较全面而细致的管理规范和具备现场操作安全意识，以保证企业操作者的生命和财产安全，实现企业经济可持续发展。

5）力求做到内容丰富全面、通俗易懂、各章相对独立。本书既有传统电子工艺方面的知识，也有现代电子产品大量使用的SMT方面的内容，还有企业产品质量管理和保证的标准。全书内容丰富、取材新颖、图文并茂、直观易懂，具有很强的实用性，且各章相对独立，易于选取。

本书建议安排学时数为：40～70学时，使用者可根据自身的办学条件与设备的投入灵活地选择内容。

本书由夏西泉、林涛、邓显林编著。第2、3章由林涛编写，第4、5章由邓显林编写，第1、6、7、8章和附录由夏西泉编写，且负责全书统稿和定稿工作。

本书在编写过程中，得到了重庆电子工程职业学院龚小勇教授的悉心指导，重庆工商职业学院任德齐教授审阅了全书，并提出了许多宝贵的意见和建议。另外，在图形图片的处理和文字的校对方面也得到了赖永会老师大力支持，在此一并致以诚挚的谢意。

由于现代电子工艺技术发展极为迅速，加上编者水平有限和编写时间仓促，书中出现一些错误和不妥之处在所难免，恳请读者批评与指正。

编　者

目　录

出版说明
前言
第1章　常用电子元器件 ················ 1
　1.1　电阻器 ···························· 1
　　1.1.1　固定电阻器 ················ 1
　　1.1.2　可变电阻器 ················ 4
　　1.1.3　敏感电阻器 ················ 7
　　1.1.4　任务1——电阻器的识别
　　　　　　与判别 ····················· 11
　1.2　电容器 ························· 13
　　1.2.1　固定电容器 ··············· 13
　　1.2.2　可变电容器 ··············· 16
　　1.2.3　任务2——电容器的识别
　　　　　　与判别 ····················· 16
　1.3　电感器 ························· 19
　　1.3.1　线圈类电感器 ············ 19
　　1.3.2　变压器类电感 ············ 20
　　1.3.3　任务3——电感器的识别
　　　　　　与判别 ····················· 22
　1.4　晶体二极管与单结晶体管 ···· 24
　　1.4.1　晶体二极管 ··············· 24
　　1.4.2　特殊二极管 ··············· 27
　　1.4.3　单结晶体管 ··············· 29
　　1.4.4　任务4——晶体二极管与
　　　　　　单结晶体管的识别与判别 ··· 30
　1.5　晶体管与场效应晶体管 ······· 33
　　1.5.1　晶体管 ····················· 33
　　1.5.2　场效应晶体管 ············ 37
　　1.5.3　任务5——晶体管与场效应
　　　　　　晶体管的识别与判别 ······· 39
　1.6　晶体闸流管 ···················· 40
　　1.6.1　单向晶闸管 ··············· 41
　　1.6.2　双向晶闸管 ··············· 42
　　1.6.3　可关断晶闸管 ············ 42

　　1.6.4　任务6——晶体闸流管的
　　　　　　识别与判别 ··············· 43
　1.7　光敏器件 ······················ 44
　　1.7.1　光敏二极管 ··············· 44
　　1.7.2　光敏晶体管 ··············· 45
　　1.7.3　光耦合器 ·················· 46
　　1.7.4　任务7——光敏器件的
　　　　　　识别与判别 ··············· 47
　1.8　电声器件 ······················ 49
　　1.8.1　传声器 ····················· 49
　　1.8.2　扬声器 ····················· 51
　　1.8.3　任务8——电声器件的
　　　　　　识别与判别 ··············· 52
　1.9　显示器件 ······················ 53
　　1.9.1　LED数码管 ··············· 53
　　1.9.2　LCD显示器 ··············· 54
　　1.9.3　PDP显示屏 ··············· 56
　　1.9.4　触摸显示屏 ··············· 56
　　1.9.5　任务9——显示器件的
　　　　　　识别与判别 ··············· 59
　1.10　开关器件 ···················· 61
　　1.10.1　继电器 ··················· 61
　　1.10.2　熔断器 ··················· 64
　　1.10.3　任务10——开关器件的
　　　　　　识别与判别 ··············· 65
　1.11　习题 ·························· 66
第2章　PCB的设计与制作 ········· 68
　2.1　PCB设计基础 ················· 68
　　2.1.1　覆铜板概述 ··············· 68
　　2.1.2　PCB常用术语介绍 ······· 69
　　2.1.3　PCB设计规则 ············ 70
　　2.1.4　PCB高级设计 ············ 73
　2.2　PCB设计流程 ················· 75
　　2.2.1　电路原理图的设计流程 ··· 75
　　2.2.2　网络表的产生 ············ 75

2.2.3 印制电路板的设计流程 ············· 76
2.3 PCB 制作基本过程 ··············· 77
2.3.1 胶片制版 ················· 77
2.3.2 图形转移 ················· 77
2.3.3 化学蚀刻 ················· 78
2.3.4 过孔与铜箔处理 ············· 78
2.3.5 助焊与阻焊处理 ············· 78
2.4 PCB 的生产工艺 ··············· 78
2.4.1 单面 PCB 生产流程 ············ 79
2.4.2 双面 PCB 生产流程 ············ 79
2.4.3 多层 PCB 生产流程 ············ 79
2.5 PCB 的手工制作 ··············· 80
2.5.1 漆图法制作 PCB ·············· 80
2.5.2 贴图法制作 PCB ·············· 81
2.5.3 刀刻法制作 PCB ·············· 81
2.5.4 感光法制作 PCB ·············· 82
2.5.5 热转印法制作 PCB ············ 82
2.5.6 任务 11——PCB 的手工
制作 ·················· 82
2.6 习题 ··················· 87
第 3 章 PCB 的焊接技术 ············ 88
3.1 常用焊接材料与工具 ············· 88
3.1.1 常用焊接材料 ·············· 88
3.1.2 常用焊接工具 ·············· 90
3.1.3 任务 12——常用焊接工具
检测 ·················· 91
3.2 焊接条件与过程 ··············· 93
3.2.1 焊接基本条件 ·············· 93
3.2.2 焊接工艺过程 ·············· 93
3.3 PCB 手工焊接 ··············· 94
3.3.1 手工焊接姿势 ·············· 94
3.3.2 手工焊接步骤 ·············· 94
3.3.3 手工焊接要领 ·············· 95
3.3.4 焊点基本要求 ·············· 96
3.3.5 缺陷焊点分析 ·············· 96
3.3.6 手工拆焊技术 ·············· 97
3.3.7 任务 13——PCB 手工焊接 ······ 98
3.4 浸焊和波峰焊 ··············· 100
3.4.1 浸焊 ·················· 100
3.4.2 波峰焊 ················· 101
3.4.3 任务 14——PCB 手工浸焊 ······ 102
3.5 新型焊接 ················· 104

3.5.1 激光焊接 ················ 104
3.5.2 电子束焊接 ··············· 105
3.5.3 超声焊接 ················ 105
3.6 习题 ··················· 105
第 4 章 导线加工与焊接 ············ 106
4.1 常用材料 ················· 106
4.1.1 常用导线 ················ 106
4.1.2 常用绝缘材料 ·············· 108
4.2 导线加工工艺 ··············· 109
4.2.1 绝缘导线的加工工艺 ·········· 109
4.2.2 线扎的成形加工工艺 ·········· 110
4.2.3 屏蔽导线的加工工艺 ·········· 111
4.2.4 任务 15——导线加工 ········· 113
4.3 导线焊接工艺 ··············· 116
4.3.1 导线焊前处理 ·············· 116
4.3.2 导线焊接种类 ·············· 116
4.3.3 导线焊接形式 ·············· 117
4.3.4 导线拆焊方法 ·············· 118
4.3.5 任务 16——导线焊接 ········· 118
4.4 习题 ··················· 120
第 5 章 电子产品装配工艺 ·········· 121
5.1 组装基础 ················· 121
5.1.1 组装内容与级别 ············· 121
5.1.2 组装特点与方法 ············· 122
5.1.3 组装技术的发展 ············· 122
5.2 电路组装 ················· 123
5.2.1 元器件的选用 ·············· 123
5.2.2 元器件的检验 ·············· 124
5.2.3 元器件加工 ··············· 124
5.2.4 元器件安装 ··············· 126
5.2.5 电路组装方式 ·············· 128
5.2.6 任务 17——HX108 - 2 型
收音机电路组装 ············ 129
5.3 整机组装 ················· 131
5.3.1 整机组装概述 ·············· 131
5.3.2 整机组装过程 ·············· 132
5.3.3 整机连接 ················ 133
5.3.4 整机总装 ················ 136
5.3.5 任务 18——HX108 - 2 型
收音机整机组装 ············ 137
5.4 整机质检 ················· 140
5.4.1 外观检查 ················ 140

5.4.2 电路检查 ·············· 140
5.4.3 出厂试验 ·············· 140
5.4.4 型式试验 ·············· 140
5.5 习题 ················· 140

第6章 电子产品调试工艺 ·········· 141
6.1 调试过程与方案 ············ 141
6.1.1 生产阶段调试 ·········· 141
6.1.2 调试方案设计 ·········· 142
6.1.3 调试工艺卡举例 ········· 143
6.2 静态测试 ·············· 143
6.2.1 静态测试内容 ·········· 143
6.2.2 电路调整方法 ·········· 144
6.2.3 电路故障原因 ·········· 145
6.2.4 任务19——HX108-2型收音机
静态测试 ··········· 145
6.3 动态测试 ·············· 147
6.3.1 动态电压测试 ·········· 147
6.3.2 波形测试 ············ 147
6.3.3 幅频特性测试 ·········· 148
6.3.4 任务20——HX108-2型调幅
收音机动态测试 ······· 149
6.4 在线测试 ·············· 158
6.4.1 生产故障分析（MDA） ····· 158
6.4.2 在线电路测试（ICT） ····· 158
6.4.3 功能测试（FT） ········ 158
6.5 自动测试 ·············· 159
6.5.1 自动测试流程 ·········· 159
6.5.2 自动测试硬件设备 ······· 159
6.5.3 自动测试软件系统 ······· 159
6.6 习题 ················· 159

第7章 表面贴装技术（SMT） ······· 160
7.1 SMT概述 ·············· 160
7.1.1 安装技术的发展概况 ······ 160
7.1.2 SMT的特点 ·········· 161
7.1.3 SMT生产线分类 ······· 161
7.1.4 SMT设备组成 ········· 162
7.2 表面贴装元器件 ··········· 162
7.2.1 表面贴装元件（SMC） ···· 163
7.2.2 表面贴装器件（SMD） ···· 166
7.2.3 任务21——SMC/SMD的
识别与判别 ········· 168
7.3 SMC/SMD的贴焊工艺 ······ 171

7.3.1 SMC/SMD的贴装方法 ··· 171
7.3.2 SMC/SMD的贴装类型 ··· 171
7.3.3 SMC/SMD的焊接方式 ··· 173
7.3.4 SMC/SMD的焊接特点 ··· 173
7.3.5 任务22——SMC/SMD的
手工焊接 ·········· 174
7.4 表面贴装设备介绍 ·········· 178
7.4.1 焊膏印刷机 ··········· 179
7.4.2 贴片机 ············· 184
7.4.3 回流焊机 ··········· 190
7.4.4 检测设备 ··········· 195
7.5 习题 ················· 200

第8章 工艺文件与质量管理 ········ 201
8.1 电子产品工艺文件 ·········· 201
8.1.1 工艺文件基础 ·········· 201
8.1.2 编制工艺文件 ·········· 202
8.1.3 工艺文件的成套性 ······· 203
8.1.4 任务23——HX108-2型
收音机装配工艺文件编制 ··· 204
8.2 电子产品质量管理概述 ········ 210
8.2.1 产品设计质量管理 ······· 210
8.2.2 产品试制质量管理 ······· 211
8.2.3 产品制造质量管理 ······· 211
8.3 电子产品质量管理方法 ········ 212
8.3.1 5S现场管理 ·········· 212
8.3.2 4M1E管理 ·········· 212
8.3.3 5W1H管理 ·········· 212
8.4 电子产品质量管理标准 ········ 213
8.4.1 ISO 9000标准 ········ 213
8.4.2 IPC-A-610标准 ······ 215
8.4.3 国标与行标简介 ········ 215
8.5 电子产品质量认证 ·········· 216
8.5.1 质量认证介绍 ·········· 216
8.5.2 3C强制认证 ·········· 217
8.6 习题 ················· 218

附录 常用典型电子产品简介 ········ 219
项目1 HX108-2型调幅收音机 ······· 219
项目2 JMD20型小体积开关电源 ····· 221
项目3 DT-8型声光延时控制器 ····· 224
项目4 MF47A型万用表 ·········· 227

参考文献 ················· 231

第1章 常用电子元器件

本章要点

- 能描述电阻器、电容器和电感器等元件的性能、特征和用途
- 能描述晶体二极管、晶体管、场效应晶体管和晶闸管等器件的性能、特征和用途
- 能描述电声器件（传声器和扬声器）的性能、特征和用途
- 能描述光电器件（光电二极管、光敏晶体管和光耦合器）的性能、特征和用途
- 能描述显示器件（LED、LCD、PDP和触摸屏）的性能、特征和用途
- 能描述开关器件（继电器和熔断器）的性能、特征和用途
- 会正确识别电阻器、电容器和电感器等元件
- 会正确识别晶体二极管、晶体管、场效应晶体管和晶闸管等器件
- 会正确识别电声器件、光耦合器等器件
- 会正确识别继电器、LED数码管等器件
- 能熟练检测和判别电阻器、电容器和电感器等器件的好坏
- 能熟练检测和判别晶体二极管、晶体管、场效应晶体管和晶闸管等器件的好坏
- 能熟练检测和判别电声器件、光电器件的好坏
- 能熟练检测和判别显示器件、开关器件的好坏

1.1 电阻器

电阻器是电子产品中使用得最多且必不可少的一种元件，它在电路中具有限流、分压、检测和阻抗匹配等作用。可将电阻器分为固定电阻器、可变电阻器和敏感电阻器。下面就这3类电阻器的基本特性进行具体介绍。

1.1.1 固定电阻器

1. 常见固定电阻器实物、单位与电路符号

1）常见固定电阻器实物如图1-1所示。

2）常见固定电阻器的单位与电路符号

常见固定电阻器在使用中常用的单位有：欧［姆］（Ω）、千欧（kΩ）、兆欧（MΩ）和吉欧（GΩ）等，其换算关系为 $1G\Omega = 10^3 M\Omega = 10^6 k\Omega = 10^9 \Omega$。

固定电阻器的文字符号用"R"来表示。在电子产品中，固定电阻器的电路符号如图1-2所示。

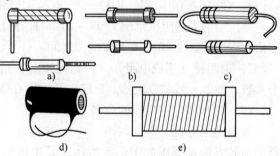

图1-1 常见固定电阻器实物图
a）碳膜电阻器 b）金属膜电阻器 c）碳质电阻器
d）线绕电阻器 e）精密线绕电阻器

2. 常见固定电阻器的结构特征与命名方法

（1）常见固定电阻器的结构特征

1）碳膜电阻器（RT）——在陶瓷骨架表面上沉积成碳结晶导电膜而形成。其结构如图1-3所示。

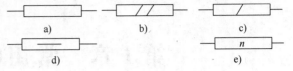

图1-2　固定电阻器的电路符号

a) 一般符号　b) 1/8W 电阻器　c) 1/4W 电阻器
d) 1/2W 电阻器　e) nW 电阻器

碳膜电阻的阻值范围在 $1\Omega \sim 10M\Omega$ 之间，价格低廉，广泛用于各种电子产品中。

2）金属膜电阻器（RJ）——在陶瓷骨架表面，经真空高温或烧渗工艺蒸发沉积一层金属膜或合金膜而形成。其结构如图1-4所示。

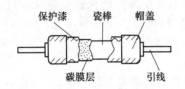

图1-3　碳膜电阻器的结构图

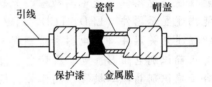

图1-4　金属膜电阻器的结构图

金属膜电阻的阻值范围在 $1\Omega \sim 10M\Omega$ 之间，温度系数小，稳定性好，噪声低，与同功率下的碳膜电阻相比，体积较小，但价格稍贵，常用于要求低噪、高稳定性的电路中。

3）线绕电阻器（RX）——在磁管上用康铜丝或镍铬合金丝绕制而成。其阻值范围在 $0.01\Omega \sim 10M\Omega$ 之间，可以制成精密型和功率型电阻。

常在高精度或大功率电路中使用，但不适用于高频电路。

4）金属玻璃釉电阻器（RI）——以无机材料做粘合剂，用印刷烧结工艺在陶瓷基体上形成电阻膜。

其电阻值范围为 $5.1\Omega \sim 200M\Omega$，具有耐高温、功率大、温度系数小、耐湿性好的特点。常用它制成小型化贴片电阻。

5）实心电阻器（RS）——在用有机树脂和碳粉合成电阻率不同的材料后热压而成。

其电阻值范围为 $4.7\Omega \sim 22M\Omega$，过负荷能力强，不易损坏，可靠性高，价格低廉，但其他性能都较差，常用在高可靠性的电路中。

6）合成碳膜电阻器（RH）——有高压型和高阻型的电阻器。

高压型电阻的阻值范围为 $47 \sim 10^3M\Omega$，耐压分成 10kV 和 35kV 的两档；高阻型电阻的阻值范围更大，在 $10 \sim 10^6M\Omega$ 范围之间。

7）电阻排（集成电阻）——运用掩膜、光刻、烧结等工艺技术，在一块基片上制成多个参数、性能一致的电阻器。目前广泛应用在微控制器的电子产品中。

（2）常用固定电阻器的命名方法

根据国家标准 GB/T 2470 - 1995 的规定，电阻器的命名方法示意图如图1-5所示。其中电阻器的材料、分类代号及其含义如表1-1所示。

主称常用 R 表示一般电阻器，用 W 来表示电位器，用 M 表示敏感电阻器。

主称	材料	分类	序号	区别代号
字母表示	字母表示	数字或字母表示	数字表示	大写字母表示

图1-5　电阻器的命名方法示意图

表1-1 电阻器的材料、分类代号及其含义

材料字母代号	T	H	S	N	J	Y	C	I	X
含义	碳膜	合成膜	有机实芯	无机实芯	金属膜	氧化膜	沉积膜	玻璃釉膜	线绕
分类数字代号	1	2	3	4	5	6	7	8	9
含义	普通	普通	超高频	高阻	高温	/	精密	高压	特殊
分类字母代号	G	T							
含义	高功率	可调							

注:"/"表示无含义。

例如,RJ71 型为精密金属膜电阻器。

3. 电阻器的主要参数

(1) 标称值与允许偏差

标注在电阻体上的标准值称为电阻器的标称值。但是,电阻器的实际值往往与标称值不完全相符,即存在一定的误差,如果误差在允许的范围内,该电阻器就是合格器件。

按规定,电阻器的标称阻值应符合阻值系列中的数值。常用电阻器标称值系列表如表1-2所示。

表1-2 常用电阻器标称值系列表

系列	级别	偏差	标称值/Ω
E24	I级	±5%	1.0、1.1、1.2、1.3、1.5、1.6、1.8、2.0、2.2、2.4、2.7、3.0 3.3、3.6、3.9、4.3、4.7、5.1、5.6、6.2、6.8、7.5、8.2、9.1
E12	II级	±10%	1.0、1.2、1.5、1.8、2.2、2.7、3.3、3.9、4.7、5.6、6.8、8.2
E6	III级	±20%	1.0、1.5、2.2、3.3、4.7、6.8

电阻器的标称值和偏差在电阻体上标注的方法有以下几种。

1)直标法。将主要参数直接标注在元件表面上的方法。这种方法主要用于体积较大的元器件,其表示方法如图 1-6a 所示。

2)文字符号法。将主要参数用文字符号和数字有规律的组合来表示的方法。标称值中常用符号是 R、K、M 等,允许偏差中的文字符号如表 1-3 所示。其表示方法如图 1-6b 所示。

表1-3 允许偏差中的文字符号

文字符号	W	B	C	D	F	G	J	K	M	N	R	S	Z
偏差/(%)	±0.05	±0.1	±0.2	±0.5	±1	±2	±5	±10	±20	±30	+100 −10	+50 −20	+80 −20

例如,2R2K 即 (2.2±0.22) Ω;R33J 即 (0.33±0.0165) Ω。

3)数码法。用 3 位数码来表示电阻值的方法,其允许偏差通常用字母符号表示。识别方法是,从左到右第 1、2 位为有效数值,第 3 位为乘数(即 10 的指数),单位为 Ω,常用于贴片元件。其表示方法如图 1-6c 所示。

例如,103K 标称值为 10kΩ,允许偏差为 K。222J 标称值为 2.2kΩ,允许偏差为 J。

4)色标法。用不同的颜色点或环来表示电阻器主要参数的方法。其中的颜色是有具体规定的。色标符号的规定如表 1-4 所示。

色标法的电阻器有四色环标注和五色环标注两种,前者用于普通电阻器,后者用于精密电阻器。

表 1-4　色标符号的规定

颜色　参数	棕	红	橙	黄	绿	蓝	紫	灰	白	黑	金	银	无
有效数字	1	2	3	4	5	6	7	8	9	0	/	/	/
乘数	10^1	10^2	10^3	10^4	10^5	10^6	10^7	10^8	10^9	10^0	10^{-1}	10^{-2}	/
偏差/(%)	±1	±2	/	/	±0.5	±0.25	±0.1	/	+50 −20	/	±5	±10	±20
额定电压/V	6.3	10	16	25	32	40	50	63	/	4	/	/	/

四色环电阻器的识别方法是：从左到右第一、二色环表示有效值，第三色环表示乘数（即 10 的指数），第四色环表示允许偏差，单位为 Ω。其表示方法如图 1-6d 所示。

五色环电阻器的识别方法是：从左到右第一、二和三色环表示有效值，第四色环表示乘数（即 10 的指数），第五色环表示允许偏差，单位为 Ω。电阻器标称值与偏差的表示方法示意图如图 1-6e 所示。

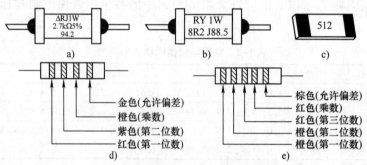

图 1-6　电阻器标称值与偏差的表示方法示意图

a) 直标法　b) 文字符号法　c) 数码法　d) 四色环色标法　e) 五色环色标法

色环电阻识读技巧：①金、银色只能出现在色环的第三、四位的位置上，而不能出现在色环的第一、二位上。②从色环间的距离看，距离最远的一环是最后一环即允许偏差环。③从色环距电阻引线的距离看，离引线较近的一环是第一环。④均无以上特征，且能读出两个电阻值，可根据电阻的标称系列标准判别，若在其内者，则识读顺序是正确的；若两者都在其中，则只能借助于万用表来加以识别。

（2）额定功率

电阻器额定功率是指在正常条件下，电阻器长期连续工作并满足规定的性能要求时，所允许消耗的最大功率。电阻器额定功率系列如表 1-5 所示。

表 1-5　电阻器额定功率系列　　　　　　　　（单位：W）

非线绕电阻	0.05、0.125、0.25、0.5、1、2、5、10、25、50、100
线绕电阻	0.125、0.25、0.5、1、2、4、8、10、16、25、40、50、75、100、150、250、500

额定功率 2W 以下的电阻一般不在电阻器上标出，额定功率 2W 以上的电阻才在电阻器上用数字标出，而在电路图上没有特别标记功率的电阻器，则一般为 1/8W。电阻器额定功率符号如图 1-2 所示。

1.1.2　可变电阻器

1. 常见可变电阻器实物与电路符号

1）常见可变电阻器实物如图 1-7 所示。

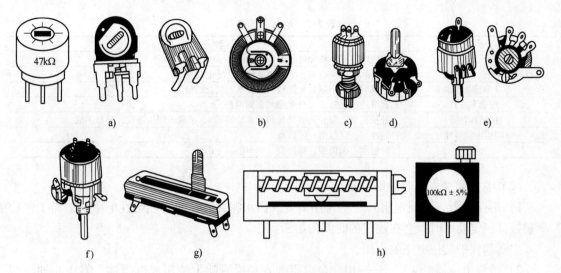

图 1-7　常见可变电阻器实物图

a）可调电阻器　b）线绕可变电位器　c）有机实心电位器　d）碳膜电位器

e）带开关电位器　f）推拉式电位器　g）直滑式电位器　h）多圈微调电位器

2）常用可变电阻器的电路符号如图 1-8 所示。

2. 可变电阻器（电位器）的命名方法

据我国行业标准《电子设备用电位器型号命名方法》（ST/T 10503 – 94）的规定，电位器的命名方法示意图与电阻器相同，如图 1-5 所示。电位器的主称用 W 来表示。电位器的材料、分类代号及其含义如表 1-6 所示。

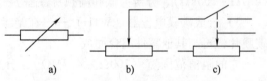

图 1-8　常用可变电阻器的电路符号

a）一般符号　b）可调电阻器　c）带开关的电位器

表 1-6　电位器的材料、分类代号及其含义

材料字母代号	H	S	N	I	J	Y	D	F	X
含义	合成膜	有机实芯	无机实芯	玻璃釉膜	金属膜	氧化膜	导电塑料	复合膜	线绕
分类字母代号	G	H	B	W	Y	J	D	M	X
含义	高压	组合	片式	螺杆驱动预调	旋转预调	单圈旋转预调	多圈旋转精密	直滑式精密	旋转式低功率
分类字母代号	Z	P	T						
含义	直滑式低功率	旋转功率	特殊类						

例如，WXD2 型为多圈线绕电位器，2 表示序号。WIW101 型为玻璃釉螺杆驱动预调电位器，101 表示序号。WSW1A 型为有机实芯螺杆驱动预调电位器，1 表示序号，A 表示区别代号。

3. 常用可变电阻器的分类与结构特点

（1）常用可变电阻器（电位器）的分类

电位器种类有很多，按材料、调节方式、结构特点、阻值变化规律、用途等可分成多种类型。电位器的种类如表 1-7 所示。

表 1-7　电位器的种类

分类方式		种　类
材料	合金型电位器	线绕电位器、块金属膜型
	合成型电位器	有机和无机实心型、金属玻璃釉型、导电塑料型
	薄膜型电位器	金属膜型、金属氧化膜型、碳膜型、复合膜型
按调节方式		直滑式、旋转式（分单圈和多圈两种）
按结构特点		带抽头型、带开关型（推拉式和旋转式）、单联、同步多联、异步多联
阻值变化规律		线性型、对数型、指数型
用途		普通型、微调型、精密型、功率型、专用型

（2）常用可变电阻器的结构特点

1）熔断电阻（水泥电阻）——常用陶瓷或白水泥封装，内有热熔性电阻丝，当工作功率超过其额定功率时，会在规定的时间内熔断。

主要起保护其他电路的作用。

2）线绕电位器（WX）——用合金电阻线在绝缘骨架上绕制成电阻体，靠中心抽头的簧片在电阻丝上滑动而形成。

它具有相对额定功率大、耐高温性能稳定、精度易于控制的特点，但阻值范围小（4.7Ω~100kΩ）、分辨力低和高频特性差。

3）合成碳膜电位器（WTH）——在绝缘基体上涂覆一层合成碳膜，经加温聚合后形成碳膜片，再与其他零件组合而成。

它的阻值范围宽（100Ω~4.7MΩ），分辨力高，但滑动噪声大，对温度、湿度适应性差。

由于生产成本低，所以广泛用于收音机、电视机、音响等家电产品中。

4）有机实心电位器（WS）——由导电材料与有机填料、热固性树脂配制成电阻粉，在基座上经过热压处理而形成。

它具有结构简单、耐高温、体积小、寿命长、可靠性高等优点，阻值变化范围在100Ω~4.7MΩ之间。多用于对可靠性要求较高的电子仪器中。

5）多圈电位器——属于精密电位器，调整阻值需使转轴旋转多圈（可多达40圈），因而精度高。

当阻值需要在大范围内进行微量调整时，可选用多圈电位器。

多圈电位器的种类也很多，有线绕型、块金属膜型、有机实心型等；其调节方式也可分成螺旋（指针）式、螺杆式等不同形式。

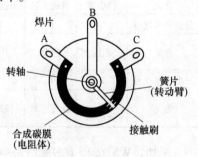

图 1-9　碳膜电位器的内部结构图

4. 电位器的内部结构与主要参数

（1）碳膜电位器的内部结构如图 1-9 所示。

（2）电位器的主要参数

1）标称阻值和允许偏差。标称阻值是指电位器两个固定端的阻值，其规定的标称值与电阻器规定中的标称值的 E6、E12 系列相同，具体标称值见表 1-2。允许偏差有 ±20%、±10%、±5%、±2%、±1% 和 ±0.1% 等几种。

2）电位器额定功率。在相同体积情况下，线绕电位器功率比一般电位器的功率大。

3）电位器其他参数有：①滑动噪声；②电位器分辨力；③电阻膜耐磨性；④双联电位器同步性；⑤电位器阻值的变化规律（如图 1-10 所示）。

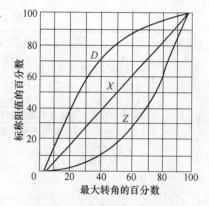

图 1-10　电位器阻值的变化规律
X—直线式　D—对数式　Z—指数式

1.1.3　敏感电阻器

敏感电阻器是使用不同材料及工艺制造的半导体电阻器，具有对温度、光照度、湿度、压力、磁通量和气体浓度等非电物理量敏感的性质，通常有热敏、光敏、湿敏、磁敏、气敏和力敏等不同的类型。

利用这些敏感电阻器，可以制作用于检测相应物理量的传感器及无触点开关，因此它被广泛应用于检测和自动化控制领域。

1. 常用敏感电阻器实物与电路符号

1）常用敏感电阻器实物如图 1-11 所示。

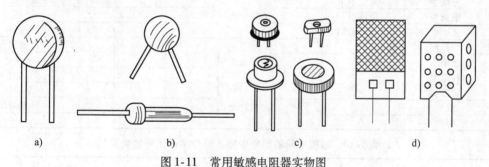

图 1-11　常用敏感电阻器实物图
a）压敏电阻器　b）热敏电阻器　c）光敏电阻器　d）湿敏电阻器

2）常用敏感电阻器的电路符号如图 1-12 所示。

2. 常用敏感电阻器的型号命名方法

根据 SJ/T 11167—1998 标准可知，敏感电阻器的型号命名由 4 部分组成。其方法示意图如图 1-13 所示。

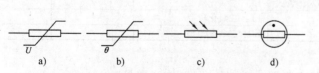

图 1-12　常用敏感电阻器的电路符号
a）压敏电阻器　b）热敏电阻器　c）光敏电阻器　d）湿敏电阻器

主称	类别或材料	用途或特征	序号
M 表示	字母	字母或数字表示	数字表示

图 1-13　敏感电阻器的型号命名方法示意图

第 1 部分用字母"M"表示敏感电阻器的主称，第 2 部分用字母表示类别，第 3 部分用字母或数字表示用途或特征，第 4 部分用数字表示序号。

敏感电阻器型号的含义如表 1-8 ～表 1-10 所示。

表 1-8　敏感电阻器型号的含义

第 1 部分	第 2 部分（类别或材料）		第 3 部分（用途或特征）	第 4 部分
M	Z：直热式正温度系数热敏电阻器	ZB：铂热敏电阻器	数字或字母	序号
		ZT：铜热敏电阻器		
		ZN：镍热敏电阻器		
		ZH：合金热敏电阻器		
	F：直热式负温度系数热敏电阻器			
	FP：旁热式负温度系数热敏电阻器			
	G：光敏电阻器			
	Y：压敏电阻器			
	S：湿敏电阻器			
	Q：气敏电阻器			
	L：力敏电阻器			
	C：磁敏电阻器			

表 1-9　敏感电阻器型号中第 3 部分数字代号的含义

代号	热敏电阻器（PTC）	热敏电阻器（NTC）	压敏电阻器	光敏电阻器	湿敏电阻器	气敏电阻器	磁敏电阻器	力敏电阻器
0	特殊	/	/	特殊	/	/	/	/
1	补偿型	补偿型	/		/	/	/	硅应变片
2	限流型	稳压型	/	紫外光	/	/	/	硅应变梁
3	起动型	微波测量型	/		/	/	/	硅杯
4	加热型	/	/		/	/	/	硅蓝宝石
5	测温型	测温型	/	可见光	/	/	/	多晶硅
6	控温型	控温型	/		/	/	/	合金膜
7	消磁型	抑制型	/		/	/	/	集成化
8	线性	/	/	红外光	/	/	/	压电晶体
9	恒温	/	/		/	/	/	/

表 1-10　敏感电阻器型号中第 3 部分字母代号的含义

热敏电阻器	压敏电阻器	光敏电阻器	湿敏电阻器	气敏电阻器	磁敏电阻器	力敏电阻器
/	W：稳压	/	/	Y：氧化型	W：接近开关	/
/	G：高压保护	/	/	Q：氢气型	/	/
/	P：高频	/	/	J：酒精气体型	/	/
/	N：高能	/	/	LQ：硫化氢型	/	/
/	K：高可靠	/	K：控湿	K：可燃性气体型	/	/
/	L：防雷	/	J：阶跃式	YT：一氧化碳型	/	/
/	H：灭弧	/	R：电容式	YD：一氧化氮型	/	/
/	Z：消噪	/	Z：电阻式	YQ：乙炔或甲烷型	Z：磁阻元件	/
/	B：补偿	/	G：场效应晶体管式	ET：二氧化碳型	/	/
/	C：消磁	/	C：测湿	EL：二氧化硫型	/	/
/	无：普通	/	无：通用	ED：二氧化氮型	/	/

举例说明：

MF11 型表示为普通负温度系数热敏电阻器，后面的 "1" 表示序号。

MG41 型表示为可见光光敏电阻器，"1" 表示序号。

MS01 - A 型表示为通用湿敏电阻器，"01 - A" 表示序号。

MYL1 - 1 型表示为防雷用压敏电阻器，"1 - 1" 表示序号。

MY31 - 270/3 型表示为普通压敏电阻器，"31" 表示序号，"270" 表示 270V，"3" 表示通流容量为 3kA。

3. 常见敏感电阻器的功能与特点

（1）压敏电阻器

压敏电阻器（简称为 VSR），是利用半导体材料的非线性特性制成的、电阻值与电压之间为非线性关系的过电压保护半导体元件。

压敏电阻器在电路中的文字符号用"R"或"RV"表示。

1）压敏电阻器的类型。

压敏电阻器按结构、制造过程、使用材料和伏安特性可分为多种类型。

按结构和制造过程可分为结型、体型、单颗粒层、薄膜压敏电阻器等多种类型。其中，结型压敏电阻器是因为电阻体与金属电极之间的特殊接触，才具有了非线性特性；体型压敏电阻器的非线性是由电阻体本身的半导体性质决定的。

按使用材料的不同可分为氧化锌、碳化硅、金属氧化物、锗（或硅）、钛酸钡压敏电阻器等多种类型。

按伏安特性可分为对称型（无极性）和非对称型（有极性）压敏电阻器。

2）压敏电阻器的特点。

压敏电阻器的电压与电流呈现特殊的非线性关系。

当压敏电阻器两端所加电压低于标称额定电压值时，压敏电阻器的电阻值接近无穷大，内部几乎无电流流过。

当压敏电阻器两端电压略高于标称额定电压时，压敏电阻器将迅速击穿导通，由高阻状态变为低阻状态，工作电流也急剧加大。

当其两端电压低于标称额定电压时，压敏电阻器又能恢复为高阻状态。

当压敏电阻器超过其最大限制电压时，压敏电阻器将完全击穿损坏，无法再自行恢复。

压敏电阻器广泛地应用在家用电器及其他电子产品中，起过电压保护、防雷、抑制浪涌电流、吸收尖峰脉冲、限幅、高压灭弧、消噪及保护半导体元器件等方面的作用。

（2）热敏电阻器

热敏电阻器大多由单晶或多晶半导体材料制成，它的阻值会随温度的变化而变化。热敏电阻器在电路中的文字符号用"R"或"RT"表示。热敏电阻器根据其结构、形状、灵敏度、受热方式及温变特性的不同可分为多种类型。

按结构及形状可分为圆片形（片状）、圆柱形（柱形）、圆圈形（垫圈状）热敏电阻器。

按温度变化的灵敏度可分为高灵敏度（突变型）、低灵敏度（缓变型）热敏电阻器。

按受热方式可分为直热式、旁热式热敏电阻器。

按温度变化特性可分为正温度系数（PTC）和负温度系数（NTC）热敏电阻器。下面分别加以介绍：

1）正温度系数（PTC）热敏电阻器。

PTC 型热敏电阻器，属于直热式热敏电阻器。它是由钛酸钡和锶、锆等材料制成的，其主要特性是电阻值与温度变化成正比例关系，即当温度升高时，电阻值随之增大。在常温下，其电阻值较小，仅有几欧至几十欧。

PTC 型热敏电阻器广泛应用于彩色电视机消磁电路、电冰箱压缩机起动电路及过热保护、过电流保护等电路中，还可作为加热元件用于电子驱蚊器和卷发器等小家用电器产品中。

2）负温度系数（NTC）热敏电阻器。

NTC型热敏电阻器使用锰、钴、铜和铝等金属氧化物（具有半导体特性）或碳化硅等材料采用陶瓷工艺制成，其主要特性是电阻值与温度变化成反比，即当温度升高时，电阻值随之减小。

NTC型热敏电阻器被广泛应用于电冰箱、空调器、微波炉、电烤箱、复印件、打印机等家用电器和办公产品中，用做温度检测、温度补偿、温度控制、微波功率测量及稳压控制。

（3）光敏电阻器

光敏电阻器是利用半导体光电导效应制成的一种特殊电阻器，它通常由光敏层、玻璃基片（或树脂防潮膜）和电极等组成。它的电阻值能随着外界光照强弱（明暗）变化而变化。当无光照射时，呈高阻状态；当有光照射时，其电阻值迅速减小。

光敏电阻器在电路中用字母"R"或"RL""RG"表示。可以根据光敏电阻器的制作材料和光谱特性来进行分类。

按制作材料的不同可分为多晶、单晶、硫化镉、硫化铅光敏电阻器等多种类型。

按光谱特性可分为可见光、紫外光、红外光光敏电阻器。其中，可见光敏电阻器主要用于各种光电自动控制系统、电子照相机和光报警器等电子产品中。紫外光光敏电阻器主要用于紫外线探测仪器。红外光光敏电阻器主要用于天文、军事等领域的有关自动控制系统中。

由于光敏电阻器对光线有特殊的敏感性，所以被广泛应用于各种自动控制电路（如自动照明灯控制电路、自动报警电路等）、家用电器（如电视机中的亮度自动调节、照相机中的自动曝光控制等）及各种测量仪器中。

（4）气敏电阻器

气敏电阻器通常是采用氧化锡（SnO_2）等金属氧化物材料制成的一种对特殊气体敏感的元件，它可以将被测气体的浓度和成分信号转变为相应的电信号。

气敏电阻器的文字符号用"R"来表示。有N型气敏电阻器和P型气敏电阻器之分。N型气敏电阻器在检测到甲烷、一氧化碳、天然气、煤气、液化石油气、乙烷、氢气等气体时，其电阻值将减小。P型气敏电阻器在检测到可燃气体时，其电阻值将增大；而在检测到氧气、氯气及二氧化氮等气体时，其电阻值将减小。

气敏电阻器广泛应用于各种可燃气体、有毒气体和烟雾等方面的检测及自动控制。

（5）湿敏电阻器

湿敏电阻器是利用湿敏材料吸收空气中的水分而导致本身电阻值发生变化这一原理而制成的元件。其文字符号用字母"R"或"RS"表示。

湿敏电阻器一般由基体、电极和感湿层等组成，有的还设有防尘外壳。感湿层为微孔型结构，具有电解质特性。根据感湿层使用的材料和配方不同，可将它分为正电阻湿度特性（即当湿度增大时，电阻值增大）和负电阻湿度特性（即当湿度增大时，电阻值减小）。

工业上流行的湿敏电阻器主要有：半导体陶瓷湿敏元件、氯化锂湿敏电阻和有机高分子膜湿敏电阻器等多种类型。

湿敏电阻器以其在湿度检测和控制方面的特性被广泛应用于洗衣机、空调器、录像机、微波炉等家用电器及工业、农业等领域。

（6）磁敏电阻器

磁敏电阻器又称为磁控电阻器，是一种对磁场敏感的半导体元件。采用锑化铟（InSb）

或砷化铟（InAs）等材料、根据半导体的磁阻效应制成。它的阻值能随着磁场强度的变化而变化。

磁敏电阻器的文字符号用"R"或"RM"来表示。磁敏电阻器的主要参数如下：

1) 磁阻比。指在某一规定的磁感应强度下，磁敏电阻器的阻值与零磁感应强度下的阻值之比。

2) 磁阻系数。指在某一规定的磁感应强度下，磁敏电阻器的阻值与其标称阻值之比。

3) 磁阻灵敏度。指在某一规定的磁感应强度下，磁敏电阻器的电阻值随磁感应强度的相对变化率。

磁敏电阻器一般用于磁场强度、漏磁、制磁方面的检测。在交流变换器、频率变换器、功率电压变换器、位移电压变换器等电路中作为控制元件，还可用于接近开关、磁卡文字识别、磁电编码器、电动机测速等方面或制作磁敏传感器用。

（7）力敏电阻器

力敏电阻器又称为压电电阻器，是一种将机械力转变为电信号的特殊元件，它是利用半导体材料的压力电阻效应（即电阻值随外加力大小而改变的现象）制成的。其主要品种有硅力敏电阻器和硒碲合金力敏电阻器。相对而言，合金电阻器具有更高的灵敏度。

力敏电阻器主要用于各种张力计、转矩计、加速度计、半导体传声器及各种压力传感器中，常用的电子秤中就有力敏电阻器。

1.1.4 任务1——电阻器的识别与判别

1. 实训目的

1) 能描述电阻器的基本特性。

2) 会熟练使用万用表的电阻档。

3) 能正确识别与判别电阻器。

2. 实训设备与器材准备

1) MF47A型指针万用表 1块。

2) 某彩色电视机电路板 1块。

3) 各类电阻与电位器等 若干。

4) 各类敏感电阻器等 若干。

3. 实训主要设备简介

MF47A型指针万用表面板如图1-14所示。

MF47A型指针万用表电阻档的使用如下：

1) 机械校零——测量之前应将该万用表水平放置，观察指针是否指向零位。若不在零位，应调整"机械校零"旋钮使其指向零。

2) 连接表笔——将红色表笔插入"+"插口，黑色表笔插入"COM"插口。

3) 选择量程——转动转换开关到"Ω"位置，并选择"×10kΩ～×1Ω"量程之一。

4) 欧姆校零——将红黑两表笔短路，观

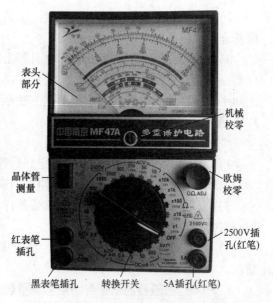

图1-14 MF47A型指针万用表面板示意图

察右偏的指针是否指向零位，若不在零位，应调整"欧姆校零"旋钮使其指向零。

5）测量过程——将红黑表笔接触电阻器两端便可进行测量。

6）读取数值——将"Ω刻度线"上的读数×量程数，就是该被测电阻器的电阻值。

4. 实训步骤与报告

☞（1）电阻器的直观识别

1）准备一块电路整机板，如彩色电视机电路机板。

2）在整机板上对各类电阻器的标称阻值、允许偏差、额定功率、标注方式、种类以及数量等进行识别。

3）做好记录。

☞（2）固定电阻器的在路测量

1）将万用表置于"Ω"档，确定好量程，进行"Ω校零"。

2）直接在印制电路上对电阻器进行测量。

3）为了判别质量好坏，常交换两表笔再次进行测量。

【注】这种测量在快速检修与测量中非常适用，但对初学者来说建议不采用。因为在电路板上与该电阻器并联的电阻有许多，尤其是集成电路中的等效电阻，所以实测值总是小于或等于标称值。

☞（3）固定电阻器的单独测量

1）将万用表置于"Ω"档，确定好量程，进行"Ω校零"。

2）对单个电阻器进行实际测量。

3）将所测结果与标称值进行比较，只要在偏差范围内，则为合格电阻器。

☞（4）电位器的质量判别

1）将万用表置于"Ω"档，确定好量程，进行"Ω校零"。

2）首先测量固定引脚的电阻值，在偏差范围内应符合标称值的要求。

3）接着可将一只表笔接于滑动引脚上，转动电位器，测量其可变范围，正常时应在"0～标称阻值"之间平稳地变化。电位器的质量判别方法示意图如图1-15所示。

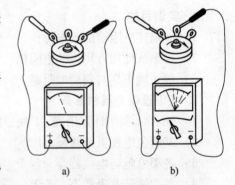

图1-15　电位器的质量判别方法示意图
a）判别固定值　b）判别可变值

☞（5）敏感电阻器的质量判别

1）将万用表置于"Ω"档，确定好量程，进行"Ω校零"。

2）将万用表两表笔接触敏感电阻两引脚进行测量。

3）对敏感电阻器加入相应的敏感条件（比如，对热敏电阻加热；对光敏电阻用光照射；对力敏电阻加压力等）。

4）观察万用表指针指示参数，结合敏感电阻器的标准参数范围，可判定器件质量情况。

☞（6）电阻器的识别与判别实训报告

实训项目	实训器材	实训步骤		
1.		（1）	（2）	（3）
2.		（1）	（2）	（3）
心得体会				
教师评语				

5. 实训注意事项

（1）万用表电阻档使用注意事项

1）每转换一个量程都要短路两表笔进行"Ω校零"。

2）在进行"Ω校零"时，短路两表笔的时间要尽量短，以免表内电池寿命缩短。

3）为提高电阻测量的准确度，在选择"Ω"档量程时应尽量使表针指在刻度盘的中间位置上。

4）当进行电子产品的在路电阻测量时，必须在测量前断开电路电源，将大电容存储电荷泄放掉，以免损坏万用表。

5）万用表使用完毕，应将量程开关置于最高电压档。长期不用的万用表，应取出表内电池，以免电池液损坏万用表。

（2）电阻器的识别与判别注意事项

1）对于五环电阻器的识别结果可能有两个电阻值，到底哪个是正常的，可根据电阻系列标准或两次测量进行判断。另外，对于某端是"橙、黄、灰、黑"等色的五环电阻，只有一个读数，因这几种颜色不表示偏差。

2）在使用万用表测量电阻时，不能用手拿着被测电阻的两端进行测量。否则，测量值会小于标称值。

1.2　电容器

在电子产品中，电容器也是必不可少基本元件之一。它由两个相互靠近的导体和中间所夹的一层绝缘介质组成。电容器用符号"C"表示，是一种储能元件，常用于谐振、耦合、隔直、交流旁路等电路中。

1.2.1　固定电容器

1. 常见固定电容器实物、电路符号及单位

1）常见固定电容器实物图与电路符号如图1-16所示。

2）固定电容器的单位。

电容器在使用中常用的单位有：法［拉］（F）、毫法（mF）、微法（μF）、纳法（nF）和皮法（pF）等，其换算关系为 $1F = 10^3 mF = 10^6 \mu F = 10^9 nF = 10^{12} pF$。实际常用的是微法（μF）和皮法（pF）两个单位。

2. 常见固定电容器结构特点与命名方法

（1）常见固定电容器的结构特点

1）纸介电容器（CZ）——以纸作为绝缘介质，以金属箔作为电极板卷绕而成。它的制造成本低、容量范围大、耐压范围宽（36V～30kV）、体积大。用于直流或低频

电路中。

2）瓷介电容器（CC）——在陶瓷薄片的两面涂银并焊接引线，被釉烧结后而制成。可分为低压小功率和高压大功率两种，而低压小功率的瓷介电容器又可分高频瓷介和低频瓷介两种。

高频瓷介电容器体积小、耐热性好、绝缘电阻大、损耗小、稳定性高，但其容量范围较窄（1pF ~ 0.1μF），常用于高频、脉冲、温度补偿电路中。

低频瓷介电容器的绝缘电阻小、损耗大、稳定性差，但重量轻、价格低廉、容量大，一般用于低频电路中。

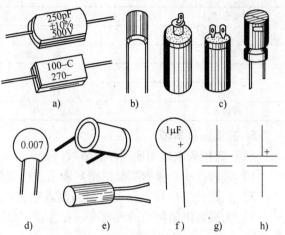

图 1-16　常见固定电容器实物图与电路符号
a）云母电容器　b）绦纶电容器　c）铝电解电容器
d）瓷介电容器　e）纸介电容器　f）钽电解电容器
g）一般电容符号　h）极性电容符号

瓷介电容器在普通电子产品中广泛用做旁路和耦合元件。

3）云母电容器（CY）——以云母为介质，用锡箔和云母片层叠后在胶木粉中压铸而成。其容量一般为 4.7pF ~ 0.051μF，直流耐压通常在 100V ~ 5kV 之间，最高可达到 40kV。

由于生产工艺复杂、成本高、体积大、容量有限，所以其使用范围受到了一定的限制。

4）铝电解电容器（CD）——用铝箔和浸有电解液的纤维带交叠卷成圆筒形后，封装在铝壳内而制成。

它绝缘电阻小、漏电损耗大，容量范围为 0.33 ~ 4700μF，额定工作电压一般在 6.3 ~ 500V 之间，主要用做电源滤波和音频旁路。

5）钽电解电容器（CA）——采用金属（或粉剂或溶液）作为电解质制作而成。

与铝电解电容器相比，它具有绝缘电阻大、漏电小、寿命长、比率电容大、长期存放性能稳定、温度及频率特性好等优点。

主要用于一些电性能要求较高的电路，如积分、计时、延时开关电路等。

6）绦纶电容器（CL）——这种电容器是以绦纶有机薄膜作为介质材料制作而成的。

它具有体积小、容量范围大（510pF ~ 5μF）、耐热、耐湿性能好的特点，其额定电压在 35V ~ 1kV 之间，在低频或直流电路中作为旁路电容使用。

（2）电容器的命名方法

根据国家标准，电容器的命名一般由 4 个部分组成，其方法如图 1-17 所示。电容器材料代号及其含义如表 1-11 所示。电容器特性分类中数字及字母含义如表 1-12 所示。

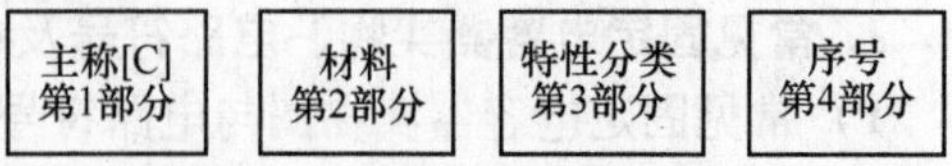

| 主称[C] 第1部分 | 材料 第2部分 | 特性分类 第3部分 | 序号 第4部分 |

图 1-17　电容器的命名方法

表 1-11　电容器材料代号及其含义

符号	含义	符号	含义	符号	含义	符号	含义
C	高频瓷介	B	聚苯乙烯	Q	漆 膜	A	钽电解质
T	低频瓷介	BB	聚丙烯	Z	纸 介	N	铌电解质
Y	云 母	F	聚四氟乙烯	J	金属化纸介	G	合金电解质
I	玻璃釉	L	绦 纶	H	复合介质		
O	玻璃膜	S	聚碳酸酯	D	铝电解		

表1-12 电容器特性分类中数字及字母含义

数字	1	2	3	4	5	6	7	8	9
瓷介	圆片	管型	叠片	独石	穿心	支柱	/	高压	/
云母	非密封		密封	/	/	/	/	高压	/
有机	非密封		密封	/	/	/	/	高压	特殊
电解	筒式		烧结粉液体	烧结粉固体		无极性			特殊
字母	D	X	Y	M	W	J	C	S	
含义	低压	小型	高压	密封	微调	金属化	穿心	独石	

例如，CT12 型表示为圆片低频瓷介电容器，"2"表示序号。

3. 电容器的主要参数

（1）标称容值与允许偏差

电容器标称容值、允许偏差与电阻器相同，具体规定可参见前面相应的内容。其标注方法也与电阻器一样有如下几种。

1）直标法。将电容器的容量、正负极性、耐压、偏差等参数直接标注在电容体上，这种方法主要用于体积比较大的元件，比如电解电容。其表示方法如图 1-18a 所示。

2）文字符号法。将电容器主要参数用文字符号和数字有规律的组合来表示的方法。标称值中常用符号是：F、m、μ、n、p 等，常常用到"μ"和"n"。固定电容器的参数表示方法示意图如图 1-18b 所示。

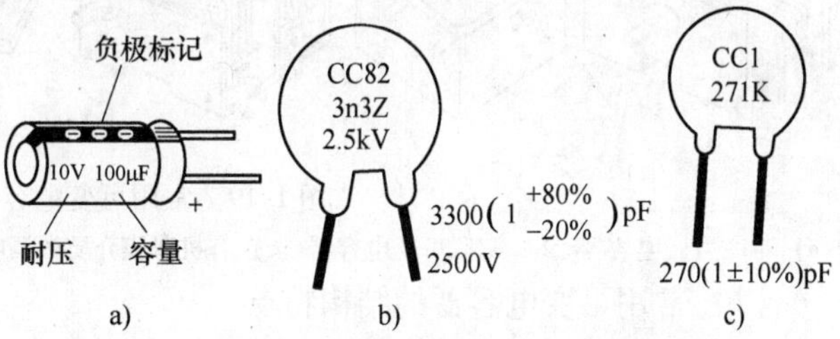

例如，6n8 → 6800pF；2μ2 → 2.2μF；p82→0.82pF。

图 1-18 固定电容器的参数表示方法示意图
a）直标法 b）文字符号法 c）数码法

3）数码法。这是用 3 位数码来表示电容器参数的方法，其允许偏差通常用字母符号表示。识别方法与电阻器一样，单位为 pF。但当第 3 位数为"9"时，表示的是 10^{-1}。其表示方法如图 1-18c 所示。

例如，102→1000pF；339→3.3pF；103→0.01μF；224→0.22μF。

4）色标法。使用的颜色和规则与电阻器一样，单位为 pF。甚至电容器耐压也有使用颜色标识的，具体可参阅相关资料。

（2）电容器的耐压

电容器的耐压是指在规定的温度范围内能长期可靠地工作所能承受的最大直流电压。它的大小与介质厚度、种类有关。该参数一般都直接标记在电容器上，以便选用。若未标注耐压者，一般则为 63V。但要注意的是，当电容器工作在交流电路时，交流电压峰值不得超过额定直流工作电压。

电容器常用的额定直流工作电压有：6.3V、10V、16V、25V、63V、100V、160V、250V、400V、630V、1kV、1.6kV 和 2.5kV 等。

（3）电容器的工作温度范围

电容器必须在指定的工作温度范围内才能稳定工作。一般的电解电容器都直接标出它的上限工作温度，如 85℃ 或 105℃ 等。

（4）电容器的损耗角正切值 tanδ

损耗角正切值 tanδ 是指当电流流过电容器时，电容器的损耗功率与存储功率的比值。

该值的大小取决于电容器介质所用的材料、厚度及制造工艺，它真实地表征了电容器质量的优劣。其数值越小，表明电容器质量越好。tanδ数值一般都在$10^{-2} \sim 10^{-4}$之间，但该值一般不标注在电容器体上，只能用专用仪器来测量，也可以根据电容器所用的介质作为参考。

（5）电容器的温度系数

温度系数是反映电容器稳定性的一个重要参数，该值有正有负，它的绝对值越小，表明电容器温度稳定性越高。

1.2.2 可变电容器

1. 常用可变电容器实物与结构特点

（1）常用可变电容器实物

常用可变电容器实物图如图1-19所示。

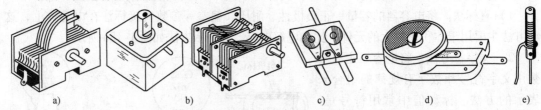

图1-19　常用可变电容器实物图

a）单联可变电容器　b）双联可变电容器　c）有机薄膜介质微调电容器　d）瓷介微调电容器　e）拉线微调电容器

（2）常用可变电容器的结构特点

1）单联可变电容器是由一组动片和一组定片以及转轴等组成的，可用空气或薄膜作介质。

当转动旋轴时，就改变了动片与定片的相对位置，即可调整容量。当动片组全部旋出时，电容器容量最小。一般可变容量在7~270pF之间。

2）双联可变电容器由两组动片和两组定片以及转轴等组成。双联可变电容器的动片被安装在同一根转轴上，当旋动转轴时，双联动片组同步转动（转动角度相同）。

若两连最大电容量相同，则称为等容双连，容量一般为$2 \times 270pF$、$2 \times 365pF$等。若两联容量不相同，则称为差容双连，容量一般为60/170pF、250/290pF等。

3）微调电容器的容量较小，调整范围也小。其最小/最大容量一般为5/20pF、7/30pF等。

2. 常用可变电容器的电路符号

常用可变电容器的电路符号如图1-20所示。

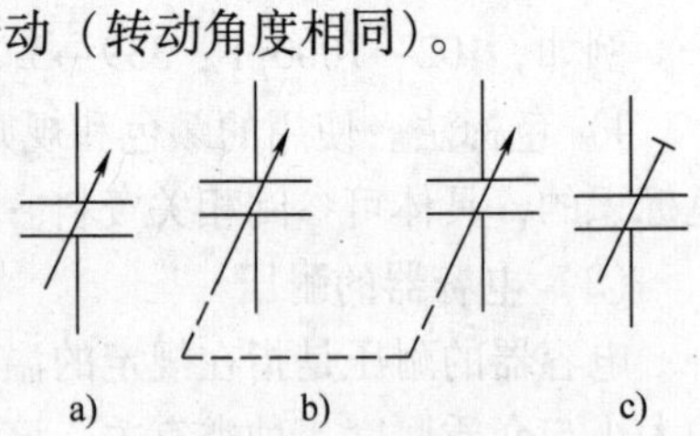

图1-20　常用可变电容器的电路符号

a）单联可变电容器　b）双联可变电容器
c）微调电容器

1.2.3 任务2——电容器的识别与判别

1. 实训目的

1）能描述电容器的基本特性。

2）会熟练使用DT-890型数字万用表。

3）能正确识别与判别电容器。

2. 实训设备与器材准备

1）MF47A 型指针万用表　1 块。

2）DT－890 型数字万用表　1 块。

3）某彩色电视机电路机板　1 块。

4）各类固定电容器与可变电容器　若干。

3. 实训主要设备简介

DT－890 型数字万用表面板示意图如
图 1-21 所示。

DT－890 型数字万用表电容档的使用
非常简单。首先将数字万用表置于电阻 R
×1kΩ 档，短路两表笔，调节"电容校
零"旋钮，使 LCD 显示器全显示为 0。接
着，将量程开关置于所需的电容量程档
（2nF ~ 20μF，共 5 档）。然后，将被测电
容器插入电容测量口，对于电解电容要注
意极性。最后，读取显示器上显示的数字
便是电容器的电容值。

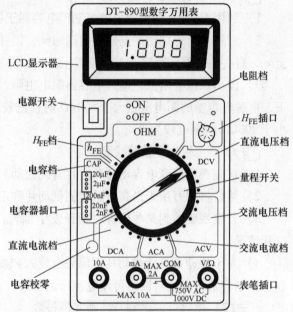

图 1-21　DT－890 型数字万用表面板示意图

4. 实训步骤与报告

☞（1）电容器的直观识别

1）准备一块电路整机板，如彩色电
视机电路机板。

2）在整机板上对各类电容器的标称阻值、允许偏差、耐压、标注方式、种类以及数量
等进行识别。

3）做好记录。

☞（2）电容器的容量测试

1）将 DT－890 型数字万用表置于所需电容档量程。

2）对单个的各类电容器的容量进行实际测试。

3）将所测结果与标称容量进行比较，若在允许偏差范围内，则为合格器件。

☞（3）5000pF 以上无极性电容器的检测

1）利用 MF47A 型万用表电阻档 R × 10kΩ 或 R × 1kΩ 档测量电容器两端，表头指针应
先摆动一定角度后返回∞（由于万用表精度所限，所以该类电容指针最后都应指向无穷
大）。

2）若指针没有任何变动，则说明电容器已开路；若指针最后不能返回∞，则说明电容
漏电较严重；若为 0Ω，则说明电容器已击穿。

3）电容器容量越大，指针摆动幅度就越大。可以根据指针摆动最大幅度值来判断电容
器容量的大小，以确定电容器容量是否减小了。测量时必须记录好测量不同容量的电容器时
万用表指针摆动的最大幅度，作出准确判断。若因容量太小看不清指针的摆动，则可调转电
容两极再测一次，这次指针摆动幅度会更大。

☞（4）5000pF 以下无极性电容器的检测

1）用 MF47A 型万用表 $R \times 10\mathrm{k}\Omega$ 档测量，指针应一直指到∞。若指针指向无穷大，则只能说明电容器没有漏电，是否有容量却无法确定。

2）利用 DT－890 型数字万用表测量其容量，若容量正常，则该电容器为合格元件。

☞（5）电解电容器的检测

1）利用 MF47A 型万用表黑表笔接电容器正极，红表笔接电容器负极。

2）万用表指针摆动一定幅度后返回∞，但并不是所有的电容器都会使万用表指针返回至∞，有些会慢慢地稳定在某一位置上。

3）读出该位置阻值，即为电容器漏电电阻，漏电电阻越大，其绝缘性越高。一般情况下，电解电容器的漏电电阻大于 $500\mathrm{k}\Omega$ 时性能较好，在 $200 \sim 500\mathrm{k}\Omega$ 时电容器性能一般，而小于 $200\mathrm{k}\Omega$ 时漏电较为严重。

☞（6）可变电容器的检测

1）首先观察可变电容动片和定片有无松动。

2）然后再用万用表最高电阻档测量动片和定片的引脚电阻，并且调整电容器的转轴。

3）若发现旋转到某些位置时指针发生偏转，甚至指向 0Ω 时，则说明电容器有漏电或碰片情况。

4）对于旋动不灵活或动片不能完全旋入和旋出的电容器，都必须修理或更换。对于四联可调电容器，必须对四组可调电容分别测量。

☞（7）电容器的识别与判别实训报告

实训项目	实训器材	实训步骤		
1.		（1）	（2）	（3）
2.		（1）	（2）	（3）
心得体会				
教师评语				

5. 实训注意事项

1）当利用 MF47A 型指针式万用表电阻档检测电容器时，插入"＋"插孔的红表笔是负极，因它接表内电池的负端；插入"＊"插孔的黑表笔是正极，因它接表内电池的正端。针式万用表电阻档内部结构如图 1-22 所示。

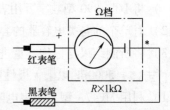

图 1-22　针式万用表电阻档内部结构图

2）电容器常见故障有开路、短路、漏电或容量减小等。

3）每测量一次电容器前都必须先对电容器进行放电，然后才能进行测量（无极性电容器也一样）。

4）测量电解电容器时一般选用 $R \times 1\mathrm{k}\Omega$ 或 $R \times 10\mathrm{k}\Omega$ 档，但 $47\mu\mathrm{F}$ 以上的电容器一般不再用 $R \times 10\mathrm{k}\Omega$ 档。

5）选用电阻档时，要注意万用表内电池电压（一般最高电阻档使用 $6 \sim 22.5\mathrm{V}$ 的电池，其余的使用 $1.5\mathrm{V}$ 或 $3\mathrm{V}$ 电池）不应高于电容器额定直流工作电压，否则测量出来的结果是不准确的。

6）当电容器容量大于 470μF 时，可先用 $R \times 1\Omega$ 档测量，在电容器充满电后（指针指向∞处）再调至 $R \times 1k\Omega$ 档，待指针再次稳定后，就可以读出其漏电电阻值，这样可大大缩短电容器的充电时间。

1.3 电感器

在电子产品中，除了需要电阻器、电容器之外，电感器也是必不可少的基本元件之一。电感器又称为电感线圈，是利用自感作用的元件，在电路中起调谐、振荡、滤波、阻波、延迟以及补偿等作用。变压器实质上也是电感器，它是利用多个电感线圈产生互感作用的元件，在电路中常起变压、耦合、匹配以及选频等作用。

1.3.1 线圈类电感器

1. 常用线圈类电感器实物、单位及电路符号

1）常用线圈类电感器实物如图 1-23 所示。

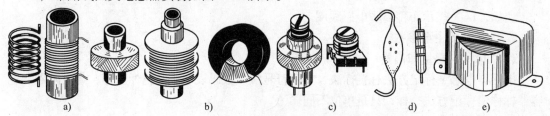

图 1-23　常用线圈类电感器实物图

a）空心线圈　b）磁心线圈　c）可调磁心线圈　d）色码（色环）电感器　e）铁心线圈

2）线圈类电感器的单位与电路符号。

电感器在使用中常用的单位有：亨［利］（H）、毫亨（mH）、微亨（μH）等，其换算关系为 $1H = 10^3 mH = 10^6 \mu H$。实际中常用的单位是微亨（μH）。线圈类电感器在电子产品中的电路符号如图 1-24 所示。

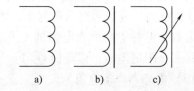

图 1-24　线圈类电感器在电子产品中的电路符号

a）一般符号　b）带铁心电感器　c）可调电感器

2. 常用线圈类电感器结构特点与命名方法

（1）常用线圈类电感器的结构特点

1）固定电感器——在铁氧体上绕制线圈而构成。其特点是体积小、电感量范围大、Q值高。常用直标法或色环表示法把电感量标在电感器上。

固定电感器在滤波、陷波、扼流、延迟等电路中使用。

2）片式叠层电感器——由组成磁心的铁氧体材料和作为平面螺旋形线圈的导电材料相间叠加后，烧结而成，这是无引线的片式电感器。

其特点是可靠性高、体积小，是理想的表面贴片元件。

3）平面电感器——用真空蒸发、光刻、电镀方法，在陶瓷基片上淀积一层金属导线，并用塑料封装而成。其特点是性能稳定可靠，精度高。

这种电感器也可以在印制电路板上直接印制，可以在$1cm^2$的平面上制作$2\mu H$的平面电感，常用于高频电路上。

4）高频空心小电感线圈——在不同直径的圆柱上单层密绕脱胎而成。其结构简单易制。

常用于收音机、电视机、高频放大器等高频谐振电路上，并可通过调节其匝间距离实现电路各项频率指标的调整。

5）各种专用电感器——根据各种电路特点要求，绕制出各种专用电感器，种类很多。常见的如蜂房式绕制中波高频阻流线圈、行振荡线圈、行场偏转线圈、亮度延迟线圈及各种磁头等。

（2）电感器的命名方法

国产电感器的命名一般由 4 个部分组成。其命名方法示意图如图 1-25 所示。

| 主称[L]
第1部分 | 特征
第2部分 | 型式
第3部分 | 区别代号
第4部分 |

图 1-25　电感器的命名方法示意图

主称：用字母表示，L/表示线圈，ZL/表示阻流圈；特征：用字母表示，G/表示高频；型式：用字母表示，X/表示小型；区别代号：用字母 A、B、C、…表示。

例如，LGX 表示小型高频电感线圈。

3. 电感器的主要参数

（1）标称电感量和偏差

电感器电感量标记方法有直标法、文字符号法、数码表示法及色标法等，与电阻器、电容器标称值标记方法一样，只是单位不同。

（2）品质因数（Q 值）

品质因数是指线圈在某一频率下工作时，所表现出的感抗与线圈的总损耗电阻的比值，其中损耗电阻包括直流电阻、高频电阻、介质损耗电阻。

Q 值越高，表明回路损耗越小，因此一般情况下都采用提高 Q 值的方法来提高线圈的品质因数。但并不是所有电路的 Q 值越高越好，例如收音机的中频中周，为了加宽频带，常外接一个阻尼电阻，以降低 Q 值。

（3）电感器直流电阻

所有电感器都有一定的直流电阻。阻值越小，表明回路损耗越小。该阻值是用万用表判断电感好坏的一个重要依据。

（4）分布电容

线圈的匝与匝之间、线圈与铁心之间都存在电容，这种电容均称为分布电容。频率越高，分布电容的影响就越严重，导致 Q 值急速下降。可以通过改变电感线圈绕制的方法来减少分布电容，如使用蜂房式绕制或间段绕制。

（5）额定电流

电感线圈中允许通过的最大电流。

1.3.2　变压器类电感

1. 常用变压器类电感实物与电路符号

1）常用变压器类电感（简称为变压器）实物如图 1-26 所示。

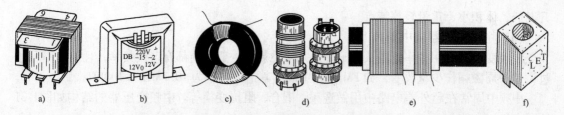

图1-26 常用变压器类电感实物图

a）输入/输出变压器 b）电源变压器 c）环型变压器 d）空心变压器 e）高频变压器 f）中频变压器

2）常用变压器的电路符号如图1-27所示。

2. 常用变压器的结构及特点

（1）音频变压器

可分为输入和输出变压器两种，主要用在收音机末级功放上起阻抗变换作用。

选用时，除了要了解其功率参数外，还要知道其通频带特性以及检查硅钢片、线包的紧密性，以免产生不必要的干扰。

（2）电源变压器

常用的都是交流220V降压变压器，用于各种电器低压供电。该种变压器结构简单，易于绕制，价格低廉，被广泛使用。

传统的电源变压器铁心有"EI"型、"口"型、"F"型、"CD"型等。变压器铁心结构形式如图1-28所示。

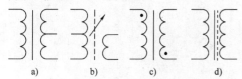

图1-27 常用变压器的电路符号

a）带中心抽头 b）磁心可调
c）带同名端 d）带有屏蔽

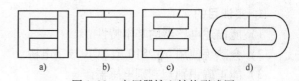

图1-28 变压器铁心结构形式图

a）"EI"型 b）"口"型 c）"F"型 d）"CD"型

1）环型变压器。传统变压器具有较大漏磁，易产生低频干扰且较难消除，因此逐渐被新型的环型工型变压器所取代。环型变压器铁心采用晶粒取向硅钢带卷绕而成，磁通密度高，漏磁小，截面积可大大减小。同时它采用环形穿绕方法绕制一、二次绕组，可以充分利用空间，用线量大为减少，不仅节省导线，而且更重要的是减小变压器内阻，提高效率。

环型变压器与同功率普通变压器相比，具有重量轻（可减少25%～30%）、效率高（可达90%以上，普通变压器仅在80%左右）、温升低、对放大器无干扰等特点。

2）R型变压器。其外形与C型变压器相似，但其铁心的横截面呈圆形，铁心周围磁场分布均匀。由于分布在R型铁心两侧的两个绕组采用逆相平衡绕制，所以能有效地抑制两只线圈中间区域的漏磁通。R型、C型变压器的铁心与结构如图1-29、图1-30所示。

一般R型变压器的漏磁只有EI型变压器的10%、C型变压器的20%，又由于圆截面铁心能使线包紧附铁心，因而大大降低了噪声。R型变压器具有损耗低、

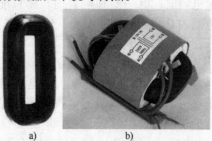

a） b）

图1-29 R型变压器

21

升温低、体积小、重量轻等特点。

（3）中频变压器（中周）

中频变压器适用频率范围从几千赫到几十兆赫。一般中周都有谐振频率，且该频率可通过调整中周磁帽作少量改变，如 FM 中频中周，其谐振频率为 10.7MHz ± 100kHz。

中频中周常在超外差电路中用做选频、耦合、阻抗变换等。中频变压器的结构如图1-31所示。

图 1-30　C 型变压器

a）变压器铁心　b）变压器结构

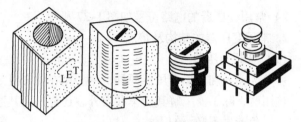

图 1-31　中频变压器的结构图

（4）高频变压器（耦合线圈和调谐线圈）

常见有调幅收音机用的接收天线线圈和振荡线圈。

1.3.3　任务3——电感器的识别与判别

1. 实训目的

1）能描述电感器的基本特性。

2）会熟练使用 YY2810 型 LCR 数字电桥。

3）能正确识别与判别电感器。

2. 实训设备与器材准备

1）MF47A 型指针万用表　1块。

2）YY2810 型 LCR 数字电桥　1台。

3）某彩色电视机电路机板　1块。

4）各类电感器与变压器　若干。

3. 实训主要设备简介

（1）YY2810 型 LCR 数字电桥

YY2810 型 LCR 数字电桥不但能够测量电阻值、电感值和电容值，而且能测量电感的 Q 值，以数字显示，使用极其方便。其面板图如图1-32所示。

（2）YY2810 型 LCR 数字电桥的使用说明

1）〈LC/R〉键——电抗/电阻分量按键。用于决定被测值是电抗分量还是电阻分量。

按下〈LC/R〉键，若 "LC" 上的 LED 亮，则电桥可测量电感或电容器的参

图 1-32　YY2810 型 LCR 数字电桥面板图

数值，至于是电感器还是电容器设备会自动确定；若"R"上的 LED 亮，则电桥可测量电阻器的参数值。

2）〈SER/PAR〉键——串联/并联等效值按键。用于选择被测元件的等效电路。

按下〈SER/PAR〉键，若"SER"上的 LED 亮，则显示等效串联值；若"PAR"上的 LED 亮，则显示等效并联值。

3）〈100Hz/1kHz〉键——频率选择键。用于不同类型元件的测试频率的选择。

按下〈100Hz/1kHz〉键，若"100Hz"上的 LED 亮，则被测元件应是高数值的元件；若"1kHz"上的 LED 亮，则被测元件应是低数值的元件。当然，若选择不合适，则设备会以 LED 闪亮的方式提示改换。

4）〈Q〉键——Q 值键。用于测量电感器的 Q 值。

按下〈Q〉键，该键上的 LED 亮，量程指示板上的所有 LED 均熄灭。

5）〈BIAS〉键——偏压键。用于电解电容测量时，对其施以 2V 的极化电压

按下〈BIAS〉键，该键上的 LED 亮，显示器上显示"BIAS"字样，大约 30s 后字样消失，可接入元件进行测量。

6）〈LOCK〉键——锁定键。用于测量大量相同元件时锁定某一测量功能。

按下〈LOCK〉键，电桥的自动量程转换功能失效，它把按动此键前仪器所置的量程锁住。

7）YY2810 型 LCR 数字电桥测试条件表如表 1-13 所示。

表 1-13　YY2810 型 LCR 数字电桥测试条件表

元件	<100Hz/1kHz> 键	<SER/PAR> 键
电容器 <1μF	1kHz	PAR（并联）
电容器 ≥1μF（非电解电容器）	100Hz	PAR（并联）
电容器 ≥1μF（电解电容器）	100Hz	SER（串联）
电感器 ≤1μH	1kHz	SER（串联）
电感器 >1μH	100Hz	SER（串联）
电阻器 <10kΩ	100Hz	SER（串联）
电阻器 ≥10kΩ	100Hz	PAR（并联）

4. 实训步骤与报告

☞（1）电感器的直观识别

1）准备一块电路整机板，比如彩色电视机电路机板。

2）在整机板上对各类电感器的电感量、类型、数量等进行识别，找出变压器各引脚间的关系。

3）做好记录。

☞（2）电感器的电感量测试

1）将 YY2810 型 LCR 数字电桥通电，按〈LC/R〉键使"LC"上的 LED 亮。

2）按〈100Hz/1kHz〉键和〈SER/PAR〉键，根据表 1-13 的测试条件进行选择。

3）将被测电感插入测试端口进行测试。

4）读取电感量。

☞（3）电感器的 Q 值测量

1）将 YY2810 型 LCR 数字电桥通电，按〈Q〉键。

2）将被测电感插入测试端口进行测试。

3）读取被测电感的 Q 值。

☞(4) 线圈类电感器的检测

1）将万用表置于"Ω"档，选取 $R \times 1\Omega$ 或 $R \times 10\Omega$ 量程。

2）测量被测电感两端的电阻，正常时一般为几欧至几十欧。

3）若为∞（即开路），则损坏。

【注】线圈类电感器常表现为开路的故障现象。

☞(5) 电源变压器是否开路的检测

1）将万用表置于"Ω"档，选取 $R \times 1\Omega$ 或 $R \times 10\Omega$ 量程。

2）测量电源变压器初级绕组的电阻值，一般只在 $100\Omega \sim 5\mathrm{k}\Omega$ 之间。若为∞，则损坏。

3）测量电源变压器次级绕组的电阻值，一般只在 10Ω 以下。若为∞，则损坏。

4）将万用表置于所需的交流量程。

5）将初级通以 220V 的交流电压，测量次级的电压，应为规定的交流电压值。

☞(6) 中频变压器是否开路的检测

1）将万用表置于"Ω"档，选取 $R \times 1\Omega$ 或 $R \times 10\Omega$ 量程。

2）测量中频变压器初、次级绕组的电阻，一般只在 1Ω 以下。若为∞，则损坏。

☞(7) 变压器是否匝间短路的检测

1）将 YY2810 型 LCR 数字电桥置于测"电感"或"Q 值"的量程。

2）找一个好的变压器对各绕组的电感或 Q 值进行测量，做好记录。

3）再对另一个变压器各绕组的电感或 Q 值进行测量，做好记录。

4）将记录的数据进行比较，若电感量或 Q 值降得很低，则为匝间短路。

【注】对工作在大电流、高电压下的变压器出现匝间短路的故障，若通过万用表测量电阻的方法去加以判别是十分困难的。

☞(8) 变压器初、次级绝缘性的检测

1）将万用表置于"Ω"档，选取 $R \times 10\mathrm{k}\Omega$ 档量程。

2）测量变压器初、次级电阻值，若为∞，则变压器初、次级绝缘程度良好。

3）若指针稍有偏转，则说明该变压器有漏电存在。

☞(9) 电感器的识别与判别实训报告

实训项目	实训器材	实训步骤		
1.				
2.		（1）	（2）	（3）
		（1）	（2）	（3）
心得体会				
教师评语				

1.4 晶体二极管与单结晶体管

晶体二极管是电子电路中最重要的半导体器件，它包括普通二极管和特殊二极管两大类。单结晶体管也是一种特殊的半导体二极管。

1.4.1 晶体二极管

晶体二极管是用半导体材料制成的具有单向导电特性的二端元件，简称为二极管。在电路中广泛被用于整流、检波、开关等用途，其文字符号用"VD"表示。

1. 常见二极管实物与电路符号

常见二极管实物图与电路符号如图 1-33 所示。

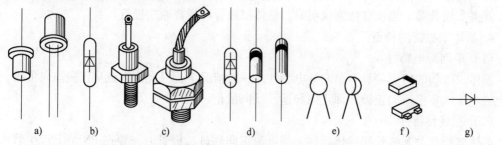

图 1-33 常见二极管实物图与电路符号

a）金属壳二极管 b）玻壳二极管 c）大功率螺栓状金属壳二极管 d）塑封二极管

e）微型二极管 f）片状二极管 g）普通二极管的电路符号

2. 国内晶体二极管的命名方法

国内晶体二极管的命名由 5 部分组成，其命名方法示意图如图 1-34 所示。

晶体二极管命名方法第 2、3 部分的含义如表 1-14 所示。

电极[2] 第1部分	材料和极性 第2部分	类别和特征 第3部分	序号 第4部分	规格（可缺）第5部分

图 1-34 国内晶体二极管的命名方法示意图

第 1 部分表示的是晶体二极管的电极数，用"2"表示二极管。

表 1-14 晶体二极管命名方法第 2、3 部分的含义

第 2 部分含义	第 3 部分含义	
A—N 型锗材料	P—普通管	C—变容管
B—P 型锗材料	Z—整流管	S—隧道管
C—N 型硅材料	K—开关管	V—微波管
D—P 型硅材料	W—稳压管	N—阻尼管
E—化合物	L—整流堆	U—光电管

举例说明：

2AP9 表示为 N 型锗材料普通检波二极管，"9"表示序号。

2CZ55A 表示为 N 型硅材料整流二极管，"55"表示序号。

2CK71B 表示为 N 型硅材料开关二极管，"71"表示序号。

2CW15 表示为 N 型硅材料的稳压二极管，"15"表示序号。

3. 常见晶体二极管的分类

（1）仅从外观上看

较常见的有玻壳二极管、塑封二极管、金属壳二极管、大功率螺栓状金属壳二极管、微型二极管以及片状二极管等。

（2）按制造材料不同划分

有硅管和锗管两类。两者区别在于，锗管正向压降比硅管小（锗管为 0.2~0.3V，硅管为 0.6~0.8V）；锗管的反向漏电流比硅管大（锗管为几百微安，硅管小于 $1\mu A$）；锗管的PN 结可承受的温度比硅管低（锗管约为 100℃，硅管约为 200℃）。

（3）按制造工艺不同划分

有点接触型二极管和面接触型二极管。

（4）按功能与用途不同划分

可分为普通二极管和特殊二极管两大类。其中的普通二极管包括检波二极管、整流二极管、开关二极管等。当没有特别说明时，晶体二极管即指普通二极管。

4. 晶体二极管的特点

（1）单向导电特性

晶体二极管的特点是具有单向导电特性。一般情况下，只允许电流从正极流向负极，而不允许电流从负极流向正极，即正向导通，反向截止。

（2）非线性特性

晶体二极管是非线性半导体器件，当电流正向通过二极管时，要在 PN 结上产生管压降 U_{VD}。锗二极管的正向管压降约为 0.3V；硅二极管的正向管压降约为 0.7V。另外，硅二极管的反向漏电流比锗二极管小得多。

5. 常见晶体二极管的结构与应用

（1）整流二极管

整流二极管利用硅材料制作，PN 结多为面接触型。通过的正向电流较大，对结电容无特殊要求。利用二极管单向导电性，可以把方向交替变化的交流电变换成单一方向的脉动直流电。

（2）桥式整流组件

整流二极管在使用中多被接成桥式整流的形式而形成桥式整流组件，具有半桥和全桥两种类型。半桥由两只相互独立的整流二极管组成，全桥由 4 只整流二极管两两相接组成。由于它体积小，使用方便，所以被广泛应用。桥式整流组件实物图及电路符号如图 1-35 所示。

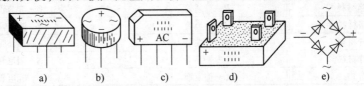

图 1-35　桥式整流组件实物图及电路符号

a）长方形全桥整流组件　b）圆形全桥整流组件　c）扁形全桥整流组件
d）方形全桥整流组件　e）全桥整流电路符号

（3）检波二极管

检波二极管利用锗材料制作，PN 结多为点接触型，它利用二极管的单向导电性，对高频小信号进行检波。通过它的正向电流较小，其工作频率较高，结电容要求小。通常在收音机电路中使用。

（4）开关二极管

开关二极管在正向电压作用下电阻很小，处于导通状态，相当于一只接通的开关；在反向电压作用下，电阻很大，处于截止状态，相当于一只断开的开关。开关二极管由导通变为截止或由截止变为导通所需的时间比一般二极管短。主要用于电子计算机、脉冲和开关电路中。

6. 整流二极管的主要参数

（1）最大整流电流（I_{OM}）

当晶体二极管连续工作时，允许正向通过 PN 结的最大平均电流。若电路中的电流大于此值，则可使 PN 结温度超过额定值（锗管为80℃、硅管为170℃）而损坏。

（2）最大反向电压（U_{RM}）

反向加在二极管两端而不致引起 PN 结击穿的最大电压。若实际工作电压的峰值超过此值，则 PN 结中的反向电流将剧增而使整流特性变坏，甚至烧毁二极管。

（3）最大反向电流（I_{RM}）

因载流子的漂移作用，二极管截止时仍有反向电流通过 PN 结，该电流受反向电压影响。当反向电压为 U_{RM} 时，反向电流即为最大，用 I_{RM} 表示。二极管的 I_{RM} 越小，质量越好。

（4）反向击穿电压（U_B）

加在二极管两端的电压急剧增大，使反向电流也急剧增大。反向电流击穿 PN 结时的反向电压，即为击穿电压，用 U_B 表示。U_B 一般为 U_{RM} 的两倍。

7. 常用整流二极管参数介绍

常用整流二极管参数如表 1-15 所示。

表 1-15　常用整流二极管参数表

名　称	最大反向电压/V	额定工作电流/A	最大正向压降 V_F/V	反向浪涌电流 I_{FSM}/A
1N4001	50	1.0	1.1	30
1N4002	100	1.0	1.1	50
1N4003	200	1.0	1.1	30
1N4004	400	1.0	1.1	30
1N4005	600	1.0	1.1	30
1N4006	800	1.0	1.1	30
1N4007	1000	1.0	1.1	30

1.4.2　特殊二极管

晶体二极管按功能与用途的不同，可分为普通二极管和特殊二极管两大类。其中的特殊二极管主要有稳压二极管、敏感二极管（磁敏二极管、温度效应二极管、压敏二极管等）、变容二极管、发光二极管、光敏二极管、激光二极管等。

1. 常见特殊二极管实物与电路符号

1）常见特殊二极管实物图如图1-36所示。

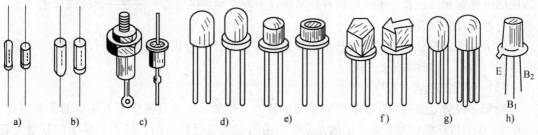

图 1-36　常见特殊二极管实物图

a）玻壳稳压二极管　b）塑封稳压二极管　c）金属壳稳压二极管　d）塑封 LED　e）金属壳 LED　f）异型 LED
g）变色 LED　h）单结晶体管

2）常见特殊二极管的电路符号如图 1-37 所示。

2. 常用特殊二极管特点与应用

（1）稳压二极管

稳压二极管工作于反向击穿状态且具有稳定端电压的特点，即当反向电压增大到一定程度时，反向电流剧增，二极管进入了反向击穿区，这时即使反向电流在很大范围内变化，二极管端电压仍保持基本

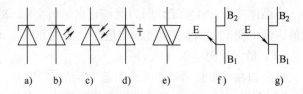

图 1-37　常见特殊二极管的电路符号

a）稳压二极管　b）发光二极管　c）光敏二极管　d）变容二极管
e）双向触发二极管　f）P 型单结晶体管　g）N 型单结晶体管

不变，这个端电压即为稳定电压（U_Z）。只要使反向电流不超过最大工作电流（I_{ZM}），稳压二极管是不会损坏的。

稳压二极管有如下参数：

1）稳定电压（U_Z）。指稳压二极管在起稳压作用的范围内，其两端的反向电压值。不同型号的稳压二极管具有不同的稳定电压，使用时应根据需要选取。

2）最大工作电流（I_{ZM}）。指稳压二极管长期正常工作时所允许通过的最大反向电流值。使用中，应控制通过稳压二极管的工作电流，使其不超过最大工作电流，否则将烧毁稳压二极管。

稳压二极管的主要作用是稳压，因此被应用在各类稳压电路中。在有的要求较高的电路中，也使用温度补偿或瞬态电压抑制等特殊的稳压二极管。

（2）发光二极管（LED）

发光二极管（简称为 LED）是一种具有一个 PN 结的半导体电致发光器件。

发光二极管有如下参数：

1）最大工作电流（I_{FM}）。指发光二极管长期正常工作所允许通过的最大正向电流。使用中电流不能超过此值，否则将会烧毁发光二极管。

2）最大反向电压（U_{RM}）。指发光二极管在不被击穿的前提下所能承受的最大反向电压。发光二极管的最大反向电压 U_{RM} 一般在 5V 左右，使用中不应使发光二极管承受超过 5V 的反向电压，否则发光二极管将可能被击穿。

除此之外，还有发光波长、发光强度等参数。

发光二极管最大特点就是发光。为此，实际应用中常有红色、绿色、蓝色及白色等各类颜色的单色发光二极管，也有将两种或两种以上发光颜色的管心封装在一起构成双色、三色或变色等发光二极管。

由于发光二极管主要作用是指示和光发射（也可作为稳压管使用），所以它被广泛应用在显示、指示、遥控和通信领域。

（3）激光二极管（LD）

激光二极管是由铝砷化镓材料制成的半导体，是激光影音设备中不可缺少的重要器件。CD、VCD、DVD 机以及光驱中的激光头就是由激光二极管构成的，但为了易于控制激光管功率，其内部还设置一只感光二极管（PD）。

激光头的组成示意图如图 1-38 所示。

（4）变容二极管

变容二极管是利用 PN 结电容随外加反向电压而变化的特性制成的半导体器件。

变容二极管工作在反向偏置区，其结电容的大小与偏压的大小有关。反向偏压越高，结电容越小；反之，结电容越大，且曲线是非线性的。

在无线电通信设备或仪器仪表的倍频、限幅和频率微调等电路中，变容二极管作为可变电容使用。

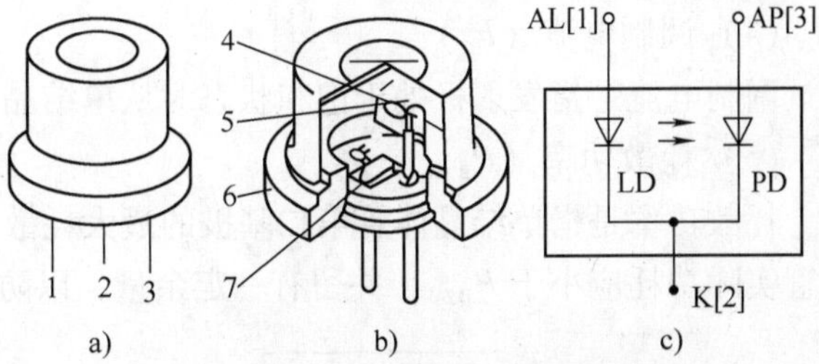

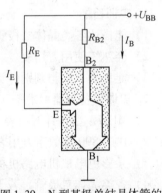

图 1-38　激光头的组成示意图
a）激光二极管外形图　b）激光二极管结构图
c）激光二极管等效图
1—AL 端　2—K 端　3—AP 端　4—激光器芯片
5—散热器　6—管座　7—光敏二极管

1.4.3　单结晶体管

单结晶体管又称为双基极二极管，是一种具有一个 PN 结和两个欧姆电极的负阻半导体器件。

单结晶体管在电路中的文字符号用"V"表示。

单结晶体管可分为 N 型基极单结晶体管和 P 型基极单结晶体管两大类，具有陶瓷封装和金属壳封装等形式。

1. 单结晶体管的命名方法

国产单结晶体管的型号命名由 5 部分组成。第 1 部分用字母"B"表示半导体管，第 2 部分用字母"T"表示特种管，第 3 部分用数字"3"表示有 3 个电极，第 4 部分用数字表示耗散功率，第 5 部分用字母表示特性参数分类。

2. 单结晶体管的工作过程

当发射极电压 U_E 大于峰点电压 U_P 时，PN 结处于正向偏置，单结晶体管导通。随着发射极电流 I_E 的增加，大量空穴从发射极注入硅晶体，导致发射极与第一基极间的电阻急剧减小，其间的电位也就减小，呈现出负阻特性。

N 型基极单结晶体管的工作过程示意图如图 1-39 所示。

3. 单结晶体管的参数

单结晶体管的主要参数有分压比、峰点电压与电流、谷点电压与电流、调制电流和耗散功率等。

（1）分压比（η）

分压比是指单结晶体管发射极 E 至第一基极 B_1 间的电压（不包括 PN 结管压降）占两基极间电压的比例。η 是单结晶体管很重要的参数，一般在 0.3 ~ 0.9 之间，是由管子内部结构所决定的常数。单结晶体管分压比示意图如图 1-40 所示。

（2）峰点电压（U_P）与电流（I_P）

峰点电压是指单结晶体管刚开始导通时的发射极 E 与第一基极 B_1 间的电压，其所对应的发射极电流称为峰点电流（I_P）。峰点、谷点电压与电流示意图如图 1-41 所示。

（3）谷点电压（U_V）与电流（I_V）

谷点电压（U_V）是指单结晶体管由负阻区开始进入饱和区时的发射极 E 与第一基极 B_1 间的电压，其所对应的发射极电流称为谷点电流（I_V），峰点、谷点电压与电流示意图如图 1-41 所示。

图 1-39　N 型基极单结晶体管的工作过程示意图

（4）调制电流（I_{B2}）

调制电流是指发射极处于饱和状态时从单结晶体管第二基极 B_2 流过的电流。

（5）耗散功率（P_{B2M}）

耗散功率是指单结晶体管第二基极的最大耗散功率。这是一项极限参数，使用中单结晶体管实际功耗应小于 P_{B2M}，并留有一定余量，以防损坏。

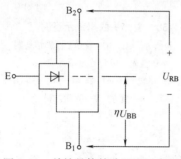

图 1-40　单结晶体管分压比示意图

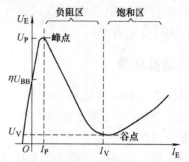

图 1-41　峰点、谷点电压与电流示意图

单结晶体管最重要的特点是具有负阻特性，基本作用是组成脉冲产生电路，包括弛张振荡器、波形发生器等，并可使电路结构大为简化。此外，单结晶体管还可用做延时电路和触发电路。

1.4.4　任务4——晶体二极管与单结晶体管的识别与判别

1. 实训目的

1）能描述各类晶体二极管的基本特性。

2）会熟练使用万用表。

3）能正确识别与判别各类晶体二极管。

2. 实训设备与器材准备

1）MF47A 型指针万用表　1 块。

2）DT-890 型数字万用表　1 块。

3）某彩色电视机电路机板　1 块。

4）各类晶体二极管　若干。

3. 实训步骤与报告

☞（1）普通二极管的直观识别

1）准备一块电路整机板，比如彩色电视机电路机板。

2）在整机板上对各类晶体二极管与单结晶体管的名称、型号、引脚极性等进行识读。

3）做好记录。

☞（2）普通二极管的极性直观识别

1）准备大量普通二极管实物。

2）将电路符号印在二极管实体上，按电路符号的正、负方向识别。

3）二极管两端形状不同，平头一端为正极，圆头一端为负极。

4）在二极管的一端印上一道色环，该端就是负极。普通二极管极性直观识别示意图如图 1-42 所示。

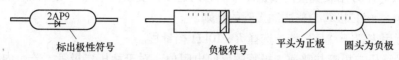

图 1-42　普通二极管极性直观识别示意图

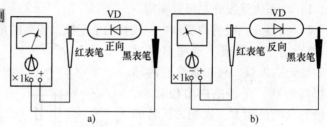

☞（3）普通二极管极性判别

1）将万用表置于"Ω"档，选择 $R \times 100\Omega$ 或 $R \times 1k\Omega$ 档量程。

2）将万用表的两表笔分别接触二极管的两引脚，测得第一次电阻值。

3）交换万用表的两表笔，测得第二次电阻值。

4）阻值较小的一次，黑表笔接触的一端是二极管正极。普通二极管极性判别示意图如图 1-43 所示。

☞（4）普通二极管性能检测

1）将万用表置于"Ω"档，选择 $R \times 100\Omega$ 档量程。

2）测量小功率锗管，若其正向电阻 $R_{正}$（黑表笔接二极管的正端，红表笔接二极管的负端）在 $200 \sim 600\Omega$ 之间，反向电阻 $R_{反}$（黑表笔接二极管的负端，红表笔接二极管的正端）大于 $20k\Omega$ 以上，则符合一般要求。

图 1-43　普通二极管极性判别示意图
a）正向电阻的测量图示　b）反向电阻的测量图示

3）测量小功率硅管，若其正向电阻在 $900\Omega \sim 2k\Omega$ 之间，反向电阻都在 $500k\Omega$ 以上，则符合一般要求。当对正常硅管测其反向电阻时，万用表指针都指向 ∞ 。

4）二极管正、反向电阻相差越大越好，凡阻值相同或相近都视为坏管。

【注】当测量二极管正、反向电阻时，宜用万用表 $R \times 100\Omega$ 或 $R \times 1k\Omega$ 档，硅管也可以用 $R \times 10k\Omega$ 档来测量。

☞（5）稳压二极管的极性直观识别

1）准备大量稳压二极管实物。

2）将电路符号印在二极管实体上，按电路符号的正、负方向识别。

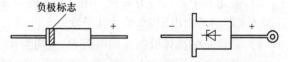

图 1-44　稳压二极管极性直观识别示意图

3）在二极管的一端印上一道色环，该端就是负极。稳压二极管极性直观识别示意图如图 1-44 所示。

☞（6）稳压二极管的检测

1）将万用表置于"Ω"档，选择 $R \times 1k\Omega$ 档量程。

2）对其极性和管子好坏的判断方法与普通二极管所使用的一样。

3）将万用表置于"Ω"档，选择 $R \times 10k\Omega$ 量程。

4）测量稳压二极管的反向电阻，可从万用表"10V 电压刻度线"上读出数值。

5）根据"稳压值 =（10 - 读数）×（9 + 1.5）/10"可大概求得稳压值。其中数值"9、1.5"指的是电池电压数。

【注】万用表型号不同，高阻档使用的高压叠层电池电压也不同，常有 6V、9V、15V、

22.5V 等。故利用万用表直接测量稳压二极管的稳压值受表内电池电压高低所限制。

☞(7) 稳压二极管与普通二极管的判别

1) 将万用表置于"Ω"档，选择 $R \times 10\text{k}\Omega$ 档量程。

2) 测量稳压二极管与普通二极管的反向电阻值，对于稳压二极管，若表内叠层电池电压高于稳压管稳压值时，其反向电阻则变得较小，因为此时稳压管已被击穿；对于普通二极管，其阻值一般为∞。

3) 有电阻值者为稳压二极管，无电阻值（即∞）者为普通二极管。

【注】当稳压管的稳压值高于表内叠层电池电压时，通过万用表来分辨稳压二极管与普通二极管就非常困难了。

☞(8) 发光二极管极性直观识别

1) 准备大量发光二极管实物。

2) 在发光二极管两引脚中，较长的是正极，较短的是负极。

3) 对于透明或半透明塑料封装的发光二极管，可以观察它内部电极的形状，正极的内电极较小，负极的内电极较大。发光二极管的直观识别示意图如图 1-45 所示。

图 1-45 发光二极管的直观识别示意图

☞(9) 发光二极管的检测

1) 将万用表置于"Ω"档，选择 $R \times 10\text{k}\Omega$ 档量程。

2) 测量发光二极管的正向电阻 $R_{正}$ 应很小，有的会发出微弱光来。

3) 测量发光二极管的反向电阻 $R_{反}$ 应为∞。

4) 符合上述条件则为合格器件。

☞(10) 单结晶体管的引脚及质量检测（以 N 型基极管为例）

1) 将万用表置于"Ω"档，选择 $R \times 1\text{k}\Omega$ 档量程。

2) 假定其中某引脚为 E 极，用万用表的"黑表笔"接触，"红表笔"分别接触剩下两引脚，测得的正向电阻 $R_{正}$ 均为几千欧。

3) 测量单结晶体管的反向电阻 $R_{反}$ 应均为∞。

4) 若所测数据符合上述条件，则假定引脚就是 E 极，剩下两脚分别为 B_1 和 B_2。

5) 测量 B_1 和 B_2 之间的电阻值应在 3~10kΩ 范围（表笔不分极性）之内。

6) 符合上述条件则为合格器件。

☞(11) 晶体二极管与单结晶体管的识别与判别实训报告

实训项目	实训器材	实训步骤		
1.		(1)	(2)	(3)
2.		(1)	(2)	(3)
	心得体会			
	教师评语			

1.5 晶体管与场效应晶体管

1.5.1 晶体管

半导体晶体管是具有两个 PN 结且呈背对背排列的三端器件，简称为晶体管，其 3 个引脚分别称为集电极（C）、基极（B）和发射极（E）。在电子产品中广泛用它来构成放大和开关等电路，其文字符号用"VT"表示。

1. 常见晶体管实物与电路符号

常见晶体管实物与电路符号如图 1-46 所示。

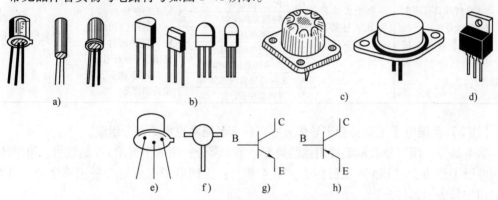

图 1-46 常见晶体管实物与电路符号图

a）小功率晶体管 b）塑封小功率晶体管 c）低频大功率晶体管 d）中功率晶体管

e）国产普通晶体管 f）高频小功率晶体管 g）NPN 型晶体管电路符号 h）PNP 型晶体管电路符号

2. 国产晶体管的命名方法

国产晶体管的命名由 5 个部分组成，其命名方法示意图如图 1-47 所示，晶体管命名方法的第 2、3 部分的含义如表 1-16 所示。

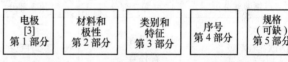

图 1-47 国产晶体管的命名方法示意图

第 1 部分表示的是晶体管的电极数，用"3"表示晶体管。

表 1-16 晶体管命名方法的第 2、3 部分的含义

第 2 部分含义	第 3 部分含义	
A—PNP 型，锗材料	X—低频小功率管	T—闸流管
B—NPN 型，锗材料	G—高频小功率管	J—结型场效应晶体管
C—PNP 型，硅材料	D—低频大功率管	O—MOS 场效应晶体管
D—NPN 型，硅材料	A—高频大功率管	U—光电管
E—化合物材料	K—开关管	

举例说明：

3AX31 表示为 PNP 型锗材料低频小功率管晶体管，"31"表示序号。

3DG6B 表示为 NPN 型硅材料高频小功率管晶体管，"6B"表示序号。

【注1】日本半导体分立器件型号命名通常也由5部分组成。

第1部分：用数字表示器件有效电极数目或类型。第2部分：日本电子工业协会JEIA注册标志。第3部分：用字母表示器件使用材料极性和类型。第4部分：用数字表示在日本电子工业协会JEIA登记的顺序号。第5部分：用字母表示同一型号的改进型产品标志。

日本半导体分立器件型号的含义如表1-17所示。

表1-17　日本半导体分立器件型号的含义

第1部分	第2部分	第3部分	第4部分	第5部分
0：光电管（或光敏管） 1：二极管 2：晶体管（或具有两个PN结的其他器件） 3：具有4个有效电极（或具有3个PN结的其他器件）	S：表示已在日本电子工业协会JEIA注册登记的半导体分立器件	A：PNP型高频管 B：PNP型低频管 C：NPN型高频管 D：NPN型低频管 F：P控制极晶闸管 G：N控制极晶闸管 H：N基极单结晶体管 J：P沟道场效应晶体管 K：N沟道场效应晶体管 M：双向晶闸管	两位以上的整数，表示在日本电子工业协会JEIA登记的顺序号 不同公司的性能相同的器件可以使用同一顺序号 数字越大，越是近期产品	A、B、C、D、E、F：表示这一器件是原型号产品的改进产品

【注2】美国电子工业协会半导体分立器件命名通常也由5部分组成。

第1部分：用符号表示器件用途的类型。第2部分：用数字表示PN结数目。第3部分：美国电子工业协会（EIA）注册标志。第4部分：美国电子工业协会登记顺序号。第5部分：用字母表示器件分档。

美国电子工业协会半导体分立器件型号的含义如表1-18所示。

表1-18　美国电子工业协会半导体分立器件型号的含义

第1部分	第2部分	第3部分	第4部分	第5部分
JAN：军级 JANTX：特军级 JANTXV：超特军级 JANS：宇航级 无：非军用品	1：二极管 2：晶体管 3：3个PN结器件 N：n个PN结器件	N：该器件已在美国电子工业协会（EIA）注册登记	多位数字表示该器件在美国电子工业协会登记的顺序号	A、B、C、D、…表示同一型号器件的不同档别

例如，JAN2N3251A表示为PNP硅高频小功率开关晶体管。其中，"JAN"表示军用级、"2"表示晶体管、"N"表示EIA注册标志、"3251"表示EIA登记顺序号、"A"表示2N3251A档。

3. 晶体管的分类

1）按材料可分为锗晶体管、硅晶体管。

2）按结构可分为点接触型和面结合型。

3）按PN结组合可分为NPN晶体管、PNP晶体管。

4）按工作频率可分为高频管（$f_T \geqslant 3MHz$）、低频管（$f_T < 3MHz$）。

5）按功率可分为大功率管（$P_C > 1W$）、中功率管（$P_C = 0.7 \sim 1W$）、小功率管（$P_C < 0.7W$）。

4. 晶体管的工作过程

晶体管的工作过程（以 NPN 型管为例）示意图如图 1-48 所示。

当给基极（输入端）输入一个较小的基极电流 I_b 时，其集电极（输出端）将按比例产生一个较大的集电极电流 I_c，这个比例就是晶体管的电流放大系数 β，即 $I_c = \beta I_b$。发射极是公共端，发射极电流 $I_e = I_b + I_c = (1 + \beta) I_b$。

可见，集电极电流和发射极电流受基极电流的控制，因此晶体管是电流控制型器件。

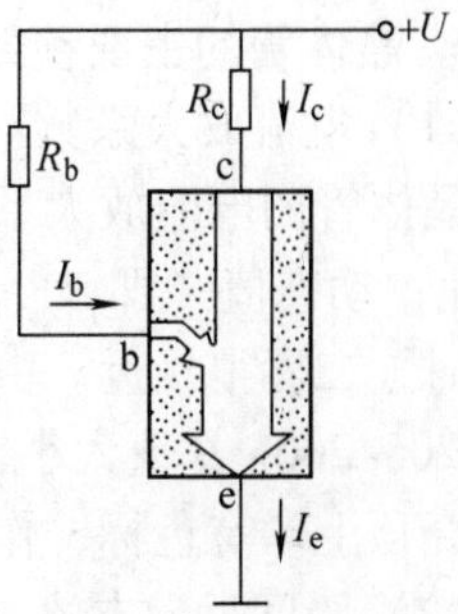

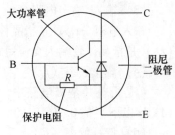

图 1-48　晶体管的工作过程（以 NPN 型管为例）示意图

5. 常见晶体管结构特点与应用

（1）普通晶体管

普通晶体管外部由 C（集电极）、B（基极）和 E（发射极）3 个引脚组成，内部由两个呈背对背排列的 PN 结构成，且具备电流放大功能，被广泛用于各类电子设备中。

（2）行输出管

行输出管具有耐压高、B – E 间有保护电阻、C – E 间有一只阻尼二极管的特点。被广泛用于彩色电视机、计算机显示器的行输出部分。行输出管内部结构如图 1-49 所示。

图 1-49　行输出管内部结构图

（3）复合管（达林顿管）

复合管主要由两个晶体管复合而成，分普通型和带保护型两种。R_1、R_2 为保护电阻，且 R_2 通常为几十欧，VD 为阻尼二极管。总电流放大倍数 $\beta_总 = \beta_1 \beta_2$。

达林顿管具有增益高、开关速度快的特性，常用于大功率的开关电路和继电器驱动电路中。复合管内部结构如图 1-50 所示。

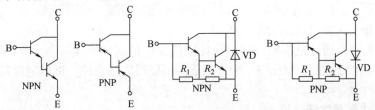

图 1-50　复合管内部结构图

（4）带阻尼晶体管

在 B – E 极间含有 1 个或多个电阻，常在进口家用电器中作为小功率管使用，并以片状形式来封装。有些是以集电极开路（OC）形式来封装，内含有多个可以互相独立使用的带阻尼晶体管。R_1、R_2 阻值一般都在 $10 \sim 47\text{k}\Omega$ 之间。带阻尼晶体管内部结构如图 1-51 所示。

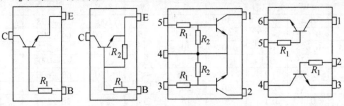

图 1-51　带阻尼晶体管内部结构图

6. 晶体管的主要参数

（1）电流放大系数（β）

晶体管的电流放大系数包括静态和动态两种。静态值是晶体管集电极电流 I_c 和基极电流 I_b 之比；动态值（即 β）是晶体管集电极电流的变化值 ΔI_c 与基极电流的变化值 ΔI_b 之比。在低频时，二者很接近。由于工艺和材料的原因，相同型号的晶体管，β 值有很大的差别，一般为 $20 \sim 200$。β 值太小，晶体管放大能力差；β 值太大，晶体管性能不稳定。有些晶体管在管壳顶上印有色标，作为 β 值分档标记。

（2）极间反向电流（I_{cbo}、I_{ceo}）

主要用来表示管子工作的稳定情况。I_{CBO} 为集电结反向饱和电流；I_{ceo} 为穿透电流。二者关系是：$I_{ceo} = (1+\beta) I_{cbo}$。室温下，小功率锗管的 I_{CBO} 约为 $10\mu A$，小功率硅管的 I_{cbo} 小于 $1\mu A$。对于硅管的 I_{cbo}，温度每升高 8℃ 增加 1 倍；对于锗管的 I_{cbo}，则是每升高 12℃ 增加 1 倍。

（3）输入/输出电阻（r_{be}、r_{ce}）

输入电阻（r_{be}）是指晶体管输出交流短路（即 $\Delta u_{ce} = 0$ 时）B - E 间的电阻；输出电阻（r_{ce}）是指晶体管输入交流短路（即 $\Delta I_b = 0$ 时）C - E 间的电阻。

（4）截止频率（f_α）

f_α 是指在共基极电路中，当输出端交流短路时，其电流放大系数 a 的幅值下降到低频（1kHz 以下）值 0.707 时的频率。低频管的 $f_\alpha < 3MHz$，高频管的 $f_\alpha \geqslant 3MHz$。

（5）特征频率（f_T）

在频率大于 f_β 后，β 将以很快的速度下降，频率每增加一倍，β 值将下降一半。f_T 是指当 β 降到 1 时的频率。此时共发射极电路将失去电流放大作用。

（6）击穿电压（$U_{(BR)EBO}$、$U_{(BR)CEO}$、$U_{(BR)CBO}$）

$U_{(BR)EBO}$ 是集电极开路、发射极 - 基极间的反向击穿电压；$U_{(BR)CEO}$ 是基极开路、集电极 - 发射极间的反向击穿电压；$U_{(BR)CBO}$ 是发射极开路、集电极 - 基极间的反向击穿电压。三者关系为 $U_{(BR)EBO} < U_{(BR)CEO} < U_{(BR)CBO}$。使用时不允许超过上述规定值。

（7）集电极最大允许耗散功率（P_{CM}）

当管子的集电结通过电流时，功率损耗要产生热量，会使其结温升高。若功率耗散过大，则会导致集电结烧毁。根据管子允许的最高温度和散热条件，可以定出其 P_{CM} 值。国产小功率晶体管的 $P_{CM} < 1W$。

7. 常用小功率晶体管介绍

由于 9000 系列和 8050、8550 系列晶体管在实际中广泛使用，所以在这里不妨对其参数作一详细介绍，以供读者作为选用和替代的依据。几种常用晶体管特性参数表如表 1-19 所示。

表 1-19　几种常用晶体管特性参数表

型号	材料与极性	最大额定值					直流参数		交流参数	国内替代型号
		P_{CM}/W	I_{CM}/A	BV_{CBO}/V	BV_{CEO}/V	BV_{EBO}/V	I_{CBO}/nA	h_{FE}	f_T/MHz	
9011	硅 NPN	0.4	0.03	50	30	5	100	$28 \sim 198$	370	3DG122
9012	硅 PNP	0.625	-0.5	-40	-20	-5	-100	$64 \sim 202$	150	3CK10B
9013	硅 NPN	0.625	0.5	40	20	5	100	$64 \sim 202$	150	3DK4B
9014	硅 NPN	0.625	0.1	50	45	5	50	$60 \sim 1000$	270	3DG6
9015	硅 PNP	0.45	-0.1	-50	-45	-5	-50	$60 \sim 600$	190	3CG6
9016	硅 NPN	0.4	0.025	30	20	4	100	$28 \sim 198$	620	3DG122
9018	硅 NPN	0.4	0.05	30	15	5	50	$28 \sim 198$	1100	3DG82A
8050	硅 NPN	1	1.5	40	25	6	100	$85 \sim 300$	190	3DK30B
8550	硅 PNP	1	-1.5	-40	-25	-6	-100	$60 \sim 300$	200	3CK30B

1.5.2　场效应晶体管

场效应晶体管是一种利用场效应原理工作的半导体器件。与晶体管一样具有 3 个电极，分别为 D（漏极）、S（源极）、G（栅极），在 G、S 和 G、D 极间分别形成两个 PN 结。

与普通双极型晶体管相比较，场效应晶体管具有输入阻抗高、噪声低、动态范围大、功耗小、易于集成等特点，得到了越来越广泛的应用。

场效应晶体管在电路中的文字符号用为"VT"表示。

1. 常见场效应晶体管实物

常见场效应晶体管实物如图 1-52 所示。

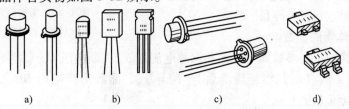

a)　　　　　　　b)　　　　　　　c)　　　　　　　d)

图 1-52　常见场效应晶体管实物图

a）金属壳场效应晶体管　b）塑封场效应晶体管　c）双极场效应晶体管　d）片状场效应晶体管

2. 常见场效应晶体管分类与电路符号

场效应晶体管的种类很多，主要分为结型场效应晶体管（JFET 管）和绝缘栅场效应晶体管（MOS 管）两大类，又都有 N 沟道和 P 沟道之分。

绝缘栅场效应晶体管也称为金属氧化物半导体场效应晶体管，简称为 MOS 场效应晶体管，分为耗尽型 MOS 管和增强型 MOS 管。

场效应晶体管还有单栅极管和双栅极管之分。双栅场效应晶体管具有两个互相独立的栅极 G_1 和 G_2，从结构上看相当于由两个单栅场效应晶体管串联而成，其输出电流的变化受到两个栅极电压的控制。双栅场效应晶体管的这种特性，为其用作高频放大器、增益控制放大器、混频器和解调器带来很大方便。

常见场效应晶体管分类与电路符号如表 1-20 所示。

表 1-20　常见场效应晶体管分类与电路符号表

类别	结型场效应晶体管（JFET）		绝缘栅场效应晶体管（MOS – FET）			
			耗尽型		增强型	
	N 沟道	P 沟道	N 沟道	P 沟道	N 沟道	P 沟道
电路符号	G →╫ D／S	G ←╫ D／S	G ╫ D／S	G ╫ D／S	G ╫ D／S	G ╫ D／S
					G_1 ╫ G_2 ╫ D／S　双极	G_1 ╫ G_2 ╫ D／S　双极
举例说明	3DJ1～3DJ9	FJ451　3CJ1～3CJ9	3D01～3D04	CS5114～CS5116	3D06　4D06	3C02　4C02

3. 场效应晶体管的工作过程

场效应晶体管的工作过程（以结型 N 沟道管为例）示意图如图 1-53 所示。由于栅极 G 接有负偏压（$-U_G$），所以在 G 附近形成耗尽层。当负偏压（$-U_G$）的绝对值增大时，耗尽层增大，沟道减小，漏极电流 I_D 减小。当负偏压（$-U_G$）的绝对值减小时，耗尽层减小，沟道增大，漏极电流 I_D 增大。

可见，漏极电流 I_D 受栅极电压的控制，故场效应晶体管是电压控制型器件，即通过输入电压的变化来控制输出电流的变化，从而达到放大等目的。

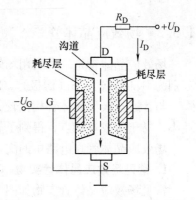

图 1-53　场效应晶体管的工作过程
（以结型 N 沟道管为例）示意图

4. 场效应晶体管的参数

场效应晶体管的主要参数如下。饱和漏源电流 I_{DSS}、夹断电压 U_P（结型管和耗尽型绝缘栅管）或开启电压 U_T（增强型绝缘栅管）、跨导 g_m、漏源击穿电压 BU_{DS}、最大耗散功率 P_{DSM} 和最大漏源电流 I_{DSM}。

（1）饱和漏源电流（I_{DSS}）

即在结型或耗尽型绝缘栅场效应晶体管中，当栅极电压 $U_{GS}=0$ 时的漏源电流。

（2）夹断电压（U_P）

即在结型或耗尽型绝缘栅场效应晶体管中，使漏源间刚截止时的栅极电压。

（3）开启电压（U_T）

即在增强型绝缘栅场效应晶体管中，使漏源间刚导通时的栅极电压。

（4）跨导（g_m）

跨导表示栅源电压 U_{GS} 对漏极电流 I_D 的控制能力，即漏极电流 I_D 变化量与栅源电压 U_{GS} 变化量的比值。g_m 是衡量场效应晶体管放大能力的重要参数。

（5）漏源击穿电压（BU_{DS}）

即当栅源电压 U_{GS} 一定时，场效应晶体管正常工作所能承受的最大漏源电压。这是一项极限参数，使用时加在场效应晶体管上的工作电压必须小于 BU_{DS}。

（6）最大耗散功率（P_{DSM}）

这也是一项极限参数，是指场效应晶体管性能不变坏时所允许的最大漏源耗散功率。使用时，场效应晶体管实际功耗应小于 P_{DSM}，并留有一定余量。

（7）最大漏源电流（I_{DSM}）

这是场效应晶体管的又一项极限参数，是指场效应晶体管正常工作时，漏源间所允许通过的最大电流。场效应晶体管的工作电流不应超过 I_{DSM}。

5. 场效应晶体管的使用常识

1）为保证场效应晶体管安全可靠地工作，在使用中不要超过器件的极限参数。

2）绝缘栅管保存时应将各电极引线短接。由于 MOS 管栅极具有极高的绝缘强度，所以栅极不允许开路，否则会感应出很高电压的静电而将其击穿。

3）当进行焊接时，应将电烙铁的外壳接地或切断电源趁热焊接。

4）当进行测试时，仪表应良好接地，不允许有漏电现象。

5）当场效应晶体管使用在要求输入电阻较高的场合时，还应采取防潮措施，以免它受潮气的影响使输入电阻大大降低。

6）对于结型管，栅、源间的电压极性不能接反，否则 PN 结将正偏而不能正常工作，有时可能会烧坏器件。

1.5.3 任务5——晶体管与场效应晶体管的识别与判别

1. 实训目的

1）能描述各类晶体管和场效应晶体管的基本特性。

2）会熟练使用万用表。

3）能正确识别与判别各类晶体管和场效应晶体管。

2. 实训设备与器材准备

1）MF47A 型指针万用表 1 块。

2）DT–890 型数字万用表 1 块。

3）某彩色电视机电路机板 1 块。

4）各类晶体管与场效应晶体管等器件 若干。

3. 实训步骤与报告

☞（1）晶体管与场效应晶体管的直观识别

1）准备一块电路整机板，比如彩色电视机电路机板。

2）在整机板上对晶体管、场效应晶体管等半导体器件的名称、型号、引脚极性等进行识读。

3）做好记录。

☞（2）晶体管基极（B）和类型的判别

1）将万用表置于"Ω"档，选择 $R \times 1k\Omega$ 档量程。

2）假定晶体管某一引脚为基极（B）且用"黑表笔"去接触它不动，"红表笔"去分别接触余下两引脚，测得两个电阻值。

3）若两次测得的电阻值都很小，则"黑表笔"接触的引脚是基极（B）。

4）通过万用表的"黑表笔"而找到基极（B）的晶体管是 NPN 型。

【注】如果假定 3 次还没有找到基极（B），就交换表笔，方法同上。

☞（3）晶体管集电极（C）的判别

1）将万用表置于"Ω"档，选择 $R \times 10k\Omega$ 档量程。

2）若被测晶体管为 NPN 型，则假定晶体管剩下两引脚中一只引脚为集电极（C）。

3）用"黑表笔"去接触它，当然另一引脚就用"红表笔"接触。

4）在"黑表笔"与基极（B）之间加一个人体电阻（$R_人$）。

5）若万用表指针偏转角度较大的，则"黑表笔"接触的引脚是集电极（C）。

【注】若被测晶体管为 PNP 型，则假定的集电极（C）应用"红表笔"去接触，人体电阻（$R_人$）加在"红表笔"与基极（B）之间，若万用表指针偏转角度较大的，则"红表笔"接触的引脚是集电极（C）。

☞（4）晶体管质量判别

1）将万用表置于"Ω"档，选择 $R \times 1k\Omega$ 档量程。

2）判别 B–E 和 B–C 极的好坏，可参考普通二极管好坏的判别方法。

3）将万用表置于"Ω"档，选择 $R×10kΩ$ 档量程。

4）测量 C - E 漏电电阻，对于 NPN（PNP）型晶体管黑（红）表笔接 C 极，红（黑）表笔接 E 极，B 极悬空，R_{CE} 阻值越大越好。

【注】一般对锗管的要求较低，在低压电路上大于 $50kΩ$ 即可使用，但对于硅管来说，要大于 $500kΩ$ 才可使用，通常测量硅管 R_{CE} 阻值时，万用表指针都指向 ∞ 。

☞（5）晶体管的放大倍数的测试

1）将 DT - 890 型数字万用表的波段置于 h_{FE} 档。

2）将被测晶体管插入相应类型的插孔。

3）读取显示器上的数值，便是 $β$ 值。

【注】一般晶体管 $β$ 值在 50 ~ 150 为最佳。

☞（6）行输出管的测试

1）将万用表置于"Ω"档，选择 $R×1Ω$ 档量程。

2）测量任意两极，若发现有两极在正反测量时的阻值都很小，在 10 ~ 70Ω 之间，则比较两次阻值大小，小的一次黑表笔接的是 B 极，红表笔接的是 E 极，则另一极就是 C 极。

3）将万用表置于"Ω"档，选择 $R×10kΩ$ 档量程。

4）黑表笔接 C 极，红笔接 E 极，其阻值应为无穷大，指针稍有偏转都视为漏电。反转表笔测量时，阻值应较小（阻尼二极管导通）。

☞（7）场效应晶体管的识别与判别

1）利用万用表电阻 $R×1kΩ$ 档对 JFET 的极性及好坏进行表 1-21 所示的测试。

表 1-21　结型场效应晶体管极性及好坏判别

测试方式 沟道类型	[黑表笔]→G [红表笔]→D	[红表笔]→G [黑表笔]→D	[红表笔]→S [黑表笔]→D	[黑表笔]→D [红表笔]→S
N 沟道	几十欧至 几千欧	∞	几十欧至 几千欧	几十欧至 几千欧
P 沟道	∞	几十欧至 几千欧	几十欧至 几千欧	几十欧至 几千欧

2）MOS - FET 不能以万用表检查，而必须用测试仪，而且要在接入测试仪后才能去掉各电极的短路线；测毕，应先行短路而后取下，关键是应避免栅极悬空。

☞（8）晶体管与场效应晶体管的识别与判别实训报告

实训项目	实训器材	实训步骤		
1.		（1）	（2）	（3）
2.		（1）	（2）	（3）
心得体会				
教师评语				

4. 实训注意事项

1）当测量和更换带阻尼晶体管时，一定要凭借电路资料或相同型号的实物进行对比，否则可能会导致误判。

2）绝缘栅管一般用测试仪而不能万用表去检查。

1.6　晶体闸流管

晶体闸流管简称为晶闸管，是一种具有 3 个 PN 结的功率型半导体器件，主要包括单向晶闸管、双向晶闸管、可关断晶闸管等。

晶体闸流管在电路中的文字符号用"VS"来表示。

晶体闸流管具有以小电流（电压）控制大电流（电压）的作用，并具有体积小、重量轻、功耗低、效率高和开关速度快等优点，在无触点开关、可控整流、逆交、调光、调压和调速等方面得到广泛的应用。

1.6.1　单向晶闸管

1. 晶闸管的种类

1）按控制特性可分为单向晶闸管、双向晶闸管、可关断晶闸管、正向阻断晶闸管、反向阻断晶闸管、双向触发晶闸管及光控晶闸管等。

2）按电流容量可分为小功率管、中功率管和大功率管。

3）按关断速度可分为普通晶闸管和高频晶闸管（工作频率 > 10kHz）。

4）按封装形式可分为塑封式、陶瓷封装式、金属壳封装式和大功率螺栓式等。

2. 晶闸管的参数

晶体闸流管的主要参数有额定通态平均电流、正反向阻断峰值电压、维持电流、控制极触发电压和电流等。

（1）额定通态平均电流（I_T）

I_T 是指晶闸管导通时所允许通过的最大交流正弦电流的有效值。应选用 I_T 大于电路工作电流的晶闸管。

（2）正、反向阻断峰值电压（U_{DRM}、U_{RRM}）

U_{DRM} 是指晶闸管正向阻断时所允许重复施加的正向电压的峰值；U_{RRM} 是指允许重复加在晶闸管两端的反向电压的峰值。电路施加在晶闸管上的电压必须小于 U_{DRM} 与 U_{RRM}，并留有一定余量，以免造成击穿损坏。

（3）维持电流（I_H）

I_H 是指保持晶闸管导通所需要的最小正向电流。当通过晶闸管的电流小于 I_H 时，晶闸管将退出导通状态而阻断。

（4）控制极触发电压（U_G）和电流（I_G）

即使晶闸管从阻断状态转变为导通状态时所需要的最小控制极直流电压和直流电流。

3. 常见单向晶闸管实物及电路符号

在实际应用中，国产单向晶闸管主要有 3CT 系列和 KP 系列。常见单向晶闸管实物图及电路符号如图 1-54 所示。

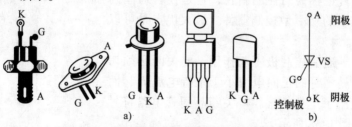

图 1-54　常见单向晶闸管实物图及电路符号

a）单向晶闸管电路符号　b）单向晶闸管实物图

4. 单向晶闸管的工作过程

单向晶闸管是"PNPN"4 层结构，形成 3 个 PN 结，具有 3 个外电极 A、K 和 G，可等效为 PNP、NPN 两晶体管组成的复合管。单向晶闸管的等效图如图 1-55 所示。

在 A、K 间加上正电压后，管子并不导通。当给控制极 G 加上正电压时，VT_1、VT_2 相继迅速导通，此时即使去掉控制极的电压，晶闸管仍维持导通状态。

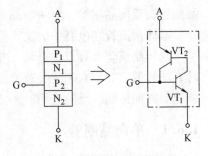

图 1-55 单向晶闸管的等效图

1.6.2 双向晶闸管

1. 常见双向晶闸管实物及电路符号

在实际应用中，国产双向晶闸管主要有 3CTS 系列和 KS 系列。常见双向晶闸管实物图及电路符号如图 1-56 所示。

2. 常见双向晶闸管的特点及应用

双向晶闸管是在单向晶闸管的基础之上开发出来的，它是一种交流型功率控制器件。具有 3 只引脚，分别为控制极 G、主电极 T_1 和 T_2。

双向晶闸管不仅能够取代两个反向并联的单向晶闸管，而且只需要一个触发电路，使用很方便。为此，双向晶闸管可以等效为两个单向晶闸管反向并联，其等效图如图 1-57 所示。

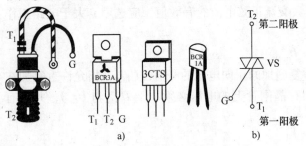

图 1-56 常见双向晶闸管实物图及电路符号

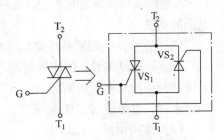

图 1-57 双向晶闸管的等效图

双向晶闸管可以控制双向导通，因此除控制极 G 外的另两个电极不再分阳极和阴极，而称之为主电极 T_1、T_2。

双向晶闸管主要用在无触点交流开关、交流调压、调光和调速等电路中。

1.6.3 可关断晶闸管

可关断晶闸管也称为门控晶闸管，它是在普通晶闸管基础上发展起来的功率型控制器件。最大优点是可以通过控制极关断。

普通晶闸管导通后控制极不起作用，要关断必须切断电源，使流过晶闸管的正向电流小于维持电流 I_H，而可关断晶闸管克服了上述缺陷。可关断晶闸管电路符号与通断示意图如图 1-58 所示。

当控制极 G 加上正脉冲电压时，晶闸管导通；当控制极 G 加上负脉冲电压时，晶闸管关断。

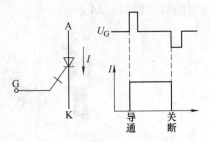

图 1-58 可关断晶闸管电路符号与通断示意图

可关断晶闸管的主要作用是可关断无触点开关、直流逆变、调压、调光、调速等。

1.6.4 任务6——晶体闸流管的识别与判别

1. 实训目的

1）能描述各类晶体闸流管的基本特性。

2）会熟练使用万用表。

3）能正确识别与检测各类晶体闸流管。

2. 实训设备与器材准备

1）MF47A型指针万用表 1块。

2）DT-890型数字万用表 1块。

3）某台灯电路控制机板 1块。

4）各类晶闸管器件 若干。

3. 实训步骤与报告

☞（1）晶体闸流管的直观识别

1）准备一块电路整机板，比如台灯电路控制机板。

2）在整机板上对各类晶体闸流管的名称、型号、引脚极性等进行识读。

3）做好记录。

☞（2）单向晶闸管的检测

1）将万用表置于"Ω"档，选择 $R \times 1\mathrm{k}\Omega$ 档量程。

2）测量任意两极，若出现指针发生较大摆动时，黑表笔接触的是控制极 G，红表笔接触的是阴极 K，剩下就是阳极 A。

3）测量 A、K 极正反向电阻，一般都为 ∞，而 K、G 极则具有二极管特性。

4）将万用表置于"Ω"档，选择 $R \times 1\Omega$ 档量程。

5）测量晶闸管能否维持导通，方法如下：将黑表笔接 A 极，红表笔接 K 极，此时指针应指向无穷大，当黑表笔再与 G 极接触时，指针即发生偏转，若黑表笔离开 G 极后，A、K 间仍维持原偏转，则该晶闸管为好管。

☞（3）双向晶闸管的检测

1）双向晶闸管 T_2（第二阳极）极与 G、T_1（第一阳极）两极正反向电阻都为 ∞，且 G 极与 T_1 极正、反向电阻都较小，并基本相同，利用这一点可判断出 T_2 极。

2）判断 G 极与 T_1 极时，可先设一极为 G 极，红表笔接 T_1 极，黑表笔接 T_2 极，读出黑表笔触发一下 G 极后维持导通时的阻值 R_1（黑表笔始终接触 T_2 极）。

3）再设另一极为 G 极，重复上述操作，维持导通的阻值为 R_2，比较 R_1 与 R_2 的大小，以较小的一极假设为正确。双向晶闸管极性判别过程就是判别其好坏的过程，有必要还要检测其能否反向触发（用红表笔触发）且维持导通。

☞（4）可关断晶闸管的检测

1）将万用表置于"Ω"档，选择 $R \times 1\Omega$ 档量程。

2）黑表笔接阳极 A，红表笔接阴极 K，表针指示应为无穷大。

3）用一节 1.5V 电池串联一只 100Ω 左右的电阻作为控制电压，其一端接在阴极 K 上。

4）在用电池正极触碰一下控制极 G 后，表针应右偏指示晶闸管导通；在调换电池极性用电池负极触碰一下控制极 G 后，表针应返回无穷大指示晶闸管关断。

5）若满足上述要求，则说明该可关断晶闸管是好的，反之，已损坏。

☞（5）晶体闸流管的识别与判别实训报告

实训项目	实训器材	实训步骤		
1.		(1)	(2)	(3)
2.		(1)	(2)	(3)
	心得体会			
	教师评语			

4. 实训注意事项

当测量大功率晶闸管时（一般指 10A 以上），由于触发电流要求过大，维持导通压降过高，万用表 $R \times 1\Omega$ 档已不能提供足够的电压和电流，所以必须在红表笔端串入 1 个 1.5V 电池才能使晶闸管有足够的触发电流和导通压降。

1.7 光敏器件

光敏器件是指能够将光信号转换为电信号的半导体器件，包括光敏二极管、光敏晶体管和光耦合器等。

1.7.1 光敏二极管

光敏二极管是一种常用的光敏器件，与晶体二极管相似，也是具有一个 PN 结的半导体器件，所不同的是光敏二极管有一个透明的窗口，以便使光线能够照射到 PN 结上。在电路中通常工作于反向电压状态。

光敏二极管在电路中的文字符号用"VD"来表示。

光敏二极管的特点是具有将光信号转换为电信号的功能，并且其光电流 I_L 的大小与光照强度成正比，即光照越强，光电流 I_L 越大。在光控、红外遥控、光探测、光纤通信和光耦合等方面，光敏二极管有着广泛的应用。

1. 光敏二极管实物图与电路符号

光敏二极管的实物图与电路符号如图 1-59 所示。

2. 光敏二极管的种类与型号

光敏二极管常有 PN 结型、PIN 结型、雪崩型和肖特基结型等多种类型，用得最多的是硅材料 PN 结型光敏二极管。

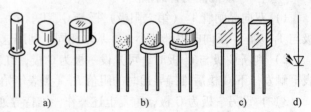

图 1-59　光敏二极管的实物图与电路符号
a) 金属壳封装　b) 透明封装　c) 树脂封装　d) 电路符号

国产光敏二极管主要有 2CU 系列（N 型硅光敏二极管）、2DU 系列（P 型硅光敏二极管）和 PIN 系列（PIN 结型硅光敏二极管）等。

3. 光敏二极管的参数

光敏二极管的主要参数是最高工作电压、光电流和光电灵敏度等。

（1）最高工作电压（U_{RM}）

即在无光照、反向电流不超过规定值（通常为 0.1μA）的前提下，光敏二极管所允许加的最高反向电压。光敏二极管的 U_{RM} 一般在 10~50V 之间，使用中不要超过此范围。

（2）光电流（I_L）

I_L 是指在受到一定光照时，加有反向电压的光敏二极管中所流过的电流，约为几十微安。一般情况下，选用光电流 I_L 较大的光敏二极管效果较好。

（3）光电灵敏度（S_n）

S_n 是指在光照下，光敏二极管的光电流 I_L 与入射光功率之比，单位为 μA/μW。光电灵敏度 S_n 越高越好。

1.7.2 光敏晶体管

光敏晶体管是在光敏二极管的基础上发展起来的光电器件。与晶体管相似，光敏晶体管也是具有两个 PN 结的半导体器件，所不同的是其基极受光信号的控制。

光敏晶体管在电路中的文字符号用"VT"来表示。

光敏晶体管的特点是不仅能实现光电转换，而且具有放大功能，主要作用是光控。

1. 光敏晶体管的实物与电路符号

光敏晶体管的实物图与电路符号如图 1-60 所示。

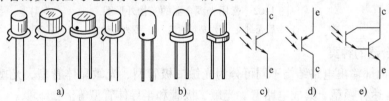

图 1-60　光敏晶体管的实物图与电路符号

a）金属壳封装　b）塑料封装　c）NPN 型　d）PNP 型　e）达林顿型

2. 光敏晶体管的种类

1）按导电极性不同可分为 NPN 型和 PNP 型。

2）按结构类型不同可分为普通光敏晶体管和复合型（达林顿型）光敏晶体管。

3）按外引脚数不同可分为二引脚式和三引脚式。

3. 光敏晶体管的工作原理

光敏晶体管可以等效为光敏二极管和普通晶体管的组合体，其基极与集电极间的 PN 结相当于一个光敏二极管，在光照下产生的光电流 I_L 从基极进入晶体管放大，因此光敏晶体管输出的光电流可达光敏二极管的 β 倍。光敏晶体管等效图如图 1-61 所示。

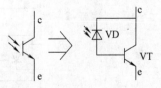

图 1-61　光敏晶体管等效图

4. 光敏晶体管的参数

光敏晶体管的参数较多，主要参数有最高工作电压（U_{ceo}）、光电流（I_L）和最大允许功耗（P_{CM}）等。

（1）最高工作电压（U_{ceo}）

U_{ceo} 是指在无光照、集电极漏电流不超过规定值（约 0.5μA）时，光电晶体管所允许加的最高工作电压。一般为 10~50V，使用中不要超过此范围。

（2）光电流（I_L）

I_L是指当受到一定光照时光电晶体管的集电极电流，通常可达几毫安。光电流I_L越大，光敏晶体管的灵敏度越高。

（3）最大允许功耗（P_{CM}）

P_{CM}是指光敏晶体管在不损坏的前提下所能承受的最大集电极耗散功率。

1.7.3 光耦合器

光耦合器是以光为媒介传输电信号的器件，其输入端与输出端之间既能传输电信号，又具有电的隔离性，并且传输效率高，隔离度好，抗干扰能力强，使用寿命长。

光耦合器的主要作用是隔离传输，在隔离耦合、电平转换、继电控制等方面得到广泛的应用。

1. 光耦合器的实物外形

常用光耦合器的实物外形如图1-62所示。

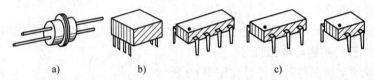

图1-62　常用光耦合器的实物外形图

a）金属壳封装　b）塑料封装　c）双列直插式

2. 光耦合器的种类

1）按其内部输出电路结构不同可分为光敏二极管型、光敏晶体管型、光敏电阻型、光控晶闸管型、达林顿型、集成电路型、光敏二极管和半导体管型等。

2）按其输出形式不同可分为普通型、线性输出型、高速输出型、高传输比型、双路输出型和组合封装型等。

3. 光耦合器的电路符号

常用光耦合器的电路图形符号如图1-63所示。

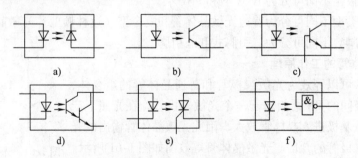

图1-63　常用光耦合器的电路图形符号

a）光敏二极管型　b）光敏晶体管型　c）光敏晶体管（基极有引脚）型

d）达林顿型　e）晶闸管型　f）集成电路型

4. 常见光耦合器引脚排列与型号

常见光耦合器引脚排列与型号如表1-22所示。

表 1-22 常见光耦合器引脚排列与型号

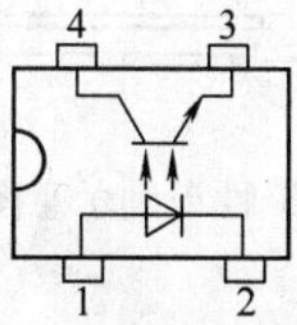	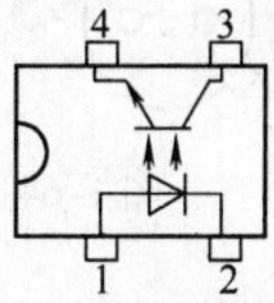	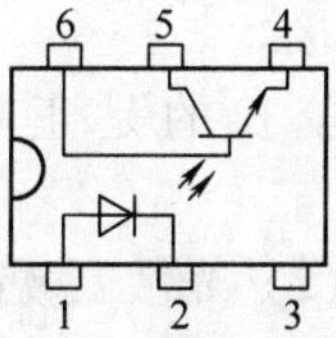
PC120 LE523 TLP500	PC601 LTV017 ON3131	4N25 4N37 PC112
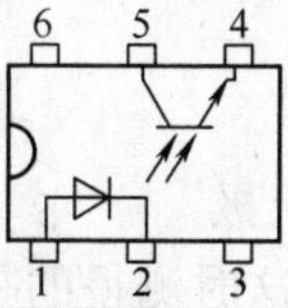	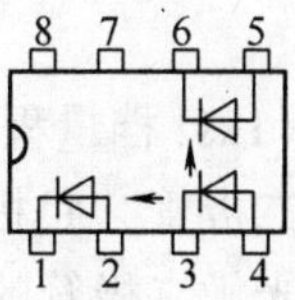	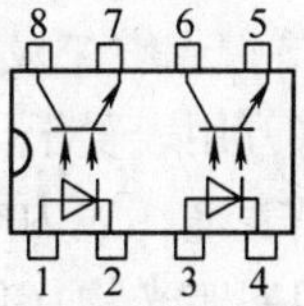
CNV17F PC017 TLP723	GD2203	TLP521-2

5. 光耦合器的参数

光耦合器的主要参数有正向电压 U_F、输出电流 I_L 和反向击穿电压 U_{BR} 等。

（1）正向电压（U_F）

U_F 是光耦合器输入端的主要参数，是指使输入端发光二极管正向导通所需要的最小电压（即发光二极管管压降）。

（2）输出电流（I_L）

I_L 是光耦合器输出端的主要参数，是指当输入端接入规定正向电压时，输出端光敏器件通过的光电流。

（3）反向击穿电压（U_{BR}）

U_{BR} 是一项极限参数，是指当输出端光电器件反向电流达到规定值时，其两极间的电压降。使用中工作电压应在 U_{BR} 以下并留有一定余量。

1.7.4 任务7——光敏器件的识别与判别

1. 实训目的

1）能描述各类光敏器件的基本特性。

2）会熟练使用万用表。

3）能正确识别与判别各类光敏器件。

2. 实训设备与器材准备

1）MF47A 型指针万用表 1块。

2）各类光敏器件等 若干。

3. 实训步骤与报告

☞（1）光敏二极管的直观识别

1）光敏二极管的两引脚是有正、负极性的。光敏二极管的引脚极性识别示意图如图 1-64 所示。

2）靠近管键或色点的是正极，另一脚是负极。

3）较长的是正极，较短的是负极。

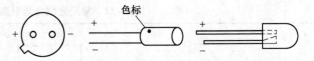

图 1-64　光敏二极管的引脚极性识别示意图

☞（2）光敏二极管的 PN 结检测

1）将万用表置于"Ω"档，选择 $R \times 1\text{k}\Omega$ 档量程。

2）黑表笔（表内电池正极）接光敏二极管"正极"，红表笔接"负极"。

3）测得正向电阻值应为 $10 \sim 20\text{k}\Omega$ 左右。

☞（3）光敏二极管的光敏性能检测

1）将万用表置于"Ω"档，选择 $R \times 1\text{k}\Omega$ 档量程。

2）黑表笔（表内电池正极）接光敏二极管"负极"，红表笔接"正极"。

3）用一遮光物（例如黑纸片等）将光敏二极管的透明窗口遮住，这时测得的是无光照情况下的反向电阻，应为无穷大。

4）然后移去遮光物，使光敏二极管的透明窗口朝向光源（自然光、白炽灯或手电筒等），这时表针应向右偏转至几千欧处。

5）表针偏转越大，说明光敏二极管的灵敏度越高。

【注】若要检测红外线接收管的性能，则要用红外线照射。

☞（4）光敏晶体管的直观识别

1）由于光敏晶体管的基极即为光窗口，所以大多数光敏晶体管只有发射极 E 和集电极 C 两只引脚，基极无引出线，光敏晶体管的外形与光敏二极管几乎一样。

2）有部分光敏晶体管基极 B 有引脚，常作为温度补偿用。

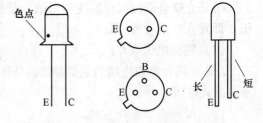

图 1-65　常见光敏晶体管引脚示意图

3）靠近管键或色点的是发射极 E，离管键或色点较远的是集电极 C。

4）较长的引脚是发射极 E，较短的引脚是集电极 C。常见光敏晶体管引脚示意图如图 1-65 所示。

☞（5）光敏晶体管的检测（以 NPN 为例）

1）将万用表置于"Ω"档，选择 $R \times 1\text{k}\Omega$ 档量程。

2）黑表笔（表内电池正极）接发射极 E，红表笔接集电极 C，此时光敏晶体管所加电压为反向电压，万用表指示的阻值应为 ∞。

3）用黑纸片等遮光物将光敏晶体管窗口遮住，对调两表笔再进行测试，此时虽然所加为正向电压，但因其基极无光照，光敏晶体管仍无电流，其阻值接近为 ∞。

4）保持红表笔接发射极 E、黑表笔接集电极 C，然后移去遮光物，使光敏晶体管窗口朝向光源，这时表针应向右偏转到 $1\text{k}\Omega$ 左右。

5）表针偏转越大，说明光敏晶体管的灵敏度越高。

☞（6）光耦合器的综合检测

1）将万用表置于"Ω"档，选择 $R \times 1\text{k}\Omega$ 档量程。

2）分别测量输入部分发光二极管的正、反向电阻，其正向电阻约为几百欧，反向电阻约为几十千欧。

3）以光敏晶体管型光耦合器为例，在输入端悬空的前提下，测量输出端两引脚（光电晶体管的 C、E 极）间的正、反向电阻，均应为 ∞。

4）将万用表置于"Ω"档，选择 $R \times 1\text{k}\Omega$ 档量程，进行传输性能的检测。黑表笔接输出部分光敏晶体管的集电极 C，红表笔接发射极 E。当按图 1-66 所示给光耦合器输入端接入正向电压时，光敏晶体管应导通，万用表指示阻值很小；当切断输入端正向电压时，光敏晶体管应截止，阻值为无穷大。光耦合器传输性能的检测示意图如图 1-66 所示。

5）将万用表置于"Ω"档，选择 $R \times 10\text{k}\Omega$ 档量程，进行绝缘电阻的检测。测量输入端与输出端之间任两只引脚间的电阻，均应为无穷大。光耦合器绝缘电阻的检测示意图如图 1-67 所示。

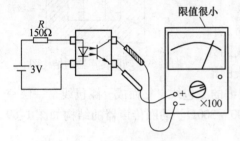

图 1-66　光耦合器传输性能的检测示意图

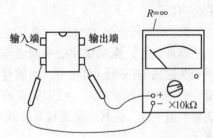

图 1-67　光耦合器绝缘电阻的检测示意图

☞（7）光敏器件的识别与判别实训报告

实训项目	实训器材	实训步骤		
1.		(1)	(2)	(3)
2.		(1)	(2)	(3)
心得体会				
教师评语				

1.8　电声器件

电声器件是一种电、声换能器。常见的电声器件有传声器、扬声器等。

传声器是一种将声音信号转变为相应电信号的换能器，又称为送话器等。常见的传声器有动圈传声器、驻极体传声器和压电陶瓷片等。

扬声器是一种利用电磁感应、静电感应、压电效应等，将电信号转变为相应声音信号的换能器，又称为受话器等。常见的扬声器有气动式、压电式、电磁式和电动式等几种类型。

1.8.1　传声器

1. 常见传声器实物与电路符号

常见传声器实物图与电路符号如图 1-68 所示。

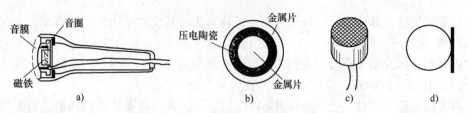

图 1-68 常见传声器实物图与电路符号

a) 动圈式传声器 b) 压电陶瓷片 c) 驻极体传声器 d) 传声器的电路符号

2. 常见传声器结构特点

（1）动圈传声器

1）动圈传声器的应用。动圈传声器频响特性好，噪声和失真都较小，是一种在录音、讲演、娱乐中广泛使用的传声器。

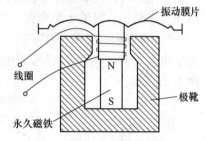

图 1-69 动圈传声器的结构图

2）动圈传声器的结构。圆形的振动膜片外缘固定在送话器外壳上，振动膜片的中间粘连着一个线圈，线圈处于永久磁铁与极靴的间隙中，当膜片振动时，带动线圈沿磁铁轴向来回振动。其中线圈大多是无骨架的，用很细的漆包线自粘而成。漆包线是一层一层紧凑地排线，绕制的精度极高，线圈阻抗通常为 $200 \sim 300\Omega$。动圈传声器的结构如图 1-69所示。

（2）驻极体传声器

1）驻极体传声器的应用。驻极体传声器具有体积小、结构简单、电声性能好、价格低的特点，广泛用于盒式录音机、无线传声器及声控等电路中。

2）驻极体传声器的结构。驻极体传声器由声电转换和阻抗变换两部分组成。其内部结构如图 1-70 所示。

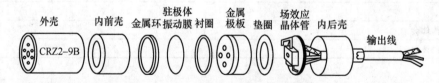

图 1-70 驻极体传声器的内部结构图

声电转换的关键元件是驻极体振动膜。它是一片极薄的塑料膜片，在其中一面蒸发上一层的纯金薄膜。然后再经过高压电场驻极后，使两面分别驻有异性电荷。膜片的蒸金面向外，与金属外壳相连通。膜片的另一面与金属极板之间用薄的绝缘衬圈隔离开。这样，蒸金膜与金属极板之间就形成一个电容。当驻极体膜片遇到声波振动时，引起电容两端的电场发生变化，从而产生了随声波变化而变化的交变电压。

阻抗变换是通过在传声器内接入一只结型场效应晶体管来进行的。因为驻极体膜片与金属极板之间的电容量比较小，一般为几十皮法，所以它的输出阻抗值很高，约几十兆欧以上。这样高的阻抗是不能直接与音频放大器相匹配的。

3）驻极体传声器的引极。驻极体传声器有两个引极的，也有 3 个引极的，其引极对应如图 1-71 所示。

1.8.2 扬声器

1. 常见扬声器实物图与电路符号

常见扬声器实物图与电路符号如图 1-72 所示。

2. 常见扬声器的结构特点

（1）气动式扬声器

它的频响单一，结构简单，在某些汽车或船舶上使用这种扬声器。

（2）压电式扬声器

压电式扬声器也称为蜂鸣器，

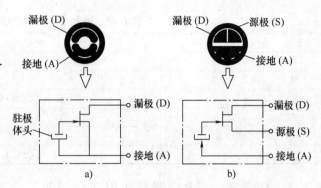

图 1-71　驻极体传声器引极对应图
a）二极驻极体传声器　b）三极驻极体传声器

它是由两块圆形金属片及之间的压电陶瓷片构成的。当压电陶瓷片两边有声音时，两片金属片在压电陶瓷作用下，会产生音频电压。反过来，当在两片金属片之间加入音频电压时，压电陶瓷片又能发出声音。由于压电陶瓷片体积小，且频响较窄，偏向高频，作为传声器使用时常用于各种声控电路中，作为扬声器使用时常用于电话、门铃、报警器电路的发声电路中，也有用作收录机工作高频扬声器的。

图 1-72　常见扬声器实物图与电路符号
a）电动式纸盆扬声器　b）高频号筒式扬声器　c）耳塞　d）扬声器的电路符号

（3）电磁式扬声器

由于其频响较窄，所以目前的使用率已很低。

（4）电动式扬声器

它的频响宽，结构简单，经济，是使用最广泛的一种扬声器。电动式扬声器又分为号筒式、组合式、纸盆式（有些扬声器已用其他材料代替了纸盆，如化纤等）等。

1）号筒式扬声器。它的电声转换率高，但低频响应差，常在大型语言广播中使用，也用于制作高性能高频扬声器。其功率大，常与大功率低频扬声器组合成大功率的音箱。

2）组合式扬声器。由于单个扬声器实现全频段（20Hz～20kHz）发音较为困难，所以出现了组合式扬声器，即在一个低频扬声器的上方再固定一个高频扬声器，实现全频段发音。组合式扬声器还有另一种结构形式，称为同轴型扬声器，它在高、低频都有极佳表现，相位失真小，是一种真正全频段扬声器，常在较高档音箱中使用。

3）纸盆式扬声器。纸盆式扬声器是电动扬声器的代表，用途最为广泛。

3. 常见纸盆扬声器的规格与类型

纸盆式扬声器根据其形状大小、功率及所使用的磁铁可分成多种规格和类型。其规格与类型如表 1-23 所示。

表 1-23　纸盆扬声器的规格与类型

形状		尺寸类型
圆形	mm	40、50、55、65、80、100、130、165、200、250、300 等
	in	1.5、2、2.25、3、4、5、6.5、8、10、12 等
椭圆	mm	65×100、80×130、100×160、120×190
	in	2.5×4、3×5、4×6、5×7、7×10
常用阻抗/Ω		常用功率/W
4、8、16		0.1、0.25、0.5、1.5、2、3、5、8、10 等

1.8.3　任务8——电声器件的识别与判别

1. 实训目的

1）能描述电声器件的基本特性。

2）会熟练使用万用表。

3）能正确识别与判别各类电声器件。

2. 实训设备与器材准备

1）MF47A 型指针万用表　1 块。

2）各类电声器件　若干。

3. 实训步骤与报告

☞（1）驻极体传声器的检测

1）将万用表置于"Ω"档，选取 $R×100Ω$ 档量程。

2）红表笔接源极（该极与金属外壳相连，很容易辨认），黑表笔接另一端的漏极。

3）对着送话器吹气，如果质量好，万用表的指针就应摆动。

4）比较同类送话器，摆动幅度越大，传声器灵敏度也越高。

5）若在吹气时指针不动或用劲吹气时指针才有微小摆动，则表明传声器已经失效或灵敏度很低。万用表检测驻极体传声器示意图如图 1-73 所示。

【注】若测试的是三端引线的驻极体传声器，则只要先将源极与接地端焊接在一起，然后按上述同样方法进行测试即可。

☞（2）扬声器的检测

1）将万用表置于"Ω"档，选取 $R×1Ω$ 档量程。

2）用两表笔触碰动圈接线柱，若万用表指

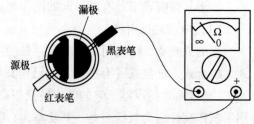

图 1-73　万用表检测驻极体传声器示意图

针有指示而且发出"喀喀"的声音，则表示动圈是好的。

3）如果万用表指针不摆动又无声，就说明动圈已断线。

4）也可以用一节 1.5V 的干电池引出两条线头触碰一下动圈接线柱，同样从有无"喀喀"声来辨别扬声器的好坏。

5）还可利用万用表的 50μA 档或 100μA 档，将两表笔并于扬声器的接线极片上，迅速按压纸盆，若表头指针摆动，则说明扬声器可正常工作。

【注】对于灵敏度低或声音失真等性能变差的扬声器只能用专用设备检测。

☞（3）压电式扬声器的检查

1）将万用表置于"Ω"档，选取 $R \times 10\text{k}\Omega$ 档量程。

2）先将一只表笔接在器件的一端，用另一表笔快速触碰另一端，同时注意观察表针的摆动。

3）正常情况下，在表笔刚接通瞬间指针应有小的摆动，然后返回到 ∞，若需要多次观察充放电情况，则每次测试都应改换一下表笔极性。

4）若没有以上充放电现象，则表明内部有断路障碍；若万用表指针摆动后不复原，则说明内部有短路障碍或已被高压击穿。

5）也可将音频信号发生器的输出信号直接加到扬声器的两端上进行试听，好的压电式扬声器就能听到清晰的音频声音，若无声音、声音小或发哑，则表明已损坏。

☞（4）电声器件的识别与判别实训报告

实训项目	实训器材	实训步骤		
1.		(1)	(2)	(3)
2.		(1)	(2)	(3)
心得体会				
教师评语				

1.9　显示器件

1.9.1　LED 数码管

LED 数码管是最常用的一种字符显示器件，它是将若干发光二极管按一定图形组织在一起构成的。

由于 LED 数码管具有发光亮度高、响应时间快、高频特性好、驱动电路简单、体积小、重量轻、寿命长和耐冲击性能好等特点，所以常用在时钟电路中显示时间、在计数电路中显示数字、在测量电路中显示结果。

1. 常见 LED 数码管实物示意图

常见 LED 数码管实物示意图如图 1-74 所示。

2. 常见 LED 数码管的种类

1）按显示字形分为数字管和符号管。

2）按显示位数分为一位、双位和多位数码管。

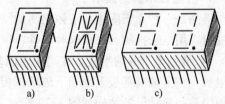

图 1-74　常见 LED 数码管实物示意图

a）"8"字型　b）"米"字型　c）组合型

3）按内部连接方式分为共阴极数码管和共阳极数码管。

4）按字符颜色分为红色、绿色、黄色和橙色等。

3. 七段数码管的显示

七段数码管是应用较多的一种数码管，它是将七个笔画段组成"8"字型，能够显示"0~9"10 个数字和"A~F"6 个字母，如图 1-75 和图 1-76 所示。

图 1-75　七段数码管

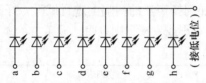

图 1-76　七段数码管的显示

七段数码管在结构上有共阴极和共阳极之分。

共阴极七段数码管内部是将 8 个发光管（7 段笔画和 1 个小数点）的负极连接在一起接低电位；共阳极七段数码管内部是将 8 个发光管的正极连接在一起接高电位。共阴极、共阳极七段数码管内部结构分别如图 1-77 和图 1-78 所示。

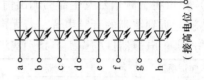

图 1-77　共阴极七段数码管内部结构图　　　　图 1-78　共阳极七段数码管内部结构图

1.9.2　LCD 显示器

液晶显示屏（简称为 LCD）是一种新型显示器件。液晶显示屏具有体积小、厚度薄、重量轻、寿命长、工作电压低、功耗微及强光照下显示效果好等特点，被广泛应用在数字仪表、电子钟表、电子日历、计算器、电话机以及家用电器设备中。

1. 液晶显示屏的种类

根据驱动方式的不同，液晶显示器可分为静态驱动（Static）、单纯矩阵驱动（Simple Matrix）和主动矩阵驱动（Active Matrix）3 种类型。

单纯矩阵型又可分为扭转向列型（Twisted Nematic，TN）、超扭转向列型（Super Twisted Nematic，STN）、双层超扭曲向列型（Dual Scan Tortuosity Nomograph，DSTN）及其他被动矩阵驱动液晶显示器。

主动矩阵驱动型大致可分为薄膜晶体管型（Thin Film Transistor，TFT）及二端子二极管型（Metal Insulator Metal，MIM）两种类型。

2. 液晶显示屏的显示

液晶是一种介于固体和液体之间的特殊物质，能够改变通过光线的偏振方向，并且这种改变可以用电来控制。根据这种特性，就可制作液晶显示屏。

1）液晶显示屏的组成。在两块玻璃基板间填充有液晶材料，上、下玻璃基板上都有透明电极，在上玻璃基板上面和下玻璃基板下面分别有上、下偏振片，在下偏振片下面还有反射板。液晶显示屏的结构如图 1-79 所示。

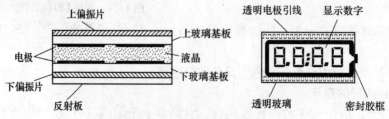

图 1-79　液晶显示屏的结构图

2）液晶显示屏的显示原理。当未加电压时，入射光穿过液晶和偏振片后能够被反射板反射回来，可看到亮的白色；当在上、下电极之间加上驱动电压时，电极部位的液晶在电场作用下改变了偏光性，使得入射光不能够被反射板反射回来，则看到的是黑色。若把电极制作成字符状，看到的就是黑色的字符。液晶显示屏的显示原理如图1-80所示。

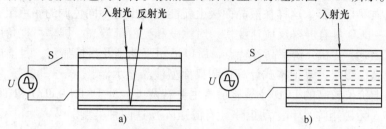

图1-80　液晶显示屏的显示原理图

a）有反射光　b）无反射光

【注】由于液晶材料在长期直流电压作用下会发生电解和电极老化，导致使用寿命大为缩短，所以应采用交流信号作为驱动电压。

3. 常见液晶显示屏的性能及应用

（1）扭转向列型（TN – LCD）

TN – LCD 的组成结构中主要包括了垂直方向与水平方向的偏光板，具有细纹沟槽的配向膜、液晶材料以及导电的玻璃基板。

TN – LCD 显像原理是：在不加电场的情况下，入射光经过偏光板后通过液晶层，偏光被分子扭转排列的液晶层旋转90°。在离开液晶层时，其偏光方向恰与另一偏光板的方向一致，故光线能顺利通过，使整个电极面呈光亮。当加入电场时，每个液晶分子的光轴转向与电场方向一致。液晶层也因此失去了旋光的能力，结果来自入射偏光片的偏光，其方向与另一偏光片的偏光方向成垂直的关系，并无法通过，这样电极面就呈现黑暗的状态。

由于 TN – LCD 本身只有明暗两种情形（或称黑白），并没有办法做到色彩的变化，所以，主要用于3in（1in = 0.0245m）以下的黑白小屏幕，如电子表、计算器、掌上游戏机等。

（2）超扭转向列型（STN – LCD）

STN – LCD 的显示原理与 TN – LCD 相类似，不同之处在于 STN 超扭转式向列场效应是将入射光旋转180°~270°，而不是90°。

STN – LCD 配合彩色滤光片可显示多种色彩，多用于文字、数字及绘图功能的显示，例如低档的笔记本式计算机、掌上式计算机、股票机和个人数字助理（PDA）等便携式产品。

（3）双层超扭曲向列型（DSTN – LCD）

DSTN – LCD 是在 STN – LCD 基础上发展而来的，通过双扫描方式来扫描扭曲向列型液晶显示屏，从而达到完成显示目的。因此显示效果相对 STN – LCD 来说，有大幅度提高。

DSTN – LCD 显示特点是：扫描屏幕被分为上下两部分，CPU（中央处理器）同时并行对这两部分进行刷新（双扫描），这样的刷新频率显然要比单扫描（STN）重绘整个屏幕快一倍，提高了效率，改善了显示效果。

由于 DSTN – LCD 反应速度慢，不适于高速全动图像、视频播放等应用，所以一般只用于文字、表格和静态图像处理，在低端笔记本式计算机市场具有一定的优势。

（4）薄膜晶体管型（TFT – LCD）

TFT – LCD 液晶显示器较为复杂，主要由荧光管（背光源）、导光板、偏光板、滤光板、玻璃基板、配向膜、液晶材料和薄模式晶体管等构成。

TFT - LCD 显示特点是：首先将荧光灯管（背光源）投射出的光源经过一个偏光板，然后再经过液晶，这时液晶分子的排列方式就会改变穿透液晶的光线角度；接着，这些光线经过前方的彩色的滤光膜与另一块偏光板。此时，只要改变刺激液晶的电压值，就可以控制最后出现的光线强度与色彩，这样在液晶面板上就能变化出有不同色调的颜色组合。

由于 TFT - LCD 具有屏幕反应速度快、对比度和亮度都较高、屏幕可视角度大、色彩丰富（称之为"真彩"）和分辨率高等特点，所以适用于动画及显像显示，目前广泛应用于数字照相机、液晶投影仪、笔记本式计算机和桌面型液晶显示器。

目前市面上价位较高的 LCD 液晶显示器主要有两类，即 DSTN - LCD 和 TFT - LCD，也就是被动矩阵（无源矩阵）和主动矩阵（有源矩阵）这两种类型。

1.9.3　PDP 显示屏

1. PDP 简介

等离子显示板（Plasma Display Panel，PDP）是一种利用气体放电的显示技术，其工作原理与荧光灯很相似。它采用了等离子管作为发光元件，屏幕上每一个等离子管对应一个像素。屏幕以玻璃作为基板，基板间隔一定距离，四周经气密性封接形成许多微小的荧光管，荧光管中充有氖气（Neon）和氙气（Xenon）。当电压加于荧光管中的两个电极上时，在电场的作用下发生气体放电。放电引起的紫外线辐射激发荧光管内壁上的荧光物质产生亮光。每个荧光管内壁都被激发荧光物质，于是就得到明亮透彻的图像。

但是 PDP 的光亮只有亮与不亮两种基本状态，怎样得到亮度的变化（灰度级）呢？这得靠加在电极上的脉冲频率的变化，即辉亮的频率变化，再由人眼睛的积累来实现。

为了实现彩色图像显示，将相邻 3 个荧光管组成一组，分别用 3 个基色（红、绿、蓝）的荧光粉和专门的混合气体，再加上电压使气体放电，紫外线辐射激发不同荧光粉产生红、绿、蓝 3 色，由人的眼睛来合成各种色彩。

PDP 结构如图 1-81 所示。

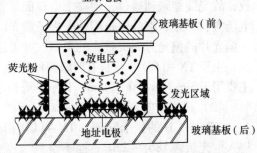

图 1-81　PDP 结构图

2. PDP 种类

等离子体显示器技术按其工作方式可分为电极与气体直接接触的直流型 PDP 和电极上覆盖介质层的交流型 PDP 两大类型。

目前研究开发的彩色 PDP 的类型主要有 3 种，即单基板式（又称为表面放电式）交流 PDP、双基板式（又称为对向放电式）交流 PDP 和脉冲存储直流 PDP。

1.9.4　触摸显示屏

触摸显示屏是一个可接收触头等输入信号的感应式液晶显示装置。当接触了屏幕上的图形按钮时，屏幕上的触觉反馈系统可根据预先编制的程序去驱动各种连接装置。它是目前最简单、方便、自然的一种人机交互方式。

1. 触摸显示屏的类型

按照触摸屏的工作原理和传输信息的介质可分为电阻式触摸屏、电容式触摸屏、红外线式触摸屏和表面声波式触摸屏。

2. 触摸显示屏的特点

（1）电阻式触摸屏

这是利用压力感应进行控制的触摸屏。常用 4 线电阻式触摸屏和 5 线电阻式触摸屏。

1）4 线电阻式触摸屏是在玻璃或丙烯酸基板上覆盖有两层透明、均匀导电的 ITO（氧化铟）层，分别作为 X 电极和 Y 电极，它们之间由均匀排列的透明格点分开绝缘，其中下层的 ITO 与玻璃基板附着，上层的 ITO 附着在 PET（聚对苯二甲酸乙二醇酯，常见的一种树脂）薄膜上。X 电极和 Y 电极的正负端由"导电条"分别从两端引出，且 X 电极和 Y 电极导电条的位置相互垂直。引出端有 X -、X +、Y -、Y + 共 4 条线，这就是 4 线电阻式触摸屏名称的由来。4 线电阻式触摸屏组成示意图如图 1-82 所示。

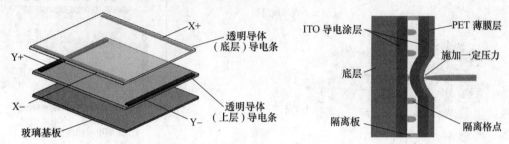

图 1-82　4 线电阻式触摸屏组成示意图

当有物体接触触摸屏表面并施以一定的压力时，上层的 ITO 导电层发生形变与下层 ITO 发生接触，电阻发生变化，在 X 和 Y 两个方向上产生信号，然后传送到触摸屏控制器上。控制器侦测到这一接触并计算出（X，Y）的位置，再根据模拟鼠标的方式运作。

4 线电阻式触摸屏一方面由于 ITO 材质较脆，在形变经常发生时容易出现 ITO 层断裂，所以导电的均匀性易被破坏。另一方面附着在 PET 活动基板上的 ITO 不会充分氧化，一旦暴露在潮湿或者受热的环境下，氧化会导致电阻上升，同样破坏导电均匀性，也使坐标计算出现误差，即出现"漂移"现象。

2）5 线电阻式触摸屏采用的结构是将 X、Y 电极都作在附着在玻璃基板上的 ITO 层，而上层的 ITO 只作为活动电极，底层 ITO 的 X、Y 电极被分散为许多电阻图案（这些图案的作用是使触摸屏 X、Y 方向电压梯度线性，便于坐标的测量）分布在触摸屏四周，从 4 个角引出 UL、UR、LL、LR，加上上层的活动电极，这样一共 5 条线。5 线电阻式触摸屏组成示意图如图 1-83 所示。

5 线电阻式触摸屏的优点是玻璃基板比较牢固不易形变，而且可以使附着在上面的 ITO 充分氧化。玻璃材质不会吸水，并且它与 ITO 的膨胀系数很接近，产生的形变不会导致 ITO 损坏。而上层的 ITO 只用来作为引出端电极，没有电流流过，因此不必要求均匀导电性，即使因为形变发生破损，也不会使电阻屏产生"漂移"。

电阻式触摸屏不怕尘埃、水及污垢影响，能在恶劣环境下工作。但由于复合薄膜的外层采用塑胶材料，抗爆性较差，使用寿命受到一定影响。

（2）电容式触摸屏

这是利用人体的电流感应进行工作的触摸屏。

电容式触摸屏是一块 4 层复合玻璃屏。在玻璃屏的内表面和夹层各涂有一层 ITO（氧化铟），最外层是一薄层稀土玻璃保护层，夹层 ITO 涂层作为工作面，4 个角上引出 4 个电极，内层 ITO 为屏蔽层，以保证良好的工作环境。

当手指触摸在金属层上时，由于人体电场原因，所以用户和触摸屏表面形成一个耦合电容。对于高频电流来说，电容是直接导体，于是手指从接触点吸走一个很小的电流，这个电流分别从触摸屏的 4 角上的电极中流出，并且流经这 4 个电极的电流与手指到 4 角的距离成正比，控制器通过对这 4 个电流比例的精确计算，得出触摸点的位置。电容式触摸屏组成示意图如图 1-84 所示。

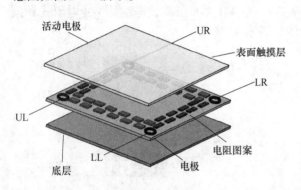

图 1-83　5 线电阻式触摸屏组成示意图

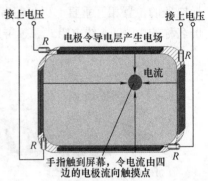

图 1-84　电容式触摸屏组成示意图

电容触摸屏能很好地感应轻微及快速触摸，防刮擦，不怕尘埃、水及污垢影响，适合恶劣环境下使用。但由于电容随温度、湿度或环境电场的不同而变化，所以其稳定性较差，分辨率低，易漂移。

（3）红外线式触摸屏

这是利用 X、Y 方向上密布的红外线矩阵来检测并定位的触摸屏。

在显示器的前面安装一个电路板外框，电路板在屏幕四边排布红外发射管和红外接收管，一一对应形成横竖交叉的红外线矩阵。

当用户在触摸屏幕时，手指就会挡住经过该位置的横竖两条红外线，因而可以判断出触摸点在屏幕的位置。任何触摸物体都可改变触点上的红外线而实现触摸屏操作。红外线式触摸屏结构示意图如图 1-85 所示。

红外触摸屏不受电流、电压和静电的干扰，适宜在某些恶劣的环境条件下使用。其主要优点是价格低廉、安装方便，可应用在各档次的计算机上。

（4）表面声波式触摸屏

这是利用声波可以在刚体表面传播的特性制作的触摸屏。

表面声波是一种沿介质表面传播的机械波。该种触摸屏的角上装有超声波换能器。能发送一种高频声波跨越屏幕表面，当手指触及屏幕时，触点上的声波即被阻止，由此即可确定坐标的位置。表面声波式触摸屏结构示意图如图 1-86 所示。

表面声波触摸屏不受温度、湿度等环境因素影响，分辨率极高，有极好的防刮性，寿命长，透光率高，能保持清晰透亮的图像质量，最适合公共场所使用。但尘埃、水及污垢会严重影响其性能，需要经常维护，以保持屏面的光洁。

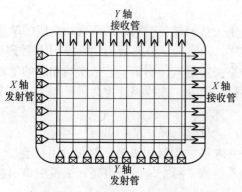

图 1-85　红外线式触摸屏结构示意图

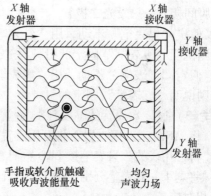

图 1-86　表面声波式触摸屏结构示意图

1.9.5　任务9——显示器件的识别与判别

1. 实训目的

1）能描述各类显示器件的基本特性。

2）会熟练使用万用表。

3）能正确识别与判别各类显示器件。

2. 实训设备与器材准备

1）MF47A 型指针万用表　1 块。

2）DT–890 型数字万用表　1 块。

3）各类显示器件　若干。

3. 实训步骤与报告

☞（1）LED 数码管的引脚识别

1）一位共阴极 LED 数码管共 10 只引脚，其中：③、⑧两引脚为公共负极（该两引脚内部已连接在一起），其余 8 只引脚分别为 7 段笔画和 1 个小数点的正极。共阴极 LED 数码管引脚识别图如图 1-87a 所示。

2）一位共阳极 LED 数码管共 10 只引脚，其中：③、⑧两引脚为公共正极（该两引脚内部已连接在一起），

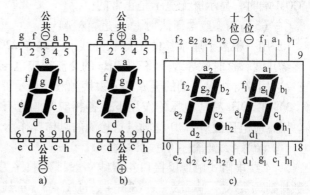

图 1-87　LED 数码管引脚识别图
a) 共阴极　b) 共阳极　c) 两位共阴极

其余 8 只引脚分别为 7 段笔画和 1 个小数点的负极。共阳极 LED 数码管引脚识别图如图 1-87b 所示。

3）两位共阴极 LED 数码管共 18 只引脚，其中：⑥、⑤两引脚分别为个位和十位的公共负极，其余 16 只引脚分别为个位和十位的笔画与小数点的正极。两位共阴极 LED 数码管引脚识别图如图 1-87c 所示。

☞（2）LED 数码管公共端与类型的判别

1）将 MF47 型万用表置于"Ω"位置，量程选择"$R \times 10k\Omega$"档。

2）用万用表的两表笔测量 LED 数码管中的任意两引脚。如果有一笔段被点亮，就说明

该两引脚间接有一只发光二极管。

3）假定"黑表笔"不动，用"红表笔"分别去接触其他引脚。若依次均相应的笔段被点亮，则说明"黑表笔"固定的引脚为"公共端"，同时，该数码管为共阳极 LED 数码管。

4）假定"红表笔"不动，用"黑表笔"分别去接触其他引脚。若依次均相应的笔段被点亮，则说明"红表笔"固定的引脚为"公共端"，同时，该数码管为共阴极 LED 数码管。

☞（3）LED 数码管的笔段判别与检测

1）将 MF47 型万用表置于将万用表置于"Ω"，量程选择"$R \times 10k\Omega$"档。

2）将万用表的一只表笔接 LED 数码管的公共端（共阳极用黑笔；共阴极用红笔）

3）将剩下一只表笔分别接触 LED 数码管的其他脚，哪个笔段被点亮，则说明该引脚与该笔段相对应。

4）若有一个或几个笔画不亮，则说明该 LED 数码管不合格。

☞（4）LCD 的笔画判别与检测

1）将数字万用表置于"二极管测量"档。

2）两表笔（不分正、负）分别接触液晶显示屏的两只引脚。若出现笔画显示，则说明其中有一只引脚为 COM 端（公共端）。

3）将一个表笔换接到另外一只引脚上，若仍出现笔画显示，则说明未移动的那一个表笔所接引脚即为 COM 端。

4）找出 COM 端后，一表笔接 COM 端，另一表笔依次接触各引脚，相应笔画若有显示，否则说明该笔画已损坏。LCD 笔画判别与检测具体操作示意图如图 1-88 所示。

【注】在一块液晶显示屏的引脚中可能有一个以上的 COM 端，当两表笔分别接触的都是 COM 端时，显示屏无显示是正常的。

☞（5）用感应电压法对 LCD 进行检测

1）用一根数十厘米长的绝缘软导线，一端在 220V 市电电源线（例如台灯的电源线）上缠绕几圈，这时软导线上将有 50Hz 的交流感应电压。

2）用软导线另一端的金属部分去接触液晶显示屏的各引脚。

3）在 50Hz 感应电压的作用下，各相应笔画应有显示，否则说明显示屏的该笔画已损坏。用感应电压法对 LCD 笔画进行检测的具体操作示意图如图 1-89 所示。

☞（6）4 线电阻式触摸屏的检测

1）4 线电阻式触摸屏接口 4 根线一般排列顺序为①X +、②Y +、③X −、④Y −（极少数排列为①X +、②X −、③Y +、④Y −）。4 线电阻式触摸屏引脚一般排列顺序如图 1-90 所示。

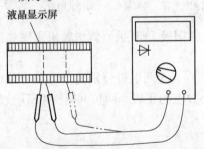

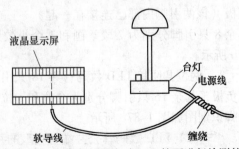

图 1-88　LCD 笔画判别与检测具体操作示意图　　图 1-89　用感应电压法对 LCD 笔画进行检测的具体操作示意图

2）将万用表置于"Ω"位置，量程选择"$R \times 10\Omega$"档。

3）测量①X + 和③X - 之间的电阻值，应为 $350 \sim 450\Omega$。

4）测量②Y + 和④Y - 之间的电阻值，应为 $500 \sim 680\Omega$。

5）测量①X + 和④Y - 之间的电阻值，应为 ∞。当按压触摸屏表面各处时，①X + 和④Y - 之间的电阻值应该随按压之处不同而相应变化。

6）若满足以上要求，则说明该触摸屏是好的。否则，该触摸屏就不合格。

图 1-90　4 线电阻式触摸屏
引脚一般排列顺序图

☞（7）显示器件的识别与判别实训报告

实训项目	实训器材	实训步骤		
1.		（1）	（2）	（3）
2.		（1）	（2）	（3）
心得体会				
教师评语				

1.10　开关器件

开关器件主要包括机械开关、轻触开关、继电器、熔断器以及接插件等，是电子电路中经常使用的元器件。下面就继电器和熔断器进行介绍。

1.10.1　继电器

继电器是一种常用的控制器件，它可以用较小的电流来控制较大的电流，用低电压来控制高电压，用直流电来控制交流电等，并且可实现控制电路与被控电路之间的完全隔离，在自动控制、遥控、保护电路等方面得到广泛的应用。

继电器在电路中的文字符号用"K"来表示。

1. 常见继电器实物图与电路符号

1）常见继电器实物如图 1-91 所示。

2）继电器的电路符号。

在电路图中，继电器的线圈用一个长方框符号表示，触点可以画在线圈的旁边，也可以为了便于图面布局将触点画在远离线圈的地方，而用编号表示它们是一个继电器。继电器的触点的 3 种基本形式分别为动合型（H 型）、动断型（D 型）和转换型（Z 型）。

继电器的常用电路符号如图 1-92 所示。

2. 继电器的种类

1）按照其结构与特征可分为电磁式继电器、干簧式继电器、湿簧式继电器、压电式继电器、固态继电器、磁保持继电器、步进继电器、时间继电器和温度继电器等。

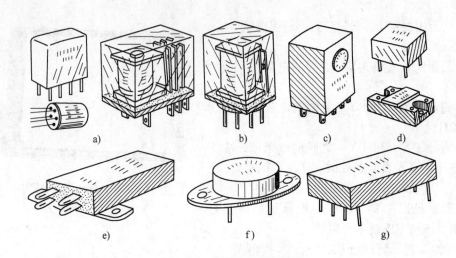

图 1-91　常见继电器实物图

a) 直流电磁继电器　b) 交流电磁继电器　c) 时间继电器　d) 固态继电器

e) 压电继电器　f) 温度继电器　g) 干簧继电器

2）按照工作电压类型的不同可分为直流
型继电器、交流型继电器和脉冲型继电器。

3）按照继电器触点的形式与数量可分为
单组触点继电器和多组触点继电器两类。其中
单组触点继电器又分为常开触点（动合触点，
简称为 H 触点）、常闭触点（动断触点，简称
为 D 触点）、转换触点（简称为 Z 触点）3 种；
多组触点继电器既可以包括多组相同形式的触
点，又可以包括多种不同形式的触点。

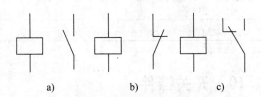

图 1-92　继电器的常用电路符号

a) 动合型触点　b) 动断型触点　c) 转换型触点

3. 继电器的命名方法

继电器的型号命名一般由 5 部分组成。

第 1 部分用字母"J"表示继电器的主称，第 2 部分用字母表示继电器的功率或类型，第 3 部分用字母表示继电器的外形特征，第 4 部分用 1～2 位数字表示序号，第 5 部分用字母表示继电器的封装形式。

继电器型号中字母的含义如表 1-24 所示。

表 1-24　继电器型号中字母的含义

第 2 部分含义		第 3 部分含义	第 5 部分含义
W：微功率	M：磁保持	W：微型	F：封闭式
R：弱功率	H：极化	C：超小型	M：密封式
Z：中功率	P：高频	X：小型	无：敞开式
Q：大功率	L：交流	G：干式	
A：舌簧	S：时间	S：湿式	
U：温度			

举例说明：

JZX－10M 型表示为中功率小型密封式电磁继电器。

JAG－2型表示为干簧式继电器。

4. 继电器的参数

继电器的主要参数有额定工作电压、额定工作电流、线圈电阻和触点负荷等。继电器各参数可通过查看说明书或手册得知。

（1）额定工作电压

额定工作电压指继电器正常工作时线圈需要的电压。对于直流继电器是指直流电压，对于交流继电器则是指交流电压。同一种型号的继电器往往有多种额定工作电压以供选择，并在型号后面加规格号来区别。

（2）额定工作电流

额定工作电流指继电器正常工作时线圈需要的电流值。对于直流继电器是指直流电流值，对于交流继电器则是指交流电流值。选用继电器时必须保证其额定工作电压和额定工作电流符合要求。

（3）线圈电阻

线圈电阻指继电器线圈的直流电阻。对于直流继电器，线圈电阻与额定工作电压和额定工作电流的关系符合欧姆定律。

（4）触点负荷

触点负荷指继电器触点的负载能力，也称为触点容量。例如，JZX－10M型继电器的触点负荷为直流$28V \times 2A$或交流$115V \times 1A$。使用中通过继电器触点的电压、电流均不应超过规定值，否则会烧坏触点，造成继电器损坏。一个继电器多组触点的负荷一般都是一样的。

5. 常用继电器的结构特点

（1）电磁式继电器

电磁式继电器是利用电磁吸引力推动触点动作的原理进行工作的。它主要由铁心、线圈、衔铁、动触点及静触点等部分组成，电磁式继电器的组成结构如图1-93所示。

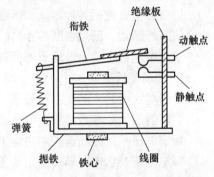

图1-93　电磁式继电器的组成结构图

平时，衔铁在弹簧的作用下向上翘起。当工作电流通过线圈时，铁心被磁化，将衔铁吸合。当衔铁向下运动时，推动动触点与静触点接通，实现对被控电路的控制。

根据线圈要求的工作电压的不同，电磁式继电器可分为直流继电器、交流继电器、脉冲继电器等类型。

（2）干簧式继电器

干簧式继电器是将两根互不相通的铁磁性金属条密封在玻璃管内而制成的，干簧管置于线圈中。当工作电流通过线圈时，线圈产生的磁场使干簧管中的金属条被磁化，两金属条因极性相反而吸合，接通被控电路。

干簧式继电器是由干簧管和线圈组成的，其组成结构如图1-94所示。

（3）固态继电器

固态继电器（简称为SSR）是一种新型的电子继电器。它采用电子电路来实现继电器的功能，依靠光耦合器实现控制电路与被控电路之间的隔离。

固态继电器可分为直流式和交流式两大类型。

直流式固态继电器的控制电压由"IN"端输入，通过光耦合器将控制信号耦合至被控端，经放大后驱动开关管 VT 导通。输出端 OUT 接入被控电路回路中，输出端 OUT 有正、负极之分。直流式 SSR 的电路原理图如图1-95 所示。

交流式固态继电器与直流式不同之处在于开关元件采用双向可控，因此其输出端 OUT 无正、负极之分，可以控制交流回路的通断。交流式 SSR 的电路原理图如图1-96 所示。

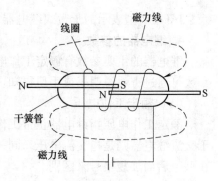

图 1-94　干簧式继电器的组成结构图

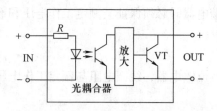

图 1-95　直流式 SSR 的电路原理图

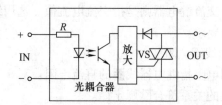

图 1-96　交流式 SSR 的电路原理图

1.10.2　熔断器

熔断器主要包括各种熔丝和熔断电阻。而熔断器可以分为普通熔断器、玻璃管熔断器、快速熔断熔断器、延迟熔断熔断器、温度熔断器和可恢复熔断器等。

常用熔断器主要有玻璃管熔断器、热熔断器、可恢复熔断器和熔断电阻等。

1. 玻璃管熔断器

熔断器在电路中的文字符号用"FU"来表示。

熔断器的主要参数是额定电压和额定电流，一般直接标注在熔断器的外壳上。

额定电压是指熔断器长期正常工作所能承受的最高电压，例如，250V、500V 等。

额定电流是指熔断器长期正常工作所能承受的最大电流，例如，0.25A、0.5A、0.75A、1A、2A、5A、10A 等。

玻璃管熔断器是由熔丝、玻璃管和金属帽构成，额定电流从0.1~10A，具有很多规格，尺寸也有 18mm、20mm、22mm 等不同长度。常用玻璃管熔断器外形示意图如图 1-97 所示。

熔断器的作用是对电子设备或电路的短路和过载进行保护。使用

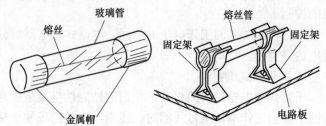

图 1-97　常用玻璃管熔断器外形示意图

时熔断器应串接在被保护的电路中，并应接在电源线输入端。

熔断器的保护作用通常是一次性的，一旦熔丝熔断即失去作用，应在故障排除后更换新的相同规格的熔断器。

2. 热熔断器

热熔断器受环境温度控制而动作，是一种一次性的过热保护器件，外壳内连接两端引线的感温导电体由具有固定熔点的低熔点合金制成。热熔断器的典型结构如图1-98所示。

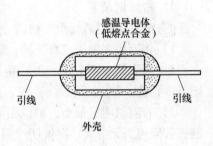

图 1-98　热熔断器的典型结构图

正常情况下（未熔断时），热熔断器的电阻值为0。当热熔断器所处环境温度达到其额定动作温度时，感温导电体快速熔断切断电路。

热熔断器具有多种不同的额定动作温度，被广泛应用在电子设备的热保护方面，例如易发热的功率管、变压器以及电饭煲、电磁灶、微波炉等电热类电器产品中。

3. 可恢复熔断器

一般的熔断器熔断后即失去使用价值，必须更换新的。可恢复熔断器可以重复使用，它实际上是一种限流型保护器件。

可恢复熔断器由正温度系数的PTC高分子材料制成，使用时应串联在被保护电路中。

可恢复熔断器在常温下其阻值极小，对电路无影响。当负载电路出现过流或短路故障时，通过可恢复熔断器的电流剧增，导致其迅速进入高阻状态，切断电路中的电流，保护负载不致损坏；直至故障消失，可恢复熔断器冷却后又自动恢复为微阻导通状态，电路恢复正常工作。

4. 熔断电阻

熔断电阻又称为保险电阻，是一种兼有电阻和熔丝双重功能的特殊元件。

熔断电阻在电路中的文字符号用"RF"来表示。

熔断电阻也分为一次性熔断电阻和可恢复熔断电阻两种类型。

熔断电阻的阻值一般较小，其主要功能还是保险。当使用熔断电阻时，可以只用一个元件就能同时起到限流和保险作用。

1.10.3　任务10——开关器件的识别与判别

1. 实训目的

1）能描述各开关器件的基本特性。

2）会熟练使用万用表。

3）能正确识别与判别各开关器件。

2. 实训设备与器材准备

1）MF47A型指针万用表　1块。

2）某交换机用户电路机板　1块。

3）各类继电器、熔断器等　若干。

4）直流稳压电源　1台。

3. 实训步骤与报告

☞(1) 开关器件的直观识别

1）准备一块电路整机板，比如交换机用户电路机板。

2）在整机板上对各类继电器、熔断器的引脚、参数等进行识别。

3）做好记录。

👉（2）继电器线圈的检测

1）将万用表置于"Ω"档，量程置于"$R \times 100$"或"$R \times 1k\Omega$"档。

2）两表笔（不分正、负）接继电器线圈的两引脚，万用表指示应与该继电器的线圈电阻基本相符。

3）若阻值明显偏小，则说明线圈内部局部短路；若阻值为0，则说明两线圈引脚间短路；若阻值为无穷大，则说明线圈已断路。以上3种情况均说明该继电器已损坏。

👉（3）继电器触点的检测

1）将万用表置于"Ω"档，量程置于"$R \times 1\Omega$"档。

2）两表笔接触继电器的常开引脚，此时表盘应指示为∞。

3）将直流稳压电源的输出调到继电器的额定电压，加到线圈的两端。

4）应能听到继电器吸合声，这时，常开触点应导通，即万用表表盘指示应为0；当然，常闭触点应不通。转换触点应随之转换，否则说明该继电器已损坏。

👉（4）普通熔丝管的检测

1）将万用表置于"Ω"档，量程置于"$R \times 1\Omega$"或"$R \times 10\Omega$"档。

2）两表笔（不分正、负）分别与被测熔丝管的两端金属帽相接，其阻值应为0Ω。

3）若阻值为无穷大（表针不动），则说明该熔丝管已熔断；若有较大阻值或表针指示不稳定，则说明该熔丝管性能不良。

👉（5）熔断电阻的检测

1）将万用表置于"Ω"档，根据熔断电阻的阻值将万用表置于适当档位。

2）两表笔（不分正、负）分别与被测熔断电阻的两引脚相接，其阻值应基本符合该熔断电阻的标称阻值。

3）若阻值为无穷大（表针不动），则说明该熔断电阻已熔断；若有较大阻值或表针指示不稳定，则说明该熔断电阻性能不良。

👉（6）开关器件的识别与判别实训报告

实训项目	实训器材	实训步骤		
1.		(1)	(2)	(3)
2.		(1)	(2)	(3)
心得体会				
教师评语				

1.11 习题

1. 常用电阻器有哪些类型？它们分别有哪些特点？

2. 常用电位器的种类有哪些?

3. 试在表中填入相应的颜色环。

电阻器	四色环	五色环
$10\Omega \pm 1\%$		
$10k\Omega \pm 10\%$		

4. 试在表中填入相应的电阻值。

电阻器种类	色环顺序	电阻值
四色环电阻器	黄、紫、红、金	
五色环电阻器	橙、白、黑、棕、棕	

5. 当测量电阻器时，将被测电阻两端并联一人体电阻 $R_人$ 后，结果如何？为什么？

6. 试在表中填入相应的电容值。

种类	电容值	种类	电容值	种类	电容值	种类	电容值
104		473		331		229	
103		682		224kg			

7. 常用电容器有哪些类型？它们分别有哪些特点？

8. 电容器常表现为哪些故障现象？

9. 当用指针万用表测量电容器时，万用表有何表现？为什么？

10. 常用线圈类电感器有哪些类型？它们分别有哪些特点？

11. 常用变压器有哪些类型？它们分别有哪些特点？

12. 常用二极管有哪些类型？它们分别有哪些特点？

13. 如何判别普通二极管的质量好坏？

14. 常用晶体管有哪些？它们分别有哪些特点？

15. 如何判别普通晶体管的 E、B、C 极？

16. 如何判别普通晶体管的质量好坏？

17. 场效应晶体管的分类与特点是什么？

18. 如何对单向、双向晶闸管的引极与质量进行判别？

19. 如何对七段 LED 数码管的种类进行识别与判别？

20. 如何对光耦合器的引脚顺序进行识别？

21. 如何对继电器的引脚顺序进行识别？

22. 怎样对驻极体传声器进行检测？

23. 怎样对扬声器进行检测？

24. 怎样对光耦合器进行检测？

25. 怎样对七段 LED 数码管进行检测？

26. 怎样对继电器进行检测？

27. 怎样对 4 线电阻式触摸屏进行检测？

第 2 章　PCB 的设计与制作

本章要点

● 能描述覆铜板的结构与特点及 PCB 设计中抑制干扰的措施
● 能描述 PCB 的设计规则、生产工艺和制作的基本过程
● 能描述 Protel 99 SE 软件设计 PCB 的步骤
● 能描述手工制作 PCB 的常用方法
● 会熟练使用 Protel 99 SE 软件设计单面 PCB、双面 PCB
● 会熟练使用快速制板机手工制作单、双面 PCB

2.1　PCB 设计基础

无论是采用分离器件的传统电子产品或是采用大规模集成电路的现代数码产品，都少不了印制电路板（Printed Circuit Board，PCB）。PCB 是在覆铜板上完成印制电路工艺加工的成品板，它起到电路元件和器件之间的电气连接作用。在电子产品中，PCB 与各类电子器件一样，处于非常重要的地位，故 PCB 也是电子部件之一。

随着微电子技术的不断发展，现代电子产品的体积已趋小型化和微型化，而 PCB 也由单面板发展到双面板、多层板以及挠性板；其设计也由传统制作工艺发展到计算机辅助设计。目前，应用最广泛的是单面板与双面板。为此，掌握单、双面 PCB 的设计便成了电子技术人员的一项重要技能。

2.1.1　覆铜板概述

1. 覆铜板简介

印制电路板（PCB）的主要材料是覆铜板，而覆铜板（敷铜板）是由基板、铜箔和粘合剂构成的。基板是由高分子合成树脂和增强材料组成的绝缘层板；在基板的表面覆盖着一层导电率较高、焊接性良好的纯铜箔，常用厚度为 $35 \sim 50 \mu m$；铜箔覆盖在基板一面的覆铜板称为单面覆铜板，基板的两面均覆盖铜箔的覆铜板称双面覆铜板；用粘合剂将铜箔牢固地覆在基板上。常用覆铜板的厚度有 1.0mm、1.5mm 和 2.0mm 3 种。

覆铜板的种类也较多。按绝缘材料不同可分为纸基板、玻璃布基板和合成纤维板；按粘结剂树脂不同又可分为酚醛、环氧、聚脂和聚四氟乙烯等；按用途还可分为通用型和特殊型。

2. 国内常用覆铜板的结构及特点

（1）覆铜箔酚醛纸层压板

这是由绝缘浸渍纸（TFZ-62）或棉纤维浸渍纸（TFZ-63）浸以酚醛树脂经热压而成的层压制品，两表面胶纸可附以单张无碱玻璃浸胶布，其一面敷以铜箔。

主要用做无线电设备中的印制电路板。

（2）覆铜箔酚醛玻璃布层压板

这是用无碱玻璃布浸以环氧酚醛树脂经热压而成的层压制品，其一面或双面覆以铜箔。具有质轻、电气和机械性能良好、加工方便等优点。其板面呈淡黄色，若用三氢二胺作为固化剂，则板面呈淡绿色，具有良好的透明度。

主要在工作温度和工作频率较高的无线电设备中用做印制电路板。

（3）覆铜箔聚四氟乙烯层压板

这是以聚四氟乙烯板为基板，覆以铜箔经热压而成的一种覆铜板。

主要用做高频和超高频电路中的印制电路板。

（4）覆铜箔环氧玻璃布层压板

这是孔金属化印制电路板常用的材料。

（5）软性聚酯敷铜薄膜

这是用聚酯薄膜与铜热压而成的带状材料，在应用中将它卷曲成螺旋形状放在设备内部。为了加固或防潮，常以环氧树脂将它灌注成一个整体。

主要用做柔性印制电路和印制电缆，可作为接插件的过渡线。

2.1.2　PCB常用术语介绍

一块合格的电路PCB是由焊盘、过孔、安装孔、定位孔、印制线、元件面、焊接面、阻焊层和丝印层等组成的。印制电路板的组成如图2-1所示。

1. 焊盘

焊盘是通过对覆铜箔进行处理而得到的元器件连接点。有的PCB上的焊盘就是铜箔本身再喷涂一层助焊剂而形成的；有的PCB上的焊盘则采用了浸银或浸锡或浸镀铅锡合金等措施。焊盘的大小和形状直接影响焊点的质量和PCB的美观。

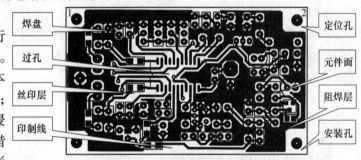

图2-1　印制电路板的组成图

2. 过孔

在双面PCB上，将上、下两层印制线连接起来且内部充满或涂有金属的小洞。有的过孔可作焊盘使用，有的仅起连接作用。使过孔内涂金属的过程叫孔金属化。

3. 安装孔

用于固定大型元器件和PCB的小孔，大小根据实际而定。

4. 定位孔

用于PCB加工和检测定位的小孔，可用安装孔代替，一般采用三孔定位方式，孔径根据装配工艺确定。

5. 印制线

将覆铜板上的铜箔按要求经过蚀刻处理而留下的网状细小的线路就是印制线，它是用来提供PCB上元器件电路连接的。成品PCB上的印制线已经涂有一层绿色（或棕色）的阻焊剂，以防氧化和锈蚀。

6. 元器件面

在 PCB 上用来安装元器件的一面称为元器件面，单面 PCB 上无印制线的一面就是元器件面。双面 PCB 上的元器件面一般印有元器件图形、字符等标记。

7. 焊接面

在 PCB 上用来焊接元器件引脚的一面称为焊接面，该面一般不做任何标记。

8. 阻焊层

PCB 上的绿色或是棕色层面，它是绝缘的防护层。可以保护铜线不致氧化，也可以防止元器件被焊到不正确的地方。

9. 丝印层

在 PCB 的阻焊层上印出文字与符号（大多是白色的）的层面，由于采用的是丝印的方法，所以称为丝印层。它是用来标示各元器件在板子上位置的。

2.1.3 PCB 设计规则

1. 元器件的布局

（1）元器件布局要求

保证电路功能和性能指标；满足工艺性、检测、维修等方面的要求；元器件排列整齐、疏密得当，兼顾美观性。

（2）元器件布局原则

排列方位尽可能与原理图一致，布线方向最好与电路图走线方向一致；PCB 四周留有 5～10mm 空隙不布器件；布局的元器件应有利于发热元器件散热；高频时，要考虑元器件之间的分布参数，一般电路应尽可能使元器件平行排列；高、低压之间要隔离，隔离距离与承受的耐压有关。

对于单面 PCB，每个元器件引脚单独占用一个焊盘，且元器件不可上下交叉，相邻两元器件之间要保持一定间距，不得过小或碰接。

（3）元器件布局顺序

先放置占用面积较大的元器件；先集成后分立；先主后次，当多块集成电路时，应先放置主电路。

（4）常用元器件的布局方法

对于可调元器件，应布局在印制板上便于调节的地方；质量超过 15g 的元器件应当用支架，大功率器件最好装在整机的机箱底板上，热敏元器件应远离发热元器件；对于管状元器件一般采用平放，但当 PCB 尺寸不大时，可采用竖放，竖放时两个焊盘的间距一般取 0.1～0.2in；对于集成电路要确定定位槽放置的方位是否正确。

2. 元器件的排列方式

元器件在 PCB 上的排列可采用不规则、规则和网格等 3 种排列方式中的一种，也可同时采用多种。

（1）不规则排列

元器件轴线方向彼此不一致，这对印制导线布设是方便的，且平面利用率高，分布参数小，特别对高频电路极为有利。

（2）规则排列

元器件轴线方向排列一致。布局美观整齐，但走线较长而且复杂，适于低频电路。

（3）网格排列

网格排列中的每一个安装孔均设计在正方形网格的交点上。在 CAD 软件中交点间距可以公制（Metric）或英制（Imperial）进行设定。

3. 元器件的间距与安装尺寸

（1）元器件的引脚间距

元器件不同，其引脚间距也不相同。但对于各种各样的元器件的引脚间距大多都是 100mil（英制）的整数倍（$1mil = 25.4 \times 10^{-6}m$），常将 100mil 作为一个间距。

在 PCB 设计中必须准确弄清元器件的引脚间距，因为它决定着焊盘放置间距。对非标准器件引脚间距的确定，最直接的方法就是使用游标卡尺进行测量。常用元器件的引脚间距如图 2-2 所示。

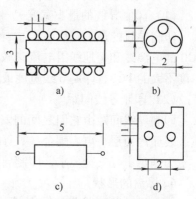

图 2-2　常用元器件的引脚间距
a）DIP IC　b）TO-92 型晶体管
c）1/4W 型电阻器　d）某微调电阻

（2）元器件的安装尺寸

根据引脚间距来确定焊孔间距。它有软尺寸和硬尺寸之分。软尺寸是基于引脚能够弯折的元器件，故设计该类器件的焊接孔距比较灵活；而硬尺寸是基于引脚不能弯折的元器件，其焊接孔距要求相当准确。当设计 PCB 时，元器件的焊孔间距可用 CAD 软件中的标尺度量工具进行确定。

4. 印制导线布线

布线是指对印制导线的走向及形状进行放置，它在 PCB 的设计中是最关键步骤，而且是工作量最大的步骤。PCB 布线有单面布线、双面布线及多层布线；布线的方式也有自动布线和手动布线两种。印制导线的走向及形状如表 2-1 所示。

表 2-1　印制导线的走向及形状

种类	1	2	3	4	5	6
合理走线						
避免走线						

在 PCB 的设计中，为了获得比较满意的布线效果，则应遵循如下基本原则。

1）印制线的走向尽可能取直，以短为佳，不要绕远。

2）印制线的弯折走线平滑自然，连接处用圆角，避免用直角。

3）双面板上的印制线两面的导线应避免相互平行；作为电路输入与输出用的印制导

线，应尽量避免相互平行，且在这些导线之间最好加接地线。

4）印制线做地线，应尽可能多地保留铜箔做公共地线，且布置在 PCB 的边缘。

5）大面积铜箔的使用时，最好镂空成栅格，有利于排除铜箔与基板间粘合剂受热产生的挥发性气体；导线宽度超过 3mm 时中间留槽，以利于焊接。

5. 印制导线的宽度及间距

（1）印制导线的最小宽度

印制导线的最小宽度主要由导线与绝缘基板间的粘附强度和流过它们的电流值决定。PCB 的电源线和接地线因电流量较大，设计时要适当加宽，一般不要小于 1mm。对于安装密度不大的 PCB，印制导线宽度最好不小于 0.5mm，手工制板应不小于 0.8mm。

（2）印制导线间距

印制导线间距由它们之间的安全工作电压决定。相邻导线之间的峰值电压、基板的质量、表面涂覆层、电容耦合参数等都影响印制导线的安全工作电压。

为满足电气安全要求，印制导线宽度与间隙一般不小于 1mm。

6. 焊盘的形状

PCB 设计时可根据不同的要求选择不同形状的焊盘。常见焊盘形状及用途如表 2-2 所示。

表 2-2　常见焊盘形状及用途

焊盘形状	用途
	岛形焊盘——焊盘与焊盘间的连线合为一体。常用于立式不规则排列安装中。比如收录机中常采用这种焊盘
	圆形焊盘——广泛用于元器件规则排列的单、双面印制板中。若板的密度允许，则焊盘可大些，焊接时不至于脱落
	泪滴式焊盘——当焊盘连接的走线较细时常被采用，以防焊盘起皮、走线与焊盘断开。这种焊盘常用在高频电路中
	多边形焊盘——用于区别外径接近而孔径不同的焊盘，便于加工和装配
	椭圆形焊盘——这种焊盘有足够的面积增强抗剥能力，常用于双列直插式器件
	开口形焊盘——当为了保证在波峰焊后使手工补焊的焊盘孔不被焊锡封死时常被采用
	方形焊盘——当印制板上元器件大而少、且印制导线简单时多被采用。在手工自制 PCB 时，采用这种焊盘易于实现

7. 焊盘的孔径

焊盘的外径决定焊盘的大小，用 D 表示；焊盘的内径由元器件引线直径、孔金属化电镀层厚度等决定，用 d 表示，一般应不小于 0.6mm，否则开模冲孔时不易加工。对于单面板，$D \geqslant (d+1.5)$ mm；对于双面板，$D \geqslant (d+1.0)$ mm。

2.1.4 PCB 高级设计

在 PCB 的设计过程中，只懂得一些设计基础方面的知识往往只能解决简单及低频方面的 PCB 设计问题，而对于复杂与高频方面的 PCB 设计却要困难得多，有时解决由设计而考虑不周的问题所花费的时间是设计时间的很多倍，甚至可能需要重新设计。为此，在 PCB 的设计中还应解决如下问题。

1. 热干扰及抑制

元器件在工作中都有一定程度的发热，尤其是功率较大的器件所发出的热量会对周边温度比较敏感的元器件产生干扰，如果热干扰得不到很好的抑制，那么整个电路的电性能就会发生变化。为了对热干扰进行抑制，可采取以下措施。

（1）发热元器件的放置

不要贴板放置，可以将其移到机壳之外，也可以单独设计为一个功能单元，放在靠近边缘容易散热的地方。比如微机电源、贴于机壳外的功放管等。另外，发热量大的元器件与小热量的元器件应分开放置。

（2）大功率元器件的放置

应尽量靠近印制电路板边缘布置，在垂直方向时应尽量布置在印制电路板上方。

（3）温度敏感元器件的放置

应将温度比较敏感的器件安置在温度最低的区域，千万不要将它放在发热器件的正上方。

（4）元器件的排列与气流

非特定要求，一般设备内部均以空气自由对流进行散热，故元器件应以纵式排列；若强制散热，则元器件可横式排列。另外，为了改善散热效果，可添加与电路原理无关的零部件以引导热量对流。元器件的排列与气流关系示意图如图 2-3 所示。

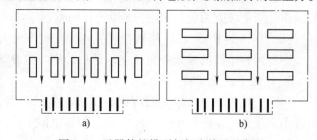

图 2-3　元器件的排列与气流关系示意图

a）自由对流时的纵式排列　b）强制对流时的横式排列

2. 共阻抗干扰及抑制

共阻干扰是由 PCB 上大量的地线造成。当两个或两个以上的回路共用一段地线时，不同的回路电流在共用地线上产生一定压降，此压降经放大就会影响电路性能；当电流频率很高时，会产生很大的感抗而使电路受到干扰。为了抑制共阻抗干扰，可采用如下措施。

（1）一点接地

使同级单元电路的几个接地点尽量集中，以避免其他回路的交流信号窜入本级，或本级中的交流信号窜到其他回路中去。一点接地适用于信号工作频率小于 1MHz 的低频电路，如果工作频率在 1～10MHz 而采用一点接地时，其地线长度就应不超过波长的 1/20。总之，一点接地是消除地线共阻抗干扰的基本原则。

（2）就近多点接地

PCB 上有大量公共地线分布在板的边缘，且呈现半封闭回路（防磁场干扰），故各级电路应采取就近接地，以防地线太长。就近多点接地适用于信号工作频率大于 10MHz 的高频电路。

（3）汇流排接地

汇流排是由铜箔板镀银而成的，PCB 上所有集成电路的地线都接到汇流排上。汇流排具有条形对称传输线的低阻抗特性，在高速电路里，可提高信号的传输速度，减少干扰。汇流排接地示意图如图 2-4 所示。

（4）大面积接地

在高频电路中，常将 PCB 上所有不用面积均布设为地线，以减少地线中的感抗，从而削弱在地线上产生的高频信号，并对电场干扰起到屏蔽作用。大面积接地示意图如图 2-5 所示。

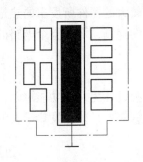

图 2-4　汇流排接地示意图

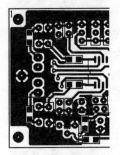

图 2-5　大面积接地示意图

（5）加粗接地线

若接地线很细，接地电位则随电流的变化而变化，致使电子设备的定时信号电平不稳，抗噪声性能变坏。因此其密度至应大于 3mm。

（6）D-A 转换器（数-模转换器）电路的地线分开

即将两种电路的地线各自独立，然后分别与电源端地线相连，以抑制它们的相互干扰。

3. 电磁干扰及抑制

电磁干扰是由电磁效应而造成的干扰，由于 PCB 上的元器件及布线越来越密集，如果设计不当就会产生电磁干扰，所以为了抑制电磁干扰，可采取如下措施。

（1）合理布设导线

印制线应远离干扰源且不能切割磁力线；避免平行走线，双面板可以交叉通过，单面板可以通过"飞线"跨过；避免成环，防止产生环形天线效应；时钟信号布线应与地线靠近，对于数据总线的布线应在每两根之间夹一根地线或紧挨着地址引线放置；为了抑制出现在印制导线终端的反射干扰，可在传输线的末端对地和电源端各加接一个相同阻值的匹配电阻。

（2）采用屏蔽措施

可设置大面积的屏蔽地线和专用屏蔽线以屏蔽弱信号不受干扰。用屏蔽线防止电磁干扰示意图如图 2-6 所示。

（3）去耦电容的配置

在直流供电电路中，负载的变化会引起电源噪声并通过电源及配线对电路产生干扰。为抑制这种干扰，可在单元电路的

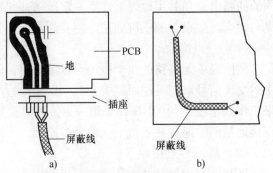

图 2-6　用屏蔽线防止电磁干扰示意图

a）专用地线与屏蔽线防电磁干扰

b）专用屏蔽线防电磁干扰

供电端接一个 10 ~ 100μF 的电解电容器；可在集成电路的供电端配置一个 680pF ~ 0.1μF 的陶瓷电容器或 4 ~ 10 个芯片配置一个 1 ~ 10μF 的电解电容器；对 ROM、RAM 等芯片应在电源线（U_{CC}）和地线（GND）间直接接入去耦电容等。

2.2　PCB 设计流程

随着 PCB 的走线愈加精密和复杂，传统的手工方式设计和制作 PCB 已经越来越困难了。如今不论是工厂制板还是实验室制板，都采用具备自动布线、自动布局、逻辑检测、逻辑模拟等功能的 CAD 软件，以协助用户完成电子产品线路的设计。

实际中广泛使用的 PCB 设计软件有：Protel 99 SE、Protel DXP、Altium Designer 等。现以读者最熟知的 Protel 99 SE 软件来说明 PCB 设计的三个主要步骤。

2.2.1　电路原理图的设计流程

电路原理图的设计主要是利用 Protel 99 SE 的原理图设计系统（Advanced Schematic）来绘制一张电路原理图，它是整个电路设计的基础。在这一过程中，要充分利用 Protel 99 SE 所提供的各种绘图工具和各种编辑功能。电路原理图的设计流程如图 2-7 所示。

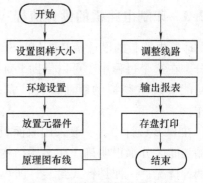

图 2-7　电路原理图的设计流程

1. 启动 Protel 99 SE 电路原理图编辑器

单击 Windows 任务栏的"开始"图标，在"程序"菜单中选择 Protel 99 SE 命令，便启动了 Protel 99 SE。

2. 设置电路图样尺寸以及版面

用户可以设置图样的尺寸、方向、网格大小以及标题栏等内容。

3. 在图样上放置设计需要的元器件

用户可根据实际电路的需要，从元器件库里取出所需的元器件放置到工作平面上，并对元器件的位置进行调整和修改。

4. 对所放置的元器件进行布局布线

将工作平面上的元器件用有电气意义的导线和符号连接起来，构成一个完整的电路原理图。

5. 对布局布线后的元器件进行调整

为了保证原理图的美观和正确，需要对元器件位置进行重新调整。可对导线位置进行删除、移动、更改图形尺寸和属性及排列等操作。

6. 保存文档并打印输出

将设计的电路原理图进行存盘或通过打印机打印出来。

2.2.2　网络表的产生

网络表是电路原理图设计（Sch）与印制电路板设计之间的一座桥梁。网络表可以从电路原理图中获得，也可以从印制电路板中提取。

1. 产生 ERC 表

Protel 99 SE 在产生网络表之前，可以利用软件来对用户设计的电路原理图进行电气规则检查（ERC），以便能够找出人为的疏忽。执行完测试后，生成错误报告并且对原理图中有错误的地方做好标记，以便用户分析和修改错误。

电气规则检查还可以检查电路图中是否有电气特性不一致的情况。ERC 会按照用户的设置以及问题的严重性分别给予错误或警告信息来提醒用户注意。

2. 产生网络表

在 Advanced Schematic 所产生的各种报告中，以网络表（Netlist）最为重要。绘制电路图的主要目的就是为了将设计电路转换出一个有效的网络表，以供其他后续处理程序使用。比如，PCB 程序或仿真程序。

由于网络表是纯文本文件，所以用户可以利用一般的文本编辑程序自行建立或是修改已存在的网络表。当用手工方式编辑网络表时，在保存文件时必须以纯文本格式来保存。

2.2.3 印制电路板的设计流程

印制电路板的设计是 Protel 99 SE 的另外一个重要部分。在这个过程中，可以借助 Protel 99SE 提供的强大功能实现电路板的版面设计，完成高难度的布线工作。

在 PCB 设计中，一般采用双面板或多面板，每一层的功能区分都很明确。在多层结构中，零件的封装有两种情况，一种是针式封装，即焊点的导孔是贯穿整个电路板的；另一种是 STM 封装，其焊点只限于表面层。元器件的跨距是指元器件成形后的端子之间的距离。

利用 Protel 99 SE 设计 PCB 的流程图如图 2-8 所示。

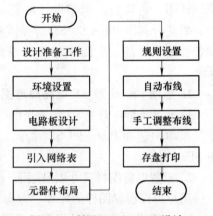

图 2-8   利用 Protel 99 SE 设计 PCB 的流程图

1. PCB 设计前的准备工作

绘制原理图，然后生成网络表。当然，如果是一个非常简单的电路图，就可以直接进行 PCB 的设计。

2. 进入 PCB 设计系统

根据个人习惯设置设计系统的环境参数，如格点的大小和类型、光标的大小和类型等，一般来说可以采用系统的默认值。

3. 设置电路板的有关参数

对电路板的大小、电路板的层数等参数进行设置。

4. 引入生成的网络表

当引入网络表时，需要对电路原理图设计中的错误进行检查和修正。要特别注意的是，在电路原理图设计时一般不会涉及零件封装的问题，但在进行 PCB 设计时，零件封装是必不可少的。

5. 布置各零件封装的位置

可利用系统的自动布局功能，但自动布局功能并不太完善，需要用手工调整各零件封装的位置。

6. 进行布线规则设置

布线规则包括对安全距离、导线形式等内容进行设置，这是进行自动布线的前提。

7. 进行自动布线

Protel 99 SE 系统的自动布线功能比较完善，一般的电路图都是可以布通的；但对有些线的布置也许并不令人满意，这时就需要进行手工调整。

8. 通过打印机输出或硬拷贝保存

在完成电路板的布线后，保存完成的电路线路图文件，然后利用各种图形输出设备（如打印机或绘图仪）输出电路板的布线图。

2.3 PCB 制作基本过程

PCB 的制造工艺发展很快，不同类型和不同要求的 PCB 应采取不同的工艺，但其基本工艺流程是一致的。一般都要经历胶片制版、图形转移、化学蚀刻、过孔和铜箔处理、助焊和阻焊处理等过程。

2.3.1 胶片制版

1. 绘制底图

大多数的底图是由设计者绘制的，而生产厂家为了保证印制板加工的质量，要对这些底图进行检查、修改，对不符合要求的，需要重新绘制。

2. 照相制版

用绘制好的制板底图照相制版，版面尺寸应与 PCB 尺寸一致。

制版过程与普通照相大体相同，可分为几个步骤，即软片剪裁→曝光→显影→定影→水洗→干燥→修版。照相制版前应检查核对底图的正确性，特别是长时间放置的底图。

曝光前，应调好焦距，双面板的相版应保持正反面照相的两次焦距一致；相版干燥后需要修版。

2.3.2 图形转移

把相版上的印制电路图形转移到覆铜板上的过程，称为图形转移。图形转移的方法很多，常用的有丝网漏印法和光化学法等。

1. 丝网漏印

丝网漏印与油印机类似，就是在丝网上附一层漆膜或胶膜，然后按技术要求将印制电路图制成镂空图形。执行丝网漏印是一种古老的印制工艺，操作简单，成本低；可以通过手动、半自动或自动丝印机实现。手动丝网漏印的步骤如下。

1）将覆铜板在底板上定位，再将印制材料放到固定丝网的框内。

2）用橡皮板刮压印料，使丝网与覆铜板直接接触，此时，在覆铜板上就形成了组成的图形。

3）然后烘干、修版。简单的丝网漏印装置如图2-9所示。

图2-9 简单的丝网漏印装置

2. 光化学法

（1）直接感光法

其工艺过程为几个步骤，即覆铜板表面处理→涂感光胶→曝光→显影→固膜→修版。修版是蚀刻前必须要做的工作，可以对毛刺、断线、砂眼等进行修补。

（2）光敏干膜法

其工艺过程与直接感光法相同，区别是不涂感光胶，而是用一种薄膜作为感光材料。这种薄膜由聚酯薄膜、感光胶膜和聚乙烯薄膜3层材料组成，将感光胶膜夹在中间，使用时揭掉外层的保护膜，使用贴膜机把感光胶膜贴在覆铜板上。

2.3.3 化学蚀刻

化学蚀刻是利用化学方法除去板上不需要的铜箔，留下组成图形的焊盘、印制导线及符号等。常用的蚀刻溶液有酸性氯化铜、碱性氯化铜、三氯化铁等。

2.3.4 过孔与铜箔处理

1. 金属化孔

金属化孔就是把铜沉积在贯通两面导线或焊盘的孔壁上，使原来非金属的孔壁金属化，也称为沉铜。在双面和多层PCB中，这是一道必不可少的工序。

在实际生产中要经过钻孔→去油→粗化→浸清洗液→孔壁活化→化学沉铜→电镀→加厚等一系列工艺过程才能完成。

金属化孔的质量对双面PCB是至关重要的，因此必须对其进行检查，要求金属层均匀、完整，与铜箔连接可靠。在表面安装的高密度板中，这种金属化孔采用盲孔方法（沉铜充满整个孔）来减小过孔所占面积，以提高密度。

2. 金属涂覆

为了提高印制电路的导电性、可焊性、耐磨性、装饰性、延长PCB的使用寿命以及提高电气可靠性，往往在PCB的铜箔上进行金属涂覆。常用的涂覆层材料有金、银和铅锡合金等。

2.3.5 助焊与阻焊处理

在PCB经表面金属涂覆后，根据不同需要可进行助焊或阻焊处理。涂助焊剂可提高可焊性；而在高密度铅锡合金板上，为使板面得到保护，确保焊接的准确性，可在板面上加阻焊剂，使焊盘裸露，其他部位均在阻焊层下。

阻焊涂料分热固化型和光固化型两种，色泽为深绿或浅绿色。

2.4 PCB的生产工艺

实际中常使用的PCB有单面、双面和多层等几种。不同的印制板具有不同的生产工艺流程，下面针对这 3 类印制板的生产工艺进行介绍。

2.4.1 单面 PCB 生产流程

单面 PCB 是只有一面有导电图形的印制板。一般采用酚醛纸基覆铜箔板制作，也常采用环氧纸基或环氧玻璃布覆铜板。单面 PCB 主要用于民用电子产品，如收音机、电视机、电子仪器仪表等。

单面板的印制图形比较简单，一般采用丝网漏印的方法转移图形，然后蚀刻出印制板，也有采用光化学法生产的。单面 PCB 生产工艺流程如图 2-10 所示。

2.4.2 双面 PCB 生产流程

双面 PCB 是两面都有导电图形的印制板。显然，双面板的面积比单面板大了一倍，适合用于比单面板更复杂的电路。双面印制板通常采用环氧玻璃布覆铜箔板制造。它主要用于性能要求较高的通信电子设备、高级仪器仪表以及电子计算机等。

双面板的生产工艺一般分为工艺导线法、堵孔法、掩蔽法和图形电镀—蚀刻法等几种。图形电镀—蚀刻法生产双面 PCB 的工艺流程如图 2-11 所示。

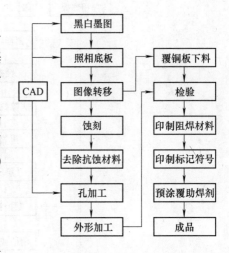

图 2-10 单面 PCB 生产工艺流程图

2.4.3 多层 PCB 生产流程

多层 PCB 是有 3 层或 3 层以上导电图形和绝缘材料层压合成的印制板。它实际上是使用数片双面板，并在每层板间放进一层绝缘层后粘牢（压合）而成。它的层数通常都是偶数，并且包含最外侧的两层。

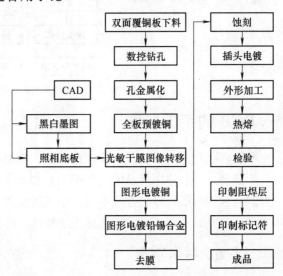

图 2-11 图形电镀—蚀刻法生产双面 PCB 的工艺流程图

从技术的角度来说可以做到近 100 层的 PCB，但目前计算机的主机板都是 4 ~ 8 层的结构。

多层印制板一般采用环氧玻璃布覆铜箔层压板。为了提高金属化孔的可靠性，应尽量选用耐高温的、基板尺寸稳定性好的、特别是厚度方向热膨胀系数较小的、且与铜镀层热膨胀系数基本匹配的新型材料。

制作多层印制板，先用铜箔蚀刻法制作出内层导线图形，然后根据设计要求，把几张内层导线图形重叠，放在专用的多层压机内，经过热压、粘合工序，就制成了具有内层导电图形的覆铜箔的层压板，后面的加工工序与双面孔金属化印制板的制造工序基本相同。多层 PCB 生产工艺流程如图 2-12 所示。

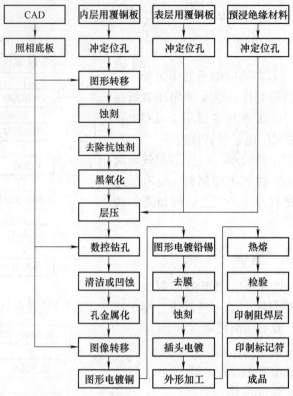

图 2-12　多层 PCB 生产工艺流程图

2.5　PCB 的手工制作

在产品研制和实验阶段或在课程设计中，需要很快得到 PCB，采用正常的步骤制作周期太长，不经济，一般使用简易的方法手工自制 PCB。

根据所采用图形转移的方法不同，手工制板可用漆图法、贴图法、雕刻法、感光法及热转印法等多种方式实现。目前由于感光法和热转印法制板质量高、无毛刺而被广泛采用。

2.5.1　漆图法制作 PCB

1. 下料

1）把覆铜板裁成所需要的大小和形状。

2）用锉刀将四周边缘毛刺去掉。

3）用细砂纸或少量去污粉去掉表面的氧化物。

4）清水洗净后，晾干或擦干。

2. 拓图

1）将复写纸放在覆铜板上。

2）把设计好的印制板布线图放在复写纸上（将有图的一面朝上）。

3）用胶纸把电路图和覆铜板粘牢。

4）用硬质笔根据布线图进行复写，印制导线用单线，焊盘用圆点表示。

5）仔细检查后再揭开复写纸。

3. 钻孔

1）选择合适的微型钻头，一般采用直径为 1mm 的钻头较适中，对于少数元器件端子较粗的插孔（例如电位器端子孔），需用直径为 1.2mm 以上的钻头钻孔。

2）对微型电钻（或钻床）通电进行钻孔，进刀不要过快，以免将铜箔挤出毛刺。

3）如果制作双面板，覆铜板和印制板布线图就要有 3 个以上的定位孔，可先用合适的钻头把它钻透，以利于描反面连线时定位。

4）如果是制作单面板，就可在腐蚀完后再钻孔。

4. 描板

1）准备好调和漆或指甲油、直尺、鸭嘴笔、垫块等器材。

2）按复写图样描在电路板上，描图时应先描焊盘，再描印制导线图形。

3）将描好的覆铜板晾干。描板示意图如图 2-13 所示。

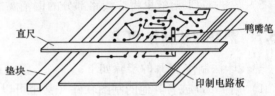

图 2-13　描板示意图

5. 腐蚀

1）按一份三氯化铁和两份水的比例配制成 2-24 三氯化铁溶液。

2）对腐蚀液适当加热，但温度要限制在 40~50℃ 之间。

3）将检查修整后的覆铜板浸入腐蚀液中，完全腐蚀后，取出用清水清洗。

6. 去膜

1）用热水浸泡或酒精或丙酮均可擦除漆膜。

2）再用清水洗净。

7. 涂助焊剂

1）冲洗晾干。

2）涂上松香水等助焊剂。

2.5.2　贴图法制作 PCB

贴图法制作 PCB 的步骤如下：

1）购买封箱胶带（一种具有粘胶的胶带）。

2）将封箱胶带裁成合适的宽度，需要钻孔的线条宽度应在 1.5mm 以上。

3）按设计图形贴到覆铜板上，贴图时要压紧，否则腐蚀液进入后将使图形受损。

4）放入腐蚀液中进行腐蚀。

2.5.3　刀刻法制作 PCB

刀刻法制作 PCB 的步骤如下：

1）当图形简单时可用整块胶带将铜箔全部贴上，然后用刀刻法去除不需要的部分。此法适用于保留铜箔面积较大的图形。

2）用刀将铜箔划透，用镊子或钳子撕去不需要的铜箔；也可用微型砂轮直接在铜箔上磨削出所需图形，不用蚀刻直接制成 PCB。

2.5.4 感光法制作 PCB

感光法制作 PCB 的步骤如下:

1) 用打印机把制作好的电路图形打印到胶片上,若打印双面板,则其中某层打印时需设置为镜像。

2) 把胶片覆盖在具有感光膜的覆铜板上,放进曝光箱里进行曝光,时间一般为 1min。双面板两面需分别进行曝光。

3) 曝光完毕,拿出覆铜板放进显影液里显影,半分钟后感光层被腐蚀掉,并有墨绿色雾状漂浮。显影完毕可看到,线路部分圆滑饱满,清晰可见,非线路部分呈现黄色铜箔。

4) 把覆铜板放到清水里,清洗干净后擦干。

5) 放进 $FeCl_3$ 溶液里将非线路部分的铜箔腐蚀掉,然后进行打孔或沉铜。

2.5.5 热转印法制作 PCB

热转印法制作 PCB 的步骤如下:

1) 用 Protel 或者其他的制图软件(甚至可以用 Windows 的"画图"工具)制作好印制电路板图。

2) 用激光打印机把电路图打印在热转印纸上。

3) 用细砂纸擦干净覆铜板,磨平四周,将打印好的热转印纸覆盖在覆铜板上,送入照片过塑机(温度调到 $180 \sim 200℃$)来回压几次,使熔化的墨粉完全吸附在覆铜板上(若覆铜板足够平整,则可用电熨斗熨烫几次,也能实现图形的转移)。

4) 覆铜板冷却后揭去热转印纸,腐蚀后,即可形成做工精细的 PCB。

2.5.6 任务 11——PCB 的手工制作

1. 实训目的

1) 能描述 PCB 手工制作常用方法与步骤。

2) 能描述热转印法制作 PCB 的工艺流程。

3) 会熟练使用快速制板设备。

4) 会熟练打印 PCB 图到热转印纸上。

2. 实训设备与器材准备

1) DM – 2100B 型快速制板机　1 台。

2) 快速腐蚀机　1 台。

3) 热转印纸　若干。

4) 覆铜板　1 张。

5) $FeCl_3$ 溶液　若干。

6) 激光打印机　1 台。

7) 个人计算机　1 台。

8) 微型电钻　1 个。

3. 实训主要设备简介

(1) DM-2100B 型快速制板机

DM-2100B 型快速制板机是用来将打印在热转印纸上的印制电路图转印到覆铜板上的设备，DM-2100B 型快速制板机实物图如图2-14所示。

1)〈电源〉启动键。按下并保持2s左右，电源将自动启动。

2)〈加热〉控制键。当胶辊温度在100℃以上时，按下〈加热〉控制键可以停止加热，工作状态显示为闪动的"C"。再次按下〈加热〉控制键，将继续进行加热，工作状态显示为当

图2-14　DM-2100B 型快速制板机实物图

前温度；按下〈加热〉控制键后，待胶辊温度降至100℃以下，机器将自动关闭电源；当胶辊温度在100℃以内时，按下〈加热〉控制键，电源将立即关闭。

3)〈转速〉设定键。按下〈转速〉设定键将显示电机转速比，其值为30（0.8r/min）~80（2.5r/min）。按下〈转速〉设定键的同时再按下〈▲〉或〈▼〉键，可设定转印速度。

4)〈温度〉设定键。显示器在正常状态下显示转印温度，按下〈温度〉设定键将显示所设定温度值。最高设定温度为180℃，最低设定温度为100℃；按下〈温度〉设定键的同时再按下〈▲〉或〈▼〉键，可设定温度。

5)〈▲〉〈▼〉换向键。开机时系统默认为退出状态。在制板过程中，若需改变转向，则可直接按此键。

（2）快速腐蚀机

快速腐蚀机是用来快速腐蚀印制板的，其实物图如图2-15所示。

其基本原理是，利用抗腐蚀小型潜水泵使三氯化铁溶液进行循环，被腐蚀的印制板就处在流动的腐蚀溶液中。为了提高腐蚀速度，可加热腐蚀溶液的温度。

（3）热转印纸

热转印纸是经过特殊处理的、通过高分子技术在表面覆盖了数层特殊材料的专用纸，具有耐高温不粘连的特性。

（4）微型电钻

微型电钻是用来对腐蚀好的印制电路板进行钻孔的。其实物图如图2-16所示。

图2-15　快速腐蚀机实物图

图2-16　微型电钻实物图

4. 实训步骤与报告

☞（1）PCB 图的打印方法

启动 Protel 99 SE，打开设计的 PCB 图。单击菜单栏中的"File"→"Print Preview"，打

开默认 HP LaserJet P1007 打印机下各种打印资料的"Explorer Browse PCBPrint"对话框,如图 2-17 所示。

1)底层印制图(Bottom)打印设置。

选中图 2-17 中的"Multilayer Composite Print"项→鼠标右键→在下拉菜单中选择"Insert Printout"→获得 Printout Properties 对话框→选中复选框 Showse Holes 和 Black&Whirte→单击"Add"→添加 BottomLayer、KeepoutLayer 和 MultiLayer 层→单击"Remove"将TopLayer 层去掉。底层印制图(Bottom)打印设置如图 2-18 所示。

图 2-17   "Explorer Browse
PCBPrint"对话框

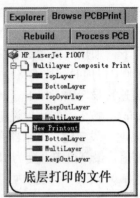

图 2-18   底层印制图(Bottom)
打印设置

选中 New Printout→单击菜单上的"File"→在下拉菜单中选择"Print Current"即可打印底层印制图。某双面 PCB 的底层打印电路图如图 2-19 所示。

2)顶层印制图(Top)打印设置

选中图 2-17 中的"Multilayer Composite Print"项→鼠标右键→在下拉菜单中选择"Insert Printout"→打开"Printout Properties"对话框→选中复选框 Showse Holes、Black& Whirte 和 Mirror Layers→单击"Add"→添加 KeepOutLayer 和 MultiLayer 层。顶层印制图(Top)的打印设置如图2-20所示。

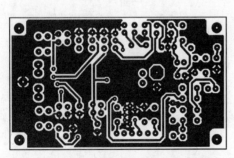

图 2-19 某双面 PCB 的底层打印电路图

图 2-20 顶层印制图(Top)的打印设置

选中当前的 New Printout→单击菜单上的"File"→下拉菜单中"Print Current"→可打印顶层印制图。某双面 PCB 的顶层打印电路图如图 2-21 所示。

【注】当采用热转印制作双面 PCB 时，顶层与底层中某层需要进行"镜像"打印。当采用"镜像"打印时，只选中 Printout Properties 对话框中 Mirror Layers 复选框即可。

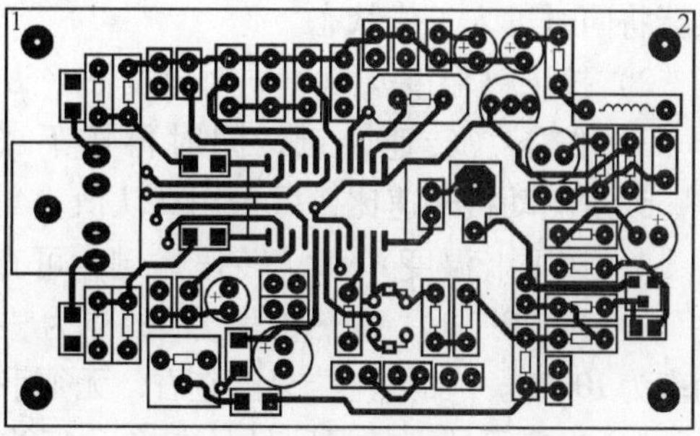

图 2-21　某双面 PCB 的顶层
打印电路图

☞（2）覆铜板的下料与处理

1）根据 PCB 的规划设计时的尺寸，用钢锯对覆铜板进行下料。

2）用锉刀将四周边缘毛刺去掉。

3）用细砂纸或少量去污粉去掉表面的氧化物。

4）清水洗净后，晾干或擦干。

☞（3）PCB 图的转贴处理

1）对于单面 PCB 或只有底图的印制板图的转贴操作比较简单，具体方法如下。

① 将热转印纸平铺于桌面，并将有图案的一面朝上。

② 将单面板置于热转印纸上，并将有覆铜的一面朝下。

③ 将覆铜板的边缘与热转印纸上的印制图的边缘对齐。

④ 将热转印纸按左右和上下弯折 180°，然后在交接处用透明胶带粘接。单面 PCB 的底图转贴操作示意图如图 2-22 所示。

2）对于双面 PCB 的印制板图的转贴操作比较复杂，具体方法如下。

① 用一张普通的纸打印一份设计的 PCB 图，用其定位孔以确定出覆铜板上四角的定位孔。比如，四角作定位孔。

② 用装有 0.7mm 钻头的微型电钻打出覆铜板上四角的定位孔。

图 2-22　单面 PCB 的底图转贴操作示意图

③ 在裁剪好的有底层图（有图案的一面朝上）的热转印纸的四角定位孔处插入大头针，针尖朝上。

④ 将打好定位孔的双层覆铜板放置于有底层图的热转印纸上。

⑤ 将镜像打印的有顶层图的热转印纸置于双层覆铜板之上，有图案的一面朝下。

⑥ 将上、下层热转印纸与双层覆铜板压紧，用透明胶带粘接，退出四角上的大头针。双面 PCB 的印制图转贴操作示意图如图 2-23 所示。

☞（4）PCB 图的转印

1）将制版机放置平稳，接通电源，轻触电源启动键 2s，电动机和加

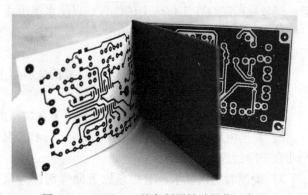

图 2-23　双面 PCB 的印制图转贴操作示意图

热器将同时进入工作状态。

2）按下〈温度〉键，同时再按下〈▲〉或〈▼〉键，将温度设定在150℃。

3）按下〈转速〉键，同时再按下〈▲〉或〈▼〉键，设定电动机转速比，可采用默认值。

4）按下〈温度〉和〈转速〉键，可查看显示"加热比"。当为"0"时，加热功率为0；当为"255"时，加热功率为100%。"加热比"只能查看，无须手动调整。

5）当显示器上的温度显示在接近150℃时，将贴有热转印纸的敷铜板放进DM-2100B型快速制板机中进行热转印。快速制板机热转印示意图如图2-24所示。

图2-24 快速制板机热转印示意图

6）转印完毕，按下〈加热〉键，工作状态显示为闪动的"C"，待胶辊温度降至100℃以下时，机器将自动关闭电源；胶辊温度显示在100℃以内时，按下〈加热〉键，电源将立即关闭。

☞（5）转印PCB图的处理

1）转印后，待其温度下降后将转印纸轻轻掀起一角进行观察，此时转印纸上的图形应完全被转印在敷铜板上。

2）如果有较大缺陷，就应将转印纸按原位置贴好，送入转印机再转印一次。

3）若有较小缺陷，则可用油性记号笔进行修补。

☞（6）三氯化铁溶液的配制

1）戴好乳胶手套，按3:5的比例混合好三氯化铁溶液（为3~4L）。

2）将配制的溶液进行过滤。

3）将过滤后的腐蚀液倒入快速腐蚀机中，以不超过腐蚀平台为宜。

4）准备一块抹布，以防止三氯化铁溶液溅出。

☞（7）PCB的腐蚀

1）将装有三氯化铁溶液的腐蚀机放置平稳。

2）带好乳胶手套，以防腐蚀液侵蚀皮肤。

3）将"橡胶吸盘"吸在工作台上，再将经转印得到的电路板卡在橡胶吸盘上，使电路板与工作台成一夹角。

4）接通电源，观察水流是否覆盖整个电路板。若不能覆盖整个电路板，则在切断电源后，调整橡胶吸盘在工作台上的位置，以使水流覆盖整个电路板。

5）盖上腐蚀机的盖子，接通电源进行腐蚀，待敷铜板上裸露铜箔被完全腐蚀掉后，断开电源。

6）取出被腐蚀的电路板，用清水反复清洗后擦干。PCB的腐蚀示意图如图2-25所示。

☞（8）PCB的打孔

1）将带有定位锥的圆柱体型专用钻头装在微型电钻（或钻床）上。

2）对准电路板上的焊盘中心进行钻孔。同进定位锥可以磨掉钻孔附近的墨粉，形成一个非常干净的焊盘。

3）配制酒精松香水，对焊盘涂盖助焊剂进行保护。制作完好的PCB实物图如图2-26所示。

图 2-25 PCB 的腐蚀示意图

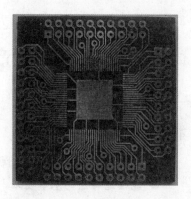

图 2-26 制作完好的 PCB 实物图

☞(9) PCB 的手工制作实训报告

实训项目	实训器材	实训步骤		
1.		(1)	(2)	(3)
2.		(1)	(2)	(3)
心得体会				
教师评语				

5. 实训注意事项

1）转印纸为一次性用纸，不可用一般纸代替。

2）为保证制版质量，所绘线条宽度应尽可能不小于 0.3mm。

3）当制板机关机时，按下〈温度〉控制键，显示器第一位将显示闪动的 "C"，电动机仍将运转一段时间，待温度下降到 100℃以后，电源才自动关闭。开机时如温度显示低于 100℃，请勿按动〈加热〉控制键，否则将关闭电源。不用时，应将电源插头拔掉。

4）当使用腐蚀机进行腐蚀时，要保护好环境卫生。

2.6 习题

1. 常用覆铜板有哪些？它们有何结构及特点？

2. 一块标准的 PCB 是由哪些要素构成的？

3. 在进行 PCB 设计时，应考虑哪些干扰？

4. 试画出电路原理图的设计流程。

5. 试画出 PCB 的设计流程。

6. 在 PCB 的设计中，网络表的作用是什么？

7. 试叙述 PCB 制作的基本过程。

8. 助焊处理与阻焊处理有何不同？

9. 用"漆图法"制作 PCB 时的步骤有哪些？

10. 用"热转印法"制作 PCB 的步骤有哪些？

11. 在手工制作双面 PCB 时，顶层印制图（TOP）如何打印？

第3章　PCB 的焊接技术

本章要点

- 能描述常用焊接材料、新型焊接的基本特点
- 能描述焊点的基本要求与缺陷焊点产生的原因
- 能领会手工焊接的姿势、步骤、操作要领
- 会熟练测试与维修电烙铁与接线板
- 会熟练进行 PCB 的手工焊接与手工浸焊

3.1　常用焊接材料与工具

焊接材料包括焊料（焊锡）和焊剂（助焊剂与阻焊剂），手工焊接的焊接工具是电烙铁，它们在电子产品的手工组装过程中是必不可少的器具。下面对这些器具的种类、特点、要求及用途等进行简要的介绍。

3.1.1　常用焊接材料

1. 常用焊料

焊料是一种熔点比被焊金属熔点低的易熔金属。当焊料熔化时，在被焊金属不熔化的条件下能润浸被焊金属表面，并在接触面处形成合金层而与被焊金属连接到一起。在一般电子产品装配中，主要使用锡铅焊料，俗称为焊锡。

（1）常用焊料的作用

焊料的主要作用就是把被焊物连接起来，对电路来说构成一个通路。

（2）常用焊料具备的条件

1）焊料的熔点要低于被焊工件。

2）易于与被焊物连成一体，要具有一定的抗压能力。

3）要有较好的导电性能。

4）要有较快的结晶速度。

（3）常用焊料的种类

根据熔点不同可分为硬焊料和软焊料；根据组成成分不同可分为锡铅焊料、银焊料、铜焊料等。在锡焊工艺中，一般使用锡铅合金焊料。

1）锡铅焊料。是常用的锡铅合金焊料，通常又称为焊锡，主要由锡和铅组成，还含有锑等微量金属成分。

2）共晶焊锡。是指达到共晶成分的锡铅焊料，对应的合金成分是锡的含量为 61.9%、铅的含量为 38.1%。在实际应用中一般将含锡 60%、含铅 40% 的焊锡称为共晶焊锡。在锡和铅的合金中，除纯锡、纯铜和共晶成分是在单一温度下熔化外，其他合金都是在一个区域

内熔化的，因此共晶焊锡是锡铅焊料中性能最好的一种。

（4）常用焊料的形状

焊料在使用时常按规定的尺寸加工成形，有片状、块状、棒状、带状和丝状等多种形状。

1）丝状焊料。通常称为焊锡丝，中心包着松香助焊剂，叫松脂心焊丝，手工烙铁锡焊时常用。松脂心焊丝的外径通常有 0.5mm、0.6mm、0.8mm、1.0mm、1.2mm、1.6mm、2.0mm、2.3mm 和 3.0mm 等规格。

2）片状焊料。常用于硅片及其他片状焊件的焊接。

3）带状焊料。常用于自动装配的生产线上，用自动焊机从制成带状的焊料上冲切一段进行焊接，以提高生产效率。

4）焊料膏。将焊料与助焊剂粉末拌和在一起制成，焊接时先将焊料膏涂在印制电路板上，然后进行焊接，在自动贴片工艺上已经大量使用。

2. 常用助焊剂

助焊剂通常是以松香为主要成分的混合物，是保证焊接过程顺利进行的辅助材料。

（1）常用助焊剂的作用

1）破坏金属氧化膜使焊锡表面清洁，有利于焊锡的浸润和焊点合金的生成。

2）能覆盖在焊料表面，防止焊料或金属继续氧化。

3）增强焊料和被焊金属表面的活性，降低焊料的表面张力。

4）焊料和焊剂是相熔的，可增加焊料的流动性，进一步提高浸润能力。

5）能加快热量从烙铁头向焊料和被焊物表面传递。

6）合适的助焊剂还能使焊点美观。

（2）常用助焊剂应具备的条件

1）熔点应低于焊料。

2）表面的张力、黏度、密度要小于焊料。

3）不能腐蚀母材，在焊接温度下，应能增加焊料的流动性，去除金属表面氧化膜。

4）焊剂残渣应能容易被去除。

5）不会产生有毒气体和臭味，以防对人体的危害和污染环境。

（3）常用助焊剂的分类

助焊剂的种类很多，大体上可分为有机、无机和树脂 3 大系列。

树脂焊剂通常是从树木的分泌物中提取，属于天然产物，不会有什么腐蚀性，松香是这类焊剂的代表，因此也称为松香类焊剂。

焊剂通常与焊料相匹配使用，可按照与焊料相对应分为软焊剂和硬焊剂。

电子产品的组装与维修中常用的有松香、松香混合焊剂、焊膏和盐酸等软焊剂，在不同的场合应根据不同的焊接工件进行选用。

3. 常用阻焊剂

阻焊剂是一种耐高温的涂料，在电路板上用于保护不需要焊接的部分。印制电路板上的绿色涂层即为阻焊剂。

阻焊剂的种类有热固化型阻焊剂、紫外线光固化型阻焊剂（又称为光敏阻焊剂）和电子辐射固化型阻焊剂等几种。目前常用的是紫外线光固化型阻焊剂。

3.1.2 常用焊接工具

电烙铁是手工焊接的基本工具，它是根据电流通过发热元器件产生热量的原理而制成的。常用的电烙铁有外热式、内热式、恒温式及吸锡式等几种。另外还有半自动送料电烙铁、超声波烙铁、充电烙铁等。下面对几种常用电烙铁的构造及特点进行介绍。

1. 外热式电烙铁

外热式电烙铁由烙铁头、烙铁心、外壳、手柄、电源线和插头等几部分组成。电阻丝绕在薄云母片绝缘的圆筒上，组成烙铁心。烙铁头装在烙铁心里面，电阻丝通电后产生的热量传送到烙铁头上，使烙铁头温度升高，故称为外热式电烙铁。

外热式电烙铁结构简单，价格较低，使用寿命长，但其体积较大，升温较慢，热效率低。外热式电烙铁外形结构示意图如图 3-1 所示。

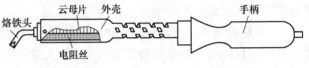

图 3-1　外热式电烙铁外形结构示意图

2. 内热式电烙铁

由于烙铁心装在烙铁头里面，所以称为内热式电烙铁。

内热式电烙铁的烙铁心是采用极细的镍铬电阻丝绕在瓷管上制成的，外面再套上耐热绝缘瓷管。烙铁头的一端是空心的，它套在芯子外面，用弹簧夹紧固。由于烙铁心装在烙铁头内部，热量完全传到烙铁头上，所以升温快，热效率高达85%～90%，烙铁头部温度可达350℃左右。20W 内热式电烙铁的实用功率相当于 25～40W 的外热式电烙铁。

内热式电烙铁具有体积小、重量轻、升温快和热效率高等优点，因而在电子装配工艺中得到了广泛的应用。内热式电烙铁的外形结构示意图如图 3-2 所示。

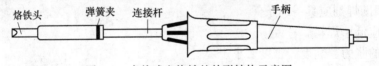

图 3-2　内热式电烙铁的外形结构示意图

3. 恒温电烙铁

目前使用的外热式和内热式电烙铁的温度一般都超过300℃，这对焊接晶体管，集成电路等是不利的。在质量要求较高的场合，通常需要恒温电烙铁。恒温电烙铁有电控和磁控两种。

电控恒温电烙铁是用热电偶作为传感元件来检测和控制烙铁头的温度。

磁控恒温电烙铁是借助于软磁金属材料在达到某一温度（居里点）时会失去磁性这一特点，制成磁性开关来达到控温目的，其结构示意图如图 3-3 所示。

如果需要不同的温度，就可调换装有不同居里点的软磁金属的烙铁头。其居里点不同，失磁的温度也不同。烙铁头的工作温度可在 260～450℃ 范围内任意选取。磁控恒温电烙铁的外形图如图 3-4 所示。

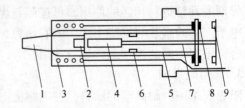

图 3-3　磁控恒温电烙铁结构示意图

4. 吸锡电烙铁

吸锡电烙铁主要用于在电工和电子设备装修中拆换元器件，它是手工拆焊中最

1—烙铁头　2—软磁金属块　3—加热器　4—永久磁铁
5—非磁性金属管　6—支架　7—小轴　8—触点　9—接触簧片

图 3-4　磁控恒温电烙铁的外形图

为方便的工具之一。它在普通直热式烙铁上增加了吸锡结构，故具有加热、吸锡两种功能。吸锡电烙铁结构如图 3-5 所示。

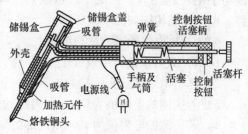

图 3-5　吸锡电烙铁结构图

5. 其他常用辅助工具

在电子产品的组装过程中，除了电烙铁与焊接材料之外，还需要其他方面的辅助工具。常用辅助工具如图 3-6 所示。

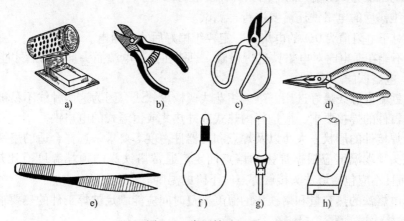

图 3-6　常用辅助工具

a）烙铁架　b）斜口钳　c）剪刀　d）尖嘴钳　e）镊子
f）球形吸锡器　g）排锡管　h）专用烙铁头

3.1.3　任务 12——常用焊接工具检测

1. 实训目的

1）能描述常用焊接材料与工具的特点、种类及用途。

2）能识别手工焊接工具——电烙铁的组成结构。

3）会熟练拆装电烙铁、接线板。

4）会熟练测试与维修电烙铁、接线板。

2. 实训设备与器材准备

1）电烙铁　1 把。

2）接线板　1 个。

3）烙铁架　1 个。

4）螺钉旋具　1 套。

5）MF47A 型万用表　1 块。

3. 实训步骤与报告

☞（1）电烙铁的拆装

1）拆卸。先拧松手柄上卡紧导线的螺钉，旋下手柄，然后卸下电源线和烙铁心引线，取出烙铁心，最后拔下烙铁头。

2）装配。拆卸顺序相反。但需注意的是，当旋紧手柄时，电源线不能与手柄一起转动，否则，易造成短路。电烙铁结构图如图3-7所示。

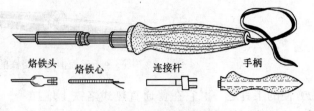

烙铁头　　烙铁心　　　　连接杆　　　　手柄

图3-7　电烙铁结构图

☞（2）电烙铁的测试与维修

1）将 MF47A 型万用表置于"Ω"档，选择 $R \times 1k\Omega$ 量程，进行"Ω校零"。

2）测量电烙铁插头两端的电阻值，正常时应为 $R = U^2/P = 220^2/P$。

3）若所测的电阻值为 0Ω，则内部的烙铁心短路或者连接杆处的导线相碰。

4）若所测的电阻值为∞，则内部的烙铁心开路或者连接杆处的导线脱落。

5）对于电阻值为 0Ω 或∞的电烙铁均需要进行维修。

6）对于维修后的电烙铁还需要进行再测试。

【注1】对于电阻值为 0Ω 的电烙铁一定要维修好后才能通电。

【注2】不能在通电时对电烙铁进行检修，只能在拔下电源插头且冷却后才能维修。

☞（3）电烙铁的选用

1）电烙铁的电源线最好选用纤维编织花线或橡皮软线，因为这两种线不易被烫坏。

2）根据器件的焊接要求，应选择内热式或外热式或恒温式的电烙铁。

3）根据焊接件的形状、大小以及焊点和元器件密度等要求来选择合适的烙铁头形状。

4）烙铁头顶端温度应根据焊锡的熔点而定。通常烙铁头的顶端温度应比焊锡熔点高 30～80℃，而且不应包括烙铁头接触焊点时下降的温度。

5）所选电烙铁的热容量和烙铁头的温度恢复时间应能满足被焊工件的热要求。

☞（4）接线板的测试与维修

1）将 MF47A 型万用表置于"Ω"档，选择 $R \times 1k\Omega$ 量程。

2）测量插头两端的电阻值应为∞。若为 0，则不能通电，需进行维修。

3）将 MF47A 型万用表置于 250V 交流电压档。

4）测量通电接线板上的电压，正常应为 220V。若为 0V，则内部导线开路。

5）维修接线板时，禁止导线接头与板内金属片之间出现短路现象。

6）维修好后的接线板需再次进行测量，正常后方能通电使用。

【注】不能在通电时对接线板进行检修，只能在拔下电源插头后方能维修。

☞（5）实训记录与报告

1）电烙铁的记录与报告表

组成结构	1.	2.	3.	4.	5.
种　类	1. 内热式	2. 外热式	3. 恒温式		
参数值	1. 实测电阻值		2. 功率值		
性　能					

2）接线板的记录与报告表

组成结构	1.	2.	3.	4.	5.
插头两端电阻值					
接线板上插孔电压					
性　能					

3.2 焊接条件与过程

焊接是电子产品组装的重要工艺，焊接质量的好坏直接影响产品与设备性能的稳定。为了保证焊接质量、获得性能稳定可靠的电子产品，了解和掌握焊接的基本条件和焊接工艺过程是极其重要的。

3.2.1 焊接基本条件

1. 焊件必须具有可焊性

并非所有的金属材料都具备锡焊的性质。若要焊接成功，需要采用特殊焊剂和表面镀锡、镀银等措施。只有能被焊锡浸润的金属才具有可焊性。

2. 工作金属表面应洁净

工件金属表面如果存在氧化物或污垢，就会严重影响与焊料在界面上形成合金层，造成虚、假焊。轻度的氧化物或污垢可通过助焊剂来清除，较严重的要通过化学或机械的方式来清除。

3. 使用合适的焊料

不合格的焊料或杂质超标的焊料都会影响到焊接效果，影响焊料的润湿性和流动性，降低焊接质量，甚至不能进行焊接。因此，锡焊能够进行的条件之一就是使用合适的焊料。

4. 正确选用焊料

焊料的成分及性能与工件金属材料的可焊性、焊接的温度及时间、焊点的机械强度等相适应，锡焊工艺中使用的焊料是锡铅合金。根据锡铅的比例及含有其他少量金属成分的不同，其焊接特性也有所不同，应根据不同的要求正确选用焊料。

5. 要有适当的温度

只有在足够高的温度下，焊料才能充分浸润，并充分扩散从而形成合金结合层。但温度也不宜过高，否则会加快金属氧化而不易焊接。

3.2.2 焊接工艺过程

焊接工艺过程一般可分为焊前准备、焊件装配、加热焊接、焊后清理及质量检验等多道工序。焊接工艺流程图如图3-8所示。

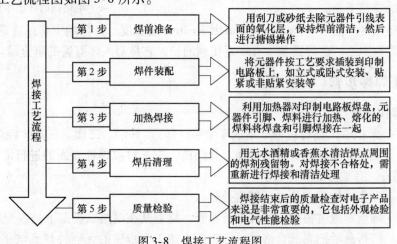

图3-8 焊接工艺流程图

第 1 步"焊前准备"中的"搪锡"也称为"预焊"或"镀锡"，它是将被焊器件引线的表面预先进行一次浸锡处理的方法。

第 5 步"质量检验"中的"外观检验"是用人工的方法去检查焊接与焊点的质量，这在手工焊接的电子产品中是不可缺少的步骤。其常用方法是目测法和手触法。"电气性能检验"是在对已安装好元器件成品电路板通电的情况下进行的，它可以检测到微小的焊接缺陷，例如元器件失效、虚焊和假焊等。

3.3 PCB 手工焊接

焊接通常分为熔焊、钎焊及接触焊 3 大类，在电子装配中主要使用的是钎焊。按照使用焊料熔点的不同，可将钎焊分为硬焊（焊料熔点高于 450℃）和软焊（焊料熔点低于450℃）。采用锡铅焊料进行焊接称为锡铅焊，简称为锡焊，它是软焊的一种。

目前，在产品研制、设备维修乃至一些小规模、小型电子产品的生产中，仍广泛地应用手工锡铅焊，它是锡焊工艺的基础。

3.3.1 手工焊接姿势

1. 操作姿势

1）挺胸端正直坐，切勿弯腰。

2）鼻尖至烙铁头尖端至少应保持 20cm 以上的距离，通常此距离以 40cm 时为宜。

【注】距烙铁头 20～30cm 处的有害化学气体、烟尘的浓度是卫生标准所允许的。

2. 电烙铁握法

根据电烙铁大小的不同和焊接操作时的方向和工件不同，可将手持电烙铁的方法分为反握法、正握法和握笔法 3 种。

由于握笔法操作灵活方便，所以被广泛采用。电烙铁的握法示意图如图 3-9 所示。

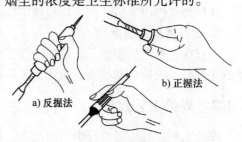

a) 反握法　　b) 正握法　　c) 握笔法

图 3-9　电烙铁的握法示意图

3. 焊锡丝拿法

1）操作时应戴手套。

2）用拇指和食指捏住焊锡丝，端部留出 3～5cm 的长度，并借助中指往前送料。

3）操作后应洗手。在焊锡丝中有一定比例的铅，它是对人体有害的重金属。

3.3.2 手工焊接步骤

1. 焊接操作步骤

在工厂中，常把手工锡焊过程归纳成 8 个字，即："一刮、二镀、三测、四焊"。

1）"刮"。就是处理焊接对象的表面。焊接前，应先对被焊件表面的进行清洁工作，有氧化层的要刮去，有油污的要擦去。

2）"镀"。即指对被焊部位进行搪锡处理。

3）"测"。即指对搪过锡的元器件进行检查，检查其在电烙铁高温下是否变质。

4）"焊"。即指最后把测试合格的、已完成上述 3 个步骤的元器件焊到电路中去。焊接完毕要进行清洁和涂保护层，并根据对焊接件的不同要求进行焊接质量的检查。

2. 5 步操作法

手工锡焊作为一种操作技术，必须要通过实际训练才能掌握，对于初学者来说进行 5 步操作法训练是非常有成效的。5 步操作法示意图如图 3-10 所示。

1）准备工作。准备好被焊工件，将电烙铁加温到工作温度，使烙铁头保持干净，一手握好电烙铁，一手拿焊锡丝，电烙铁与焊料分别放在被焊工件的两侧。

2）加热焊件。烙铁头扁平部分接触被焊工件，使整个焊件全面均匀受热，不要施加压力或随意拖动烙铁。

3）加入焊丝。当工件被焊部位升温到焊接温度时，送上焊锡丝并与工件焊点部位接触，熔化并润湿焊点。

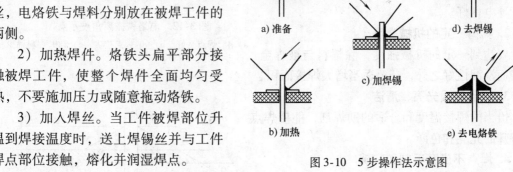

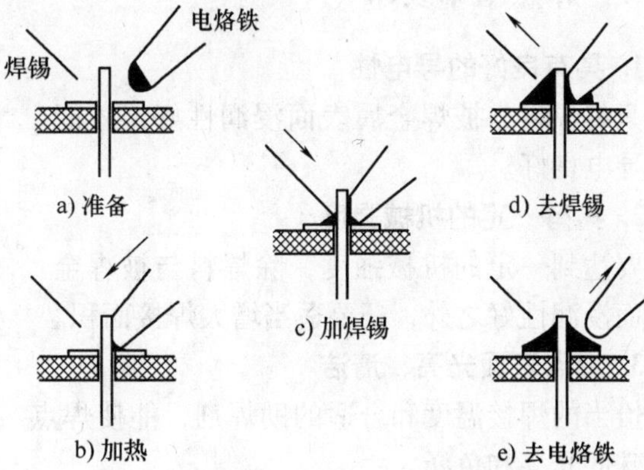

图 3-10　5 步操作法示意图

4）移去焊料。在熔入适量焊料（焊件上已形成一层薄薄的焊料层）后，迅速移去焊锡丝。该步是掌握焊锡量的关键。

5）移开电烙铁。在移去焊料后，在助焊剂（焊锡丝内一般含有助焊剂）还未挥发完之前，迅速在与轴向成 45°的方向移去电烙铁，否则将得到不良焊点。该步骤是掌握焊接时间的关键。

3.3.3　手工焊接要领

1. 焊件表面处理和保持烙铁头的清洁

保持焊件表面和烙铁头的清洁是获得合格焊接点的前提条件。保持焊件表面清洁的办法是除锈镀锡，保持烙铁头清洁的办法是每焊一些焊点后用碎布擦拭烙铁头。

2. 焊锡量要合适，不要用过量的焊剂

在焊接中，要使用合适的焊锡量，方可得到合适的焊点。焊点与焊锡量的比较示意图如图 3-11 所示。

3. 采用正确的加热方法和合适的加热时间

要以增加接触面积来加快对焊件的加热，且焊锡浸润的部分应受热均匀。掌握好合适的焊接时间，一般应以 2～4s 的时间焊好一个焊点。

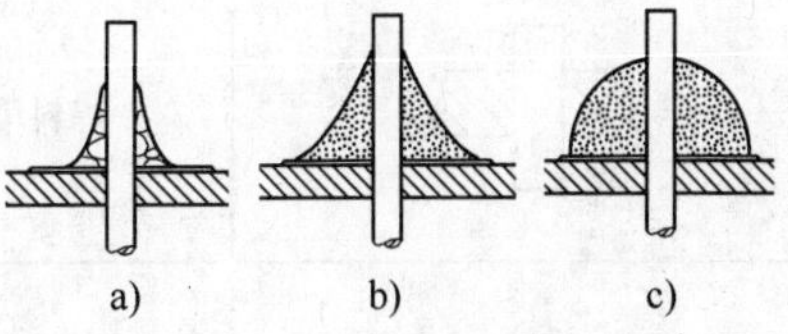

图 3-11　焊点与焊锡量的比较示意图
a）焊料不足　b）焊料适中　c）焊料过多

4. 焊件要固定，加热要靠焊锡桥

为了防止焊点内部结构疏松、强度降低、导电性差的现象，在焊锡凝固之前不要使焊件移动或振动。为了加快焊件的加热温度，可采用焊锡桥（依靠烙铁上保留少量焊锡作为加热时烙铁头与焊件之间传热的桥梁）的方式。

5. 电烙铁撤离有讲究，不要用烙铁头作为运载焊料的工具

电烙铁撤离动作要迅速敏捷，而且撤离时的角度和方向对焊点的形成有一定的关系，不要用烙铁头作为运载焊料的工具，否则不容易得到合格焊点。电烙铁撤离角度示意图如图 3-12 所示。

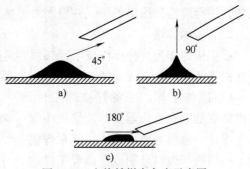

图 3-12　电烙铁撤离角度示意图

a）45°焊点良好　b）90°焊点拉尖　c）180°焊料稀少

3.3.4　焊点基本要求

1. 具有良好的导电性

只有焊料与被焊金属表面浸润性好，才能保证导电良好。

2. 具有一定的机械强度

要达到一定的机械强度，除焊料与被焊金属表面浸润性好之外，还要适当增大焊接面积。

3. 焊点表面光亮、清洁

恰当的焊接温度和合适的助焊剂，能使焊点有特殊的光亮和色泽。

4. 焊点不应有毛刺和空隙

毛刺因助焊剂过少而引起，空隙由气泡而造成。焊点基本要求示意图如图 3-13 所示。

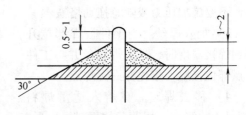

图 3-13　焊点的基本要求示意图

3.3.5　缺陷焊点分析

在手工焊接完毕后，通过对焊点的检查，可能会发现诸如虚焊、假焊、拉尖、桥连、空洞及堆焊等不合格焊点。缺陷焊点及其产生原因如表 3-1 所示。

表 3-1　缺陷焊点及其产生原因

缺陷焊点 形　状	缺陷焊点 名　称	缺陷焊点 产生原因
	虚　焊	1. 元器件引线未清洁好，未镀好锡 2. 印制电路板未清洁好，喷涂的助焊剂质量不好
	焊料堆积	1. 焊料质量不好 2. 焊接温度不够 3. 当焊锡未凝固时，松动元器件引线
	焊料过多	焊丝撤离过迟
	焊料过少	1. 焊锡流动性差或焊丝撤离过早 2. 助焊剂不足 3. 焊接时间太短

缺陷焊点 形　状	缺陷焊点 名　称	缺陷焊点 产生原因
	不对称	1. 焊料流动性太好 2. 加热不足 3. 助焊剂不足或质量差
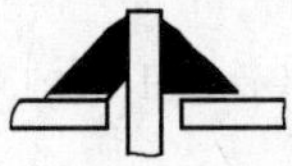	拉　尖	1. 助焊剂过少，而加热时间过长 2. 电烙铁撤离角度不当
	桥　接	1. 焊锡过多 2. 电烙铁撤离方向不当
	气　泡	1. 引线与焊盘孔的间隙过大 2. 引线浸润性不良 3. 双面板堵住通孔时间长，孔内空气膨胀
	铜箔翘起	焊接时间太长，温度过高
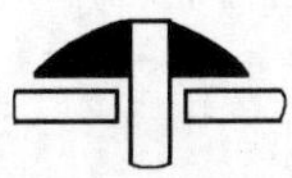	剥　离	焊盘上金属镀层不良

3.3.6　手工拆焊技术

拆焊也称为解焊，同样是焊接工艺中的一个重要的工艺手段。在手工拆焊过程中常用到的工具有：吸锡绳、吸锡筒、吸锡电烙铁及医用空心针等。

1. 拆焊的操作要点

（1）严格控制加热的温度和时间

为了保证元器件不受损坏或焊盘不致被翘起、断裂，就要严格控制温度和加热时间。

（2）拆焊时不要用力过猛

对于塑封、陶瓷、玻璃端子等器件，在拆焊时用力过猛会损坏元器件和焊盘。

（3）吸去拆焊点上的焊料

可用吸锡绳、吸锡筒、吸锡电烙铁、医用空心针等工具吸去拆焊点上的焊料。

2. PCB 上元器件的拆焊方法

（1）分点拆焊法

用电烙铁对焊点加热，逐点拔出。该种方法适用于焊点之间距离较远的情况。分点拆焊示意图如图 3-14 所示。

（2）集中拆焊法

用电烙铁同时快速交替加热几个焊接点，待焊锡熔化后一次拔出。此方法适用于焊点之间距离较近情况。集中拆焊示意图如图 3-15 所示。

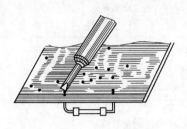

图 3-14　分点拆焊示意图

图 3-15　集中拆焊示意图

3. 一般焊接点的拆焊方法

（1）保留拆焊法

这种方法是对需要保留元器件引线和导线端头的拆焊方法。适用于钩焊、绕焊的焊接方式。

（2）剪断拆焊法

这种方法是沿着焊接元器件引脚根部剪断的拆焊方法。适用于可重焊的元器件或连接线。

3.3.7　任务 13——PCB 手工焊接

1. 实训目的

1）能描述电烙铁的结构、手工焊接姿势。

2）能描述手工焊接步骤、要领、焊点标准。

3）会熟练使用电烙铁。

4）会熟练使用电烙铁进行焊接。

2. 实训设备与器材准备

1）电烙铁与锉刀　各 1 个。

2）焊锡丝与松香　若干。

3）焊接 PCB　1 块。

4）有引脚的电阻器　若干。

5）镀银线（或漆包线）　若干。

3. 实训步骤与报告

☞（1）烙铁头的选择

焊点质量的好坏不但取决于焊接要领，而且与烙铁头的选择有关，因为不同的烙铁头适用于不同的场合。烙铁头的形状与适用范围如表 3-2 所示。

☞（2）烙铁头的处理与镀锡

1）对新烙铁头的处理与上锡方法如下：

① 锉斜面。利用锉刀将烙铁头的斜面锉出铜的颜色，斜面角度应在 30°～45° 之间。

【注】只能锉烙铁头的斜面，而不能锉烙铁头的周围。

② 通电加热。当电烙铁通电加热的同时，将烙铁头的斜面接触松香。

③ 涂助焊剂。随着电烙铁的温度逐渐升高，熔化的松香便涂在烙铁头的斜面。

表 3-2　烙铁头的形状与适用范围

形　状	名　称	适用范围
	圆斜面式	适用于在单面板上焊接不太拥挤的焊点
	凿式	适用于一般电气维修中的焊接
	尖锥式	适用于焊点密度高、焊点小和怕热元器件的焊接
	圆锥式	适用于焊点密度高，焊点小和怕热元器件的焊接
	斜面复合式	适用于大多数情况下的焊接

④ 上焊料。等温度尚未增加到熔化焊料的时候，迅速将焊锡丝接触烙铁头的斜面，待一定时间后，焊锡丝被熔化，则在斜面已涂满焊料。

⑤ 继续加热。再继续加热，以使焊料扩散到烙铁头内部。

⑥ 对电烙铁的烙铁头处理与上锡完毕。

2）对于周围均已布满焊料的烙铁头，如果不加以处理，就必将带来不合格焊点，其处理与上锡方法如下：

① 断电冷却。拔下电源插头，让烙铁头冷却。

② 锉斜面与周围。用锉刀将烙铁头斜面及周围有焊锡的地方锉出铜的颜色。

③ 通电加热。将电烙铁通电加热，使整个烙铁头全部氧化，即变成黑色。

④ 断电冷却。拔下电源插头，让烙铁头冷却。

⑤ 完成上述 1）"对新烙铁头的处理与上锡"的步骤。

☞ (3) 焊锡量的掌握训练

对一个合格的焊点，使焊锡量适中，这与焊接时间有很大关系。为了把握准确焊点的焊锡量，可采取如下方法进行训练：

1）准备一个木制松香盒、一些去头的小圆钉和若干镀银线（或漆包线）。

2）在松香盒四周将小圆钉钉入少许，将镀银线镀上焊锡。

3）将镀银线缠绕在小圆钉上，构成交叉的" + "字网。

4）在交叉的" + "字网处进行焊接练习。

【注】在进行此方法训练时，要认真把握好焊接量的多少与焊接时间。

5）在每个交叉点都焊满之后，取下镀银线，清理多余焊锡量，再编织，再焊接。焊锡量的掌握训练示意图如图 3-16 所示。

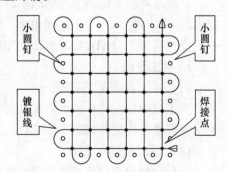

小圆钉　　小圆钉　　镀银线　　焊接点

图 3-16　焊锡量的掌握训练示意图

☞ (4) PCB 焊点成形训练

对一个合格的焊点，焊锡量适中是一个方面，而另一方面还要求有良好的形状，这与烙铁撤离方向有很大关系。为了获得良好的焊点形状，可采取如下方法进行训练：

1）准备一块有焊盘的 PCB 和若干有引脚的电阻器。

2）将电阻器的引脚插入焊盘中，居中放置。

3）进行焊接。

4）焊接完毕后，进行拆焊操作。

5）清洁焊盘，重新练习。

☞（5）手工拆焊训练

1）一手拿镊子，一手拿电烙铁。

2）电烙铁加热拆卸焊点，镊子夹住元器件引脚往外拉。

3）用电烙铁带走焊点上多余的焊锡。

4）清洁焊盘。

【注】手工拆焊动作要迅速，以防止损坏元器件与 PCB 焊盘。

☞（6）PCB 手工焊接评价报告

材 料 准 备	1 块 PCB、15 只有引脚的电阻器
焊 接 时 间	20min
焊 点 总 数	30 个
焊 接 总 分	30 分
不合格焊点原因	1. 焊锡量方面；　2. 焊点成形方面；　3. 焊点基本要求方面
焊接评分要求	合格一个焊点得 1 分，不合格者不得分
合格焊点数目	

3.4　浸焊和波峰焊

随着电子技术的发展，手工焊接在提高焊接效率和高可靠性方面已不能满足要求。目前，在工业中广泛采用浸焊和波峰焊两种焊接技术。

3.4.1　浸焊

浸焊是将插装好元器件的印制电路板在熔化的锡槽内浸锡后一次完成印制电路板众多焊接点的焊接方法。与手工焊接相比，它不仅大大提高了生产效率，而且可消除漏焊现象。

浸焊有手工浸焊和机器自动浸焊两种形式。

1. 手工浸焊

（1）手工浸焊工艺流程

手工浸焊是由操作者手持夹具将需焊接的已插装好元器件的 PCB 浸入锡槽内来完成的。手工浸焊工艺流程图如图 3-17 所示。

（2）手工浸焊示意图

一种由操作者调整夹持装置而改变浸入角度的手工夹持式浸焊示意图如图 3-18 所示。

2. 自动浸焊

（1）工艺流程

将插装好元器件的印制电路板用专用夹具安置在传送带上。印制电路板先经过泡沫助焊剂槽喷上助焊剂，用加热器将助焊剂烘干，然后经过熔化的锡槽进行浸焊，待锡冷却凝固后再送到切

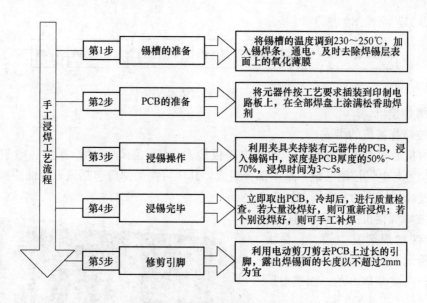

图 3-17　手工浸焊工艺流程图

头机剪去过长的引脚。自动浸焊的一般工艺流程示意图如图 3-19 所示。

（2）自动浸焊设备

1）带振动头自动浸焊设备。设备上都带有振动头，它被安装在安置印制电路板的专用夹具上。印制电路板由传动机构导入锡槽，浸锡 2～3s 后，开启振动头 2～3s 使焊锡深入焊接点内部，尤其对双面 PCB 效果更好，可振掉多余的焊锡。

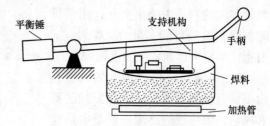

图 3-18　手工夹持式浸焊示意图

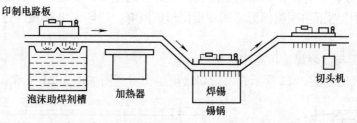

图 3-19　自动浸焊的一般工艺流程示意图

2）超声波浸焊设备。利用超声波可增强浸焊的效果，增加焊锡的渗透性，使焊接更可靠。此设备增加了超声波发生器、换能器等部分，因此比一般设备复杂。

3.4.2　波峰焊

波峰焊是目前应用最广泛的自动化焊接工艺，其焊接点的合格率可达 99.97% 以上，在现代工厂企业中它已取代了大部分的传统焊接工艺。

1. 波峰焊的工艺流程

波峰焊工艺流程与设备规模、造价高低、自动化程度有关，但基本的工艺流程是一致的。波峰焊工艺流程图如图 3-20 所示。

图 3-20 波峰焊工艺流程图

2. 波峰焊接机

（1）波峰焊接机的组成

波峰焊机通常由波峰发生器、印制电路板传输系统、助焊剂喷涂系统、印制电路板预热、冷却装置与电气控制系统等基本部分组成。其他可添加部分包括风刀、油搅拌和惰性气体氮等。波峰焊接机的实物图如图 3-21 所示。

（2）波峰焊接机主要部分的功能

1）泡沫助焊剂发生槽。它是由塑料或不锈钢制成的槽缸，内盛有助焊剂。用于向被焊 PCB 的一面喷射助焊剂。

2）气刀。它是由不锈钢管或塑料管制成的，从中喷出空气，用于排除被焊 PCB 一面的多余的助焊剂，同时也使得整个焊面皆喷涂上助焊剂。

3）热风器与预热板。热风器是由不锈钢板制成的箱体，内安加热器和风扇；预热板的热源一般是电热丝或红外石英管。它们的作用是一方面

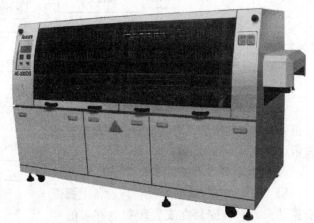

图 3-21 波峰焊接机的实物图

将助焊剂加热成糊状，另一方面也加热 PCB，逐步缩小与锡槽焊料的温差。

4）波峰焊锡槽。它是完成印制电路板波峰焊接的主要设备之一。熔化的焊锡在机械泵（或电磁泵）的作用下由喷嘴源源不断喷出而形成波峰，当印制电路板经过波峰时即达到焊接的目的。

（3）波峰焊与波峰焊接机工作示意图

波峰焊示意图如图 3-22 所示，波峰焊接机工作示意图如图 3-23 所示。

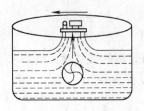

图 3-22 波峰焊示意图

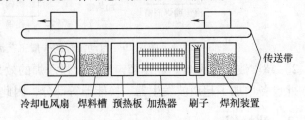

冷却电风扇 焊料槽 预热板 加热器 刷子 焊剂装置

图 3-23 波峰焊接机工作示意图

3.4.3 任务14——PCB 手工浸焊

1. 实训目的

1）能识别波峰焊接机主要组成部分及其功能。

102

2）能描述手工浸焊、波峰焊的工艺流程。

3）会熟练操作导线端头、元器件和漆包线的浸焊。

4）会熟练操作 PCB 手工浸焊。

2. 实训设备与器材准备

1）浸锡锅　1 台。

2）焊锡条与松香水　若干。

3）刷子　1 把。

4）元器件与 PCB　若干。

5）镀银线（或漆包线）　若干。

3. 实训主要设备简介

PS-2000 型电路板浸焊机是手工浸焊操作的常用设备，其实物图如图 3-24 所示。

PS-2000 型电路板浸焊机的使用：打开电源开关→调节温度旋钮→指示于 300℃ 左右→向锡槽内加入适量的锡焊条→待锡焊条熔化→用钳子夹住电路板进行浸焊操作。

图 3-24　PS-2000 型电路板浸焊机实物图

4. 实训步骤与报告

☞（1）导线端头的浸焊操作

1）将锡锅通电使锅中焊料熔化。

2）将捻好头的导线蘸上助焊剂。

3）将导线垂直插入锡锅中，并且使浸渍层与绝缘层之间留有 1～2mm 的间隙，待润湿后取出。

4）浸锡时间为 1～3s。导线端头浸焊示意图如图 3-25 所示。

☞（2）元器件的浸焊操作

1）将元器件引脚上的氧化膜去除（可用刀片刮除）。

2）将元器件引脚涂上松香水。

3）将元器件的引脚插入锡锅中 1～3s。

4）取出元器件，浸焊完毕。元器件浸焊示意图如图 3-26 所示。

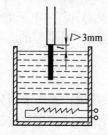

图 3-25　导线端头浸焊示意图

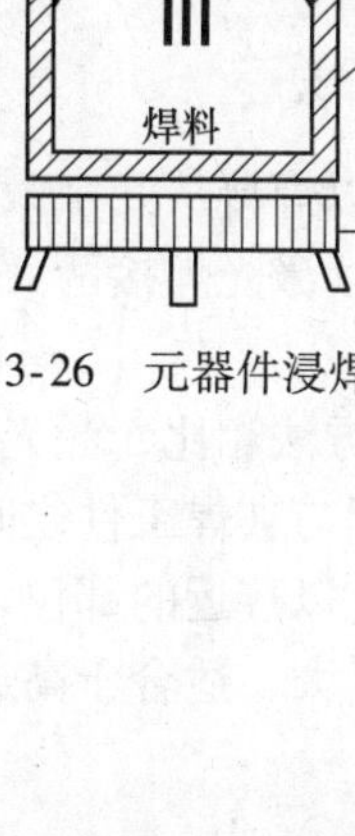

图 3-26　元器件浸焊示意图

☞（3）漆包线的浸焊操作

1）将漆包线端头的绝缘漆刮除。

2）将漆包线端头涂上松香水。

3）将漆包线端头插入锡锅中 1~3s。

4）取出漆包线，浸焊完毕。

☞（4）PCB 的浸焊操作

1）将元器件插入 PCB 中，浸渍松香助焊剂。

2）用夹具夹住 PCB 的边缘，以与锡锅内的焊锡液成 30°~45°的倾角进入焊锡液。

3）在 PCB 完全进入锡锅中后，应与锡液保持平行，浸入深度以 PCB 厚度的 50%~70% 为宜，浸锡的时间约为 3~5s。

4）浸焊完成后，仍按原浸入角度缓慢取出。

5）冷却并检查焊接质量。PCB 的浸焊示意图如图 3-27 所示。

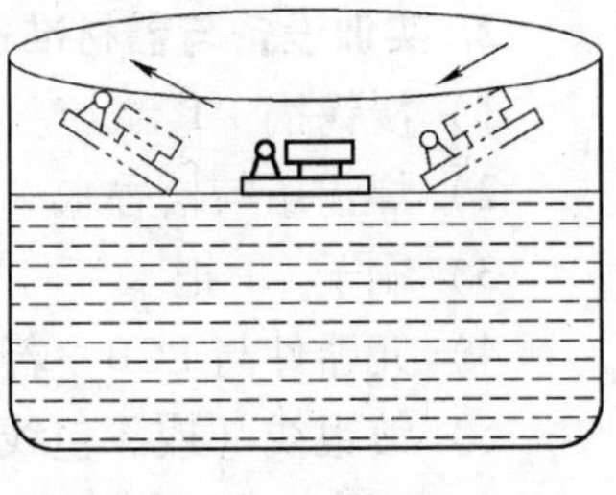

图 3-27　PCB 的浸焊示意图

☞（5）PCB 手工浸焊评价报告

材 料 准 备		1 块 PCB、15 只有引脚的电阻器	
浸 焊 时 间		3~5s	
焊 点 总 数		30 个	
浸 焊 总 分		30 分	
不合格焊点原因	1. 焊锡量方面；	2. 焊点成形方面；	3. 焊点基本要求方面
浸焊评分要求		合格一个焊点得 1 分，不合格者不得分	
PCB 及元器件		完好程度方面	
合格焊点数目			

5. 浸焊操作注意事项

1）为防止焊锡槽的高温损坏不耐高温及半开放性的元器件，必须事前用耐高温胶带贴封这些元器件。

2）对未安装元器件的安装孔也需贴上胶带，以避免焊锡填入孔中。

3）操作者必须戴上防护眼镜、手套，穿上围裙。所有液态物体要远离锡槽，以免倒翻在锡槽内引起锡"爆炸"及焊锡喷溅。

4）高温焊锡表面极易氧化，必须经常清理，以免造成焊接缺陷。

3.5　新型焊接

随着现代电子工业的不断发展，传统的焊接技术不断被改进和完善，新的、高效率的焊接技术也不断地涌现出来。例如，超声波焊、热超声金丝球焊、机械热脉冲焊、电子束焊以及激光焊等便是近几年发展起来的新型焊接技术。下面对这几种典型的焊接技术作简单的说明。

3.5.1　激光焊接

激光焊接可以焊接从几个微米到 50mm 的工件。激光焊接按运转方式来划分，可分为脉冲激光焊接和连续激光焊接两大类型，每类激光焊接类型又可分为传热熔化焊接和深穿入焊接两种方法。

与其他焊接方法相比，激光焊接具有以下一些优点：

1）焊接装置与被焊工件之间无机械接触，对于真空仪器元器件的焊接极为重要。

2）可焊接难以接近的部位，故具有很大的灵活性。

3）能量密度大，适合于高速加工，且热变形和热影响极小。

4）可对带绝缘的导体直接焊接。

5）可对异种金属进行焊接。

3.5.2　电子束焊接

电子束焊接也是近几年来发展的新颖、高能量密度的熔焊工艺。它是利用定向高速运行的电子束，在撞击工件后将部分动能转化为热能，从而使被焊工件表面熔化，达到焊接的目的。

电子束焊接根据被焊工件所处真空度的差异可划分为高真空电子束焊接、低真空电子束焊接、非真空电子束焊接。根据电子束焊接的加速电压的高低又可划分为高压电子束焊接、低压电子束焊接及中压电子束焊接。

电子束焊接机包括电子枪、高压电源、工作台及传动装置、真空室及抽气系统以及电气控制系统等几个部分。其焊接特点如下：

1）加热功率密度大。

2）焊缝深宽比大。

3）熔池周围气氛纯度高。

4）规范参数调节范围广，适应性强。

3.5.3　超声焊接

超声焊接也是熔焊工艺的一种。它适用于塑性较小的零件的焊接，特别是能够实现金属与塑料的焊接。其焊接工艺特点是，被焊零件之一需要与超声头相接，而且焊接是在超声波作用下完成的。

超声焊接的实质是超声振荡变换成焊件之间的机械振荡，从而在焊件之间产生交变的摩擦力，这一摩擦力在被焊零件的接触处可引起一种导致塑性变形的切向应力。随着变形而来的是，接触面之间的温度升高和原子间结合力的激励及接触面间的相互晶化，从而达到焊接的目的。

3.6　习题

1. 常用焊料的形状有哪些？手工焊接时常用哪种形状的焊料？
2. 常用助焊剂的种类有哪些？电子产品焊装中常用哪些助焊剂？
3. 电烙铁有哪些常见种类？它们有何特点？
4. 如何对电烙铁进行测试与维修？
5. 怎样对接线板进行测试与维修？
6. 焊接工艺的基本条件是什么？
7. 焊接工艺过程有哪些？
8. 手工焊接有哪些步骤？
9. 手工焊接应掌握哪些要领？
10. 合格焊点有哪些基本要求？
11. 怎样对电烙铁的烙铁头进行处理与镀锡？
12. 手工拆焊操作要点是什么？
13. 试画出自动浸焊的工艺流程。
14. 试画出波峰焊工艺流程。

第4章 导线加工与焊接

本章要点

● 能描述常用导线和绝缘材料的特点、参数及用途
● 能描述各类导线、线缆的加工工艺过程
● 能描述各类导线的焊接种类与形式
● 会熟练加工与焊接各类导线
● 会熟练加工线扎的成形
● 能领会导线与各类焊件的焊接技能

4.1 常用材料

在电子产品的装配中既要用到各种元器件，又要用到各种导线与绝缘材料。下面对这两类材料的作用、种类、特性、结构及用途等作简要介绍。

4.1.1 常用导线

导线是由导体（芯线）和绝缘体（外皮）组成。导体材料主要是铜线或铝线，电子产品要用到的导线几乎都是铜线。绝缘表皮起到电气绝缘、耐受一定电压、增强导线机械强度、保护导线不受外界环境腐蚀的作用。

1. 常用导线实物

常用导线实物图如图4-1所示。

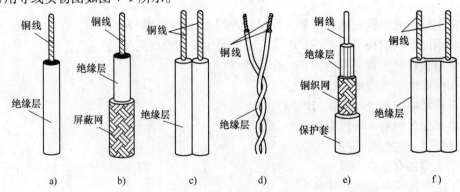

图4-1 常用导线实物图

a）绝缘导线 b）屏蔽线 c）平行线 d）双绞线 e）同轴射频电缆 f）馈电线

2. 常用导线用途

（1）绝缘导线

具有绝缘包层的导线称为绝缘导线。按芯线材料的不同分为铜芯和铝芯两种；按线芯股

数分为单股和多股两类；按结构分为单芯、双芯、多芯等；按绝缘材料分为橡皮绝缘导线和塑料绝缘导线两类。主要用于交流、直流、大小信号的传输，起电路连接作用。

（2）屏蔽线

有屏蔽层的导线称为屏蔽线。它具有静电屏蔽、电磁屏蔽和磁屏蔽的效果。屏蔽线有单心、双心和多心的数种，一般用在工作频率为 1MHz 以下的场合。

（3）电磁线

电磁线是具有绝缘层的导电金属线，用来绕制电工、电子产品的线圈或绕组。其作用是实现电能和磁能转换。电磁线包括通常所说的漆包线和高频漆包线。常用电磁线的型号、特点及用途如表 4-1 所示。

表 4-1 常用电磁线的型号、特点及用途表

型 号	名 称	线径规格 ϕ/mm	主要特点	用 途
QQ	高强度聚乙烯醇缩醛漆包圆铜线	0.06 ~ 2.44	机械强度高 电气性能好	用于电动机、变压器绕组
QZ	高强度聚酯漆包圆铜线	0.06 ~ 2.44	耐热温度高 抗溶剂性能好	用于耐热要求 130（B）级的电动机、变压器绕组
QSR	单 丝 漆包圆铜线	0.05 ~ 2.10	工作温度范围达 −60 ~ 125℃	用于小型电动机电器和仪表绕组
QZB	高强度聚酯漆包扁铜线	(2.00 ~ 10.00) × (0.2 ~ 2.83)	绕线槽满率高	用于大型绕组线圈
QJST	单丝包绞合漆包高频电磁线	0.05 ~ 0.20	高频性能好	用于高频线圈变压器的绕组

（4）电源软导线

从电源插座到机器之间的导线，由于常露在外面，而且经常需要插、拔、移动，所以选用时不仅要符合安全标准，还要考虑到在恶劣条件下能够正常使用。

（5）同轴电缆与馈线

在高频电路中，当电路两侧的特性阻抗不匹配时，就会发生信号反射。为防止这种影响，设计出与频率无关的、具有一定特性阻抗的导线，这就是同轴电缆和馈线。选择时，一定要使电缆（或馈线）的特性阻抗符合电路的要求。

（6）高压电缆

采用绝缘耐压性能好的聚乙烯或阻燃性聚乙烯作为绝缘层，而且耐压越高，绝缘层就越厚。绝缘层厚度与耐压的关系如表 4-2 所示。

表 4-2 绝缘层厚度与耐压的关系表

耐压/kV	6	10	20	30	40
绝缘层厚度/mm	0.7	1.2	1.7	2.1	2.5

3. 常用导线的主要参数

（1）最高耐压和绝缘性能

随着所加电压的升高，导线绝缘层的绝缘电阻将会下降；如果电压过高，就会导致放电击穿。电线的工作电压应该大约为标志电压的 1/5 ~ 1/3。

（2）安全电流量

导线的电流量与导线截面、材料、型号、敷设方法以及环境温度等有关，影响的因素较多，计算也较复杂。安全电流量是铜心导线在环境温度为25℃、载流芯温度为70℃的条件下架空敷设的电流量。

根据国标 GB4706.1 – 2005 规定可查常用部分导线的负载电流量。比如，2.5mm² 铜心导线允许长期电流是（16 ~ 25）A，4mm² 铜心导线允许长期电流是（25 ~ 32）A，6mm² 铜心导线允许长期电流是（32 ~ 40）A。不同截面积和线径允许通过的电流量如表4-3 所示。

表4-3　不同截面积和线径允许通过的电流量

截面积/mm²	0.10	0.24	0.58	0.92	2.06	3.30	4.34	6.38	8.04	9.62	13.2	21.2
线径/mm	0.35	0.55	0.86	1.08	1.62	2.05	2.35	2.85	3.20	3.50	4.10	5.20
电流值/A	0.38	0.95	2.32	3.66	8.24	13.2	17.4	25.6	32.2	38.4	52.8	84.9

4.1.2　常用绝缘材料

绝缘材料在直流电压的作用下，只允许极微小的电流通过。绝缘材料的电阻率（电阻系数）一般为 $10^9 \sim 10^{22} \Omega \cdot m$，这在电子工业中的应用相当普遍。绝缘材料品种很多，要根据不同要求及使用条件合理选用。

1. 常用绝缘材料特性及用途

常用绝缘材料特性及用途如表4-4 所示。

表4-4　常用绝缘材料特性及用途

名称及标准号	牌　号	特性与用途
厚片云母	3#、4#	厚片云母为工业原料云母，是电容器介质薄片和电动机绝缘片及大功率管与散热器间绝缘用薄片的原料
黄漆管 JB883-66	2710	有一定的弹性。适用于电动机、电气仪表、无线电器件和其他电器装置的导线连接时的保护和绝缘
电绝缘纸板 QB342-63	DK-100/00	具有较高的强度，适用于电动机、仪表、电气开关上用做槽缝、卷线、部件、垫片、保护层
电容器纸 QB603-72	DR-Ⅱ	在电子设备中用做变压器的层绝缘

2. 常用绝缘材料的主要参数

（1）耐电压强度

即指每毫米厚度的材料所能承受的电压，它同材料的种类及厚度有关。对一般电子生产中常用的材料来说，抗电压强度比较容易满足要求。

（2）机械强度

即指每平方厘米所能承受的拉力。对于不同用途的绝缘材料，机械强度的要求不同。例如，绝缘套管要求柔软，结构绝缘板则要求有一定的强度并且容易加工。同种材料因填加料不同，强度也有较大差异，选择时应该注意。

（3）耐热等级

即指绝缘材料允许的最高工作温度，它完全取决于材料的成分。按照一般标准，耐热等级可分为7级。绝缘材料的耐热等级如表4-5 所示。

表 4-5　绝缘材料的耐热等级表

级别代号	最高温度/℃	主要绝缘材料
Y	90	未浸渍的棉纱、丝、纸等制品
A	105	上述材料经浸渍
E	120	有机薄膜、有机瓷漆
B	130	用树脂粘合或浸渍的云母、玻璃纤维、石棉
F	155	用相应树脂粘合或浸渍的无机材料
H	180	耐热有机硅、树脂、漆或其他浸渍的无机物
C	>200	硅塑料、聚氟乙烯、聚酰亚胺及与玻璃、云母、陶瓷等材料的组合

4.2　导线加工工艺

在电子产品中会用到各式各样的导线，导线不同其加工工艺也不相同。下面对电子产品装配过程中常用到的导线加工工艺进行具体介绍。

4.2.1　绝缘导线的加工工艺

绝缘导线加工过程一般可分为裁剪、剥头、捻头、浸锡、清洁和标记等多道工序。绝缘导线加工工艺流程如图 4-2 所示。

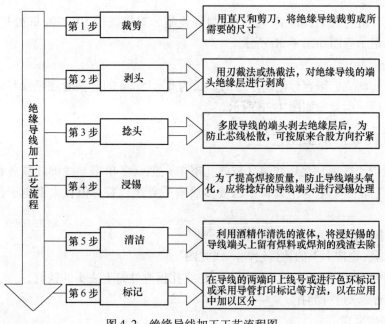

图 4-2　绝缘导线加工工艺流程图

1. 对于第 2 步"剥头"的说明

有刃截法和热截法两种剥头方法。

（1）刃截法

即使用电工刀或剪刀或剥线钳等剥头设备对导线端头绝缘层进行剥离的方法。其特点是简单，但容易损伤导线。另外，使用剥线钳剥头时，被剥芯线与最大允许损伤股数的关系如表 4-6 所示。

表4-6　被剥芯线与最大允许损伤股数的关系表

芯线股数	允许损伤的芯线股数	芯线股数	允许损伤的芯线股数
< 7	0	26 ~ 36	4
7 ~ 15	1	37 ~ 40	5
16 ~ 18	2	> 40	6
19 ~ 25	3		

（2）热截法

即用热剥皮器（或使用将烙铁头加工成宽凿形的电烙铁）对导线端头进行剥离的方法。其优点是剥头好，不会损伤导线。

2. 对于第6步"标记"的说明

有导线端印字标记、导线端色环标记和导线端子筒标记方法。

在导线端头作标记的目的是在对电子产品进行安装、焊接、检修和维修时方便。简单的电子产品因使用导线少，可以不打印标记，但复杂的电子装置中因使用众多导线，则一定要作标记。

（1）导线端印字标记

在导线离绝缘端8 ~ 15mm 位置处，打印字号作标记。导线端印字标记示意图如图4-3a所示。

（2）导线端色环标记

使用染色环机、眉笔、台架和颜色染料等设施，对导线端10 ~ 20mm 处进行色环染制。导线端色环标记示意图如图4-3b 所示。

（3）端子筒标记

将用塑料管制成、印有标记及序号的、长为8 ~ 15mm 的套筒套在绝缘导线的端头上作标记。端子筒标记示意图如图4-3c 所示。

4.2.2　线扎的成形加工工艺

线扎（线把或线束）是用线绳（或线扎搭扣）把众多单根导线绑扎成各种不同形状的导线组。目前它在中小型电子设备中已被多股扁平导线代替，但在大型电子设备中却广泛应用。

1. 线扎制作方法

1）先根据实物按1∶1的比例绘制"线扎图"。

2）然后将"线扎图"平铺在木板上，在线扎拐弯处钉上去头的铁钉。

3）最后按要求进行绑扎。

2. 线扎制作要求

1）线扎拐弯处的半径应比线束直径应大两倍以上，导线的长短要合适，排列要整齐。

2）线扎分支线到焊点应有10 ~ 30mm 的余量，不要拉得过紧。

3）导线走的路径要尽量短一些，并避开电场的影响。

4）输入、输出的导线尽量不排在一个线扎内。若不可避免，则应使用屏蔽线。

5）射频电缆不排在线扎内。

6）靠近高温热源的线扎应采取隔热措施，如加石棉板、石棉绳等隔热材料。

3. 线扎绑扎方法

（1）线绳绑扎法

此方法是使用棉线、亚麻线、尼龙线及尼龙丝等线绳之一对众多导线进行绑扎的方法。线绳绑扎法示意图如图 4-4 所示。

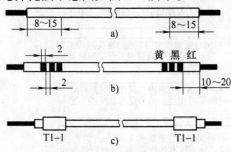

图 4-3　导线端头标记示意图
a）导线端印字标记示意图
b）导线端色环标记示意图　c）端子筒标记示意图

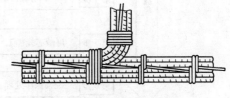

图 4-4　线绳绑扎法示意图

（2）粘合剂粘接法

此方法是使用四氢呋喃粘合剂将众多塑料导线粘接成一束平行线的方法。

（3）线扎搭扣绑扎法

此方法是使用线扎搭扣将众多塑料导线一段一段地绑扎成圆束的方法。常用线扎搭扣示意图如图 4-5 所示。

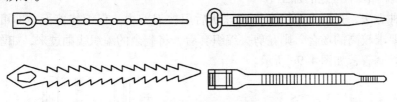

图 4-5　常用线扎搭扣示意图

（4）塑料线槽布线法

此方法是将众多塑料导线直接布置在机壳内部线槽中的方法。塑料线槽布线示意图如图 4-6 所示。

（5）塑料胶带绑扎法

此方法是采用聚氯乙烯胶带直接对众多塑料导线进行绑扎的方法。

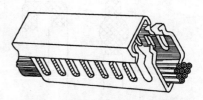

图 4-6　塑料线槽布线示意图

总之，对线扎的处理还有许多方法，但都有利有弊。线绳绑扎法是比较经济，但在大批量生产时工作量也大；粘合剂粘接法只能用于少量线束，比较经济，但换线不方便，而且在施工中还要注意防护；线扎搭扣绑扎法比较省事，更换导线也方便，但搭扣只能使用一次。

4.2.3　屏蔽导线的加工工艺

屏蔽导线是一种在绝缘导线外面套上一层铜编织套的特殊导线，屏蔽导线加工工艺流程如图 4-7 所示。

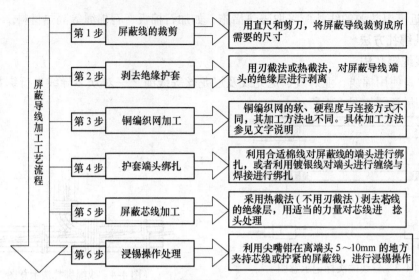

图 4-7　屏蔽导线加工工艺流程图

1. 对于第 3 步 "铜编织网加工" 的说明

（1）对于细软铜编织网的加工

首先向下推编织线，使之成为图 4-8a 所示的形状；然后用针或镊子在铜编织套上拨开一个孔，弯曲屏蔽层，从孔中取出芯线，如图 4-8b 所示；最后将铜屏蔽编织网的端部拧紧。细软铜编织网的加工示意图如图 4-8 所示。

（2）铜编织网不接地的加工

采用这种方法，只要将编织套推成球状后用剪刀剪去，仔细修剪干净即可，如图 4-9a 所示。若是要求较高的场合，则在剪去编织套后，将剩余的编织线翻过来，如图 4-9b 所示，再套上收缩性套管，如图 4-9c 所示。

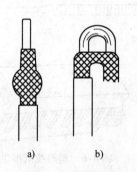

a)　　　　　b)

图 4-8　细软铜编织网
的加工示意图

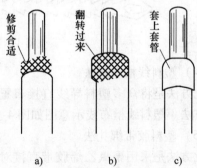

a)　　　　b)　　　　c)

图 4-9　铜编织网不接地的加工示意图

2. 对于第 4 步 "护套端头绑扎" 的说明

（1）对于棉织线外套电缆端头的绑扎

利用长约 15 ~ 20cm 的蜡克棉线，在端头进行拉紧绑线后，涂上清漆。棉织线外套电缆端头的绑扎示意图如图 4-10 所示。

（2）对于防波套外套电缆端头的绑扎

在防波套与绝缘芯线之间垫 2 ~ 3 层黄蜡绸，再用 φ0.5 ~ 0.8mm 镀银线密绕 6 ~ 10 圈，并用烙铁焊接（环绕焊接）。防波套外套电缆端头的绑扎示意图如图 4-11 所示。

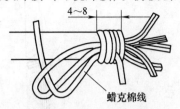

图 4-10　棉织线外套电缆
端头的绑扎示意图

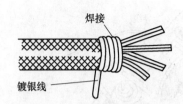

图 4-11　防波套外套电缆
端头的绑扎示意图

4.2.4　任务 15——导线加工

1. 实训目的

1）能描述绝缘导线、屏蔽线和线扎的加工工艺流程。
2）会熟练使用剥线钳、热控剥皮器和电工刀等工具。
3）会熟练加工绝缘导线、屏蔽线、线扎和扁平线缆。

2. 实训设备与器材准备

1）电烙铁　1 把。
2）剪刀（或电工刀）　1 把。
3）尖嘴钳（或斜口钳）　1 把。
4）剥线钳　1 把。
5）热控剥皮器　1 个。
6）各类导线及附件　若干。

3. 实训主要设备简介

（1）剥线钳

剥线钳是用来对导线的绝缘端头进行处理的工具之一，其实物图如图 4-12 所示。

适用于 $\phi 0.5 \sim \phi 2.0$mm 的橡胶、塑料为绝缘层的导线、绞合线和屏蔽线。有特殊刃口的也可用于聚四氟乙烯为绝缘层的导线。

剥线时，将规定剥头长度的导线插入刃口内，压紧剥线钳，刀刃切入绝缘层内，随后夹爪抓住导线，拉出剥下的绝缘层。

（2）热控剥皮器

热控剥皮器也是用来对导线的绝缘端头进行处理的工具之一，其实物图如图 4-13 所示。

使用时，首先通电预热 10min，待热阻丝呈暗红色时，将需剥头的导线按剥头所需长度放在两个电极之间，边加热边转动导线，在四周绝缘层切断后，用手边转动边向外拉，即可剥出无损伤的端头。

（3）电工刀

电工刀是剥线头最常用的工具，在使用中要掌握好力度。其实物图如图 4-14 所示。

4. 实训步骤与报告

☞（1）绝缘导线的加工方法与步骤

1）将导线拉伸，用直尺和剪刀，将导线裁剪成所需尺寸。

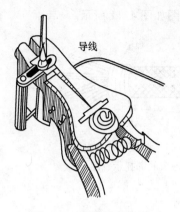

图 4-12　剥线钳实物图

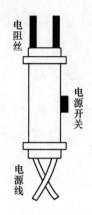

图 4-13　热控剥皮器实物图

图 4-14　电工刀实物图

2）利用剪刀或电工刀先在规定长度的剥头处切割一个圆形线口；然后切深；接着在切口处多次弯曲导线，靠弯曲时的张力撕破残余的绝缘层；最后轻轻地拉下绝缘层。用电工刀或剪刀剥头示意图如图 4-15 所示。

【注】当切割一个圆形线口时，用力要适当，不能损伤芯线。

3）将剥出的多股芯线按原来的合股方向，一般以 30°~45° 的螺旋角拧紧。导线捻头角度示意图如图 4-16 所示。

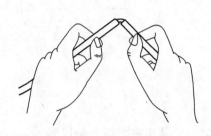

图 4-15　用电工刀或剪刀剥头示意图

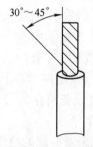

图 4-16　导线捻头角度示意图

4）在烙铁上蘸满焊料，将导线端头放在一块松香上，烙铁头压在导线端头，左手边慢慢地转动边往后拉，给芯线上锡。

5）利用清洗液（可以是酒精）对浸（搪）好锡的导线端头上的焊料或焊剂的残渣进行清洁处理。

6）对导线作标记处理。

👉（2）线绳绑扎法的加工方法与步骤

1）准备一定长度的棉线（或亚麻线或尼龙线或尼龙丝）。

2）将棉线放在温度不高的石蜡中浸一下，以增加绑扎线的涩性，使线扣不易松脱。

3）线扎的起始线扣的结法是：先绕一圈，拉紧，再绕第二圈，第二圈与第一圈靠紧。其具体操作示意图如图 4-17a 所示。

4）绕一圈后结扣的方法如图 4-17b 所示。

5）绕第二圈后结扣方法如图 4-17c 所示。

6）线扎的终端线扣的绕法是：先绕一个中间线扣，再绕一圈固定扣。具体操作如

图 4-17d 所示。

7）起始线扣与终端线扣绑扎完毕应涂上清漆，以防止松脱。

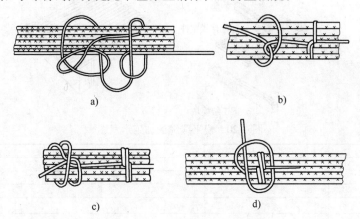

a)   b)

c)   d)

图 4-17   线绳绑扎法具体操作示意图

☞（3）屏蔽导线的加工方法与步骤

1）用直尺和剪刀（或斜口钳），将屏蔽导线裁剪成所需尺寸。

2）用热控剥皮器烫一圈，深度直达铜编织层，再顺着断裂圈到端口烫一条槽，深度也要达到铜编织层，最后用尖嘴钳或医用镊子夹持外护套，撕下外绝缘护套。用热剥法去除绝缘套示意图如图 4-18 所示。

图 4-18   用热剥法去除绝缘套示意图

3）铜编织网的处理因与铜编织网粗细、软硬不同而有所不同，具体方法与步骤详见"屏蔽导线的加工工艺"中的介绍。

4）用棉线或镀银线对屏蔽线的护套端头进行绑扎。具体方法与步骤详见"屏蔽导线的加工工艺"中的介绍。

5）用热剥法将屏蔽线上的绝缘层剥去，对芯线进行捻头处理。

【注】捻头时用力要适当，因为芯线较细，所以要防止拧断芯线。

6）对屏蔽线进行浸锡处理。但在对屏蔽网浸锡处理时，应用尖嘴钳夹持离端头 5~10mm 的地方，以防止焊锡透渗距离过长而形成硬结。屏蔽端头浸锡处理示意图如图 4-19 所示。

图 4-19   屏蔽端头浸锡处理示意图

☞（4）扁平线缆的加工方法与步骤

1）先将被连接的扁平线缆和接插件置于穿刺机上、下工装模块之中。

2）再将芯线的中心对准插座每个簧片中心缺口。

3）然后将上模压下进行穿刺操作。

4）插座的簧片穿过绝缘层，在下工装模的凹槽作用下将芯线夹紧。扁平线缆的加工示意图如图 4-20 所示。

☞（5）各类导线加工实训报告

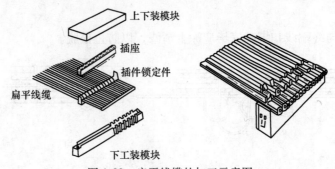

图 4-20 扁平线缆的加工示意图

实训项目	实训器材	实训步骤		
1.		(1)	(2)	(3)
2.		(1)	(2)	(3)
心得体会				
教师评语				

4.3 导线焊接工艺

　　导线焊接在电子产品装配中占有重要位置，对于出现故障的电子产品，导线焊点的失效率高于印制电路板，因此有必要对导线的焊接工艺给予重视。

4.3.1 导线焊前处理

1. 去绝缘层

1）用普通工具或专用工具（大规模生产中使用）除去连接端头的绝缘层。

2）手工操作常使用斜口钳、剥线钳或简易的剥线器等工具除去连接端头的绝缘层。

2. 预焊（挂锡）

1）剥去绝缘外皮的导线端部需进行预焊，预焊导线的最大长度应小于裸线的长度。

2）将烙铁头工作面放在距离露出的裸导线根部一定距离处加热，以防止绝缘层在高温下绝缘性能下降。

3）导线端头预焊时要边上锡边旋转，旋转方向应与拧合方向一致。

4.3.2 导线焊接种类

1. 绕焊

　　绕焊也称为网焊，它是把经过镀锡的导线端头在接线端子上缠一圈，用钳子拉紧缠牢后进行焊接的一种方式。

　　绕接较复杂，但连接可靠性高。绕接时，应注意导线一定要紧贴端子表面，绝缘层不接触端子。绕焊中的绕接示意图如图 4-21 所示。

2. 钩焊

　　钩焊是将导线端子弯成钩形，钩在接线端子上并用钳子夹紧后进行焊接的一种方式。

　　钩焊强度低于绕焊，但操作简便，端头的处理与绕焊相同，其中的 $L = 1 \sim 3\text{mm}$。钩焊示意图如图 4-22 所示。

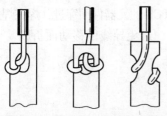

图 4-21　绕焊中的绕接示意图

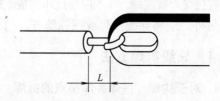

图 4-22　钩焊示意图

3. 搭焊

搭焊是将经过镀锡的导线搭在接线端子上进行焊接的一种导线焊接方式。

搭焊最简便，但强度和可靠性也最差，仅用于临时连接或不便于绕焊和钩焊的地方以及某些接插件上，其中的 $L = 1 \sim 3\text{mm}$。搭焊示意图如图 4-23 所示。

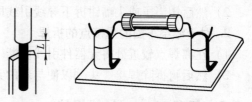

图 4-23　搭焊示意图

4.3.3　导线焊接形式

1. 导线 – 接线端子的焊接

导线与接线端子的连接通常采用压接钳压接，但对某些无法用压接连接的场合可采用绕焊、钩焊和搭焊等焊接方式。

2. 导线 – 导线的焊接

导线之间的焊接以绕焊为主。

对于粗细不等的两根导线，应将较细的缠绕在粗的导线上；对于粗细差不多的两根导线，应一起绞合。导线 – 导线的焊接示意图 1 如图 4-24 所示。

3. 导线 – 片状焊件的焊接

片状焊件一般都有焊线孔，往焊片上焊接导线时要先将焊片、导线镀上锡，焊片的孔不要堵死，将导线穿过焊孔并弯曲成钩形，然后再用电烙铁焊接，不应搭焊。

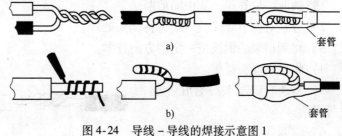

a)

b)

套管

套管

图 4-24　导线 – 导线的焊接示意图 1
a）粗细相同　b）粗细不同

4. 导线 – 杯形焊件的焊接

杯形焊件的接头多见于接线柱和接插件，一般尺寸较大，常和多股导线连接，焊前应对导线进行镀锡处理。

5. 导线 – 槽、柱、板形焊件的焊接

焊件一般没有供缠线的焊孔，可采用绕、钩、搭接等连接方法。每个触点一般仅接一根导线，焊接后都应套上合适尺寸的塑料套管。

6. 导线 – 金属板的焊接

将导线焊到金属板上，关键是往板上镀锡，要用功率较大的烙铁或增加焊接时间。

7. 导线 – PCB 的焊接

在 PCB 上焊接众多导线是常有的事。为了提高导线与板上焊点的机械强度，避免焊盘或印制

导线直接受力被拽掉，导线应通过印制板上的穿线孔，从 PCB 的元器件面穿过，焊在焊盘上。另外，应将导线排列或捆扎整齐，与板固定在一起，避免导线因移动而折断。

4.3.4 导线拆焊方法

1. 对于钩焊、搭焊等焊接点的拆焊

1）对焊点加热，熔化焊锡。

2）然后用镊子或尖嘴钳拆下导线引线即可。

2. 对于缠绕牢固的焊接点的拆焊

1）在离焊点较近处将元器件引线剪断。

2）然后再拆除焊接线头，以便与新的元器件重新焊接。

4.3.5 任务 16 ——导线焊接

1. 实训目的

1）能描述导线焊接形式与种类。

2）会熟练焊接与拆焊导线。

3）能领会导线与各种焊接件的焊接技能。

2. 实训设备与器材准备

1）电烙铁　1 把。

2）剪刀（或斜口钳）　1 把。

3）导线及各类焊接件　若干。

3. 实训步骤与报告

☞（1）导线 - 导线的焊接步骤

1）选取一根导线，从中间剪断。

2）分别对两节导线的一端进行剥头处理。

3）将剥出来的铜线按一定的方向拧紧。

4）将导线端头镀锡。

5）将两导线端头拧合在一起，进行焊接。

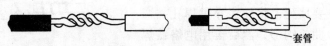

套管

6）将两导线端头连接处装上绝缘套管。导线 - 导线的焊接示意图 2 如图 4-25 所示。

图 4-25　导线 - 导线的焊接示意图 2

☞（2）导线 - 片状焊件的焊接步骤

1）将导线进行剥头、拧紧、浸锡处理。

2）将导线的端头弯成钩状。

3）对片状焊件进行去氧化层和上锡处理，留出焊孔。

4）将导线端头钩入片状焊件的焊孔内，用镊子夹住彼此连接处。

5）用电烙铁进行焊接。

6）最后在焊接处套上绝缘套管。导线 - 片状焊件的焊接示意图如图 4-26 所示。

☞（3）导线 - 杯形焊件的焊接步骤

图 4-26　导线 – 片状焊件的焊接示意图

1）将导线进行剥头、拧紧、浸锡处理。

2）将细砂纸卷成一个小筒（粗糙一面朝外），放入杯形孔内进行旋转，以去氧化物。

3）往杯形孔内滴一滴焊剂，若孔较大，则可用脱脂棉蘸焊剂在杯内均匀擦一层。

4）用烙铁将焊锡熔化，使其流满内孔。

5）利用镊子夹住导线端头。

6）将导线垂直插入到焊件底部，移开电烙铁，保持导线不动，一直到凝固。

7）完全凝固后立即套上套管。导线 – 杯形焊件的焊接示意图如图 4-27 所示。

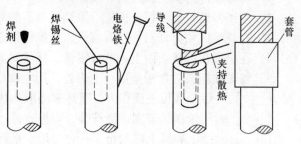

图 4-27　导线 – 杯形焊件的焊接示意图

☞（4）导线 – 槽形焊件的焊接步骤

1）将导线进行剥头、拧紧、浸锡处理。

2）用小圆锉对槽形焊件内的氧化层进行处理，然后进行清洗。

3）在槽形焊件的焊接槽内注入一些焊锡膏，在距离焊件端头 2/3 处进行预上锡。

4）将导线端头放入槽形焊件的焊接槽内，用电烙铁加热，进行焊接。

5）最后在焊接处套上绝缘套管。导线 – 槽形焊件的焊接示意图如图 4-28 所示。

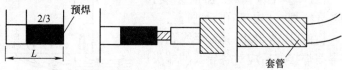

图 4-28　导线 – 槽形焊件的焊接示意图

☞（5）导线 – 柱形焊件的焊接步骤

1）将导线进行剥头、拧紧、浸锡处理。

2）用锉刀对柱形焊件周围进行除锈处理，然后进行清洗。

3）在柱形焊件周围上一些焊锡膏，然后对其进行预上锡。

4）将导线的端头缠绕在柱形焊件上。

5）用镊子夹住导线的绝缘层端口处进行焊接。

6）最后在焊接处套上绝缘套管。导线 – 柱形焊件的焊接示意图如图 4-29 所示。

☞（6）导线 – 板形焊件的焊接步骤

1）将导线进行剥头、拧紧、浸锡处理。

2）用细砂纸对板形焊件表面进行除锈处理，然后进行清洗。

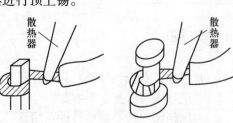

图 4-29　导线 – 柱形焊件的焊接示意图

3）在板形焊件表面上一些焊锡膏，然后对其进行预上锡。

4）将导线的端头缠绕在板形焊件的凹槽上。

5）用镊子夹住导线的绝缘层端口处进行焊接。

6）最后在焊接处套上绝缘套管。导线－板形焊件的焊接示意图如图 4-30 所示。

图 4-30　导线－板形焊件的焊接示意图

☞(7) 导线－金属板的焊接步骤

1）将导线进行剥头、拧紧、浸锡处理。

2）用细砂纸对金属板表面进行除锈处理，然后进行清洗。

3）在焊接区用力划出一些刀痕，以增加焊接面积。

4）在金属板焊接表面上一些焊锡膏，然后对其进行预上锡。

5）将导线端头放置于金属板上锡处，用电烙铁进行加热与焊接。

【注1】一般金属板表面积大，吸热多而散热快，故常使用功率大的电烙铁。

【注2】对于紫铜、黄铜、镀锌等金属板容易镀上锡。

【注3】对于不容易上锡的金属板可使用少量焊油作为助焊剂。

☞(8) 导线－PCB 的焊接步骤

1）将各导线进行剥头、拧紧、浸锡处理。

2）对各导线进行标记处理。

3）用电烙铁进行焊接操作。导线－PCB 的焊接示意图如图 4-31 所示。

【注1】若 PCB 上预留穿线孔，则各导线焊接应在穿孔后进行。

【注2】若 PCB 上无穿线孔，则各导线焊接好后应对各导线的端头进行固定处理。

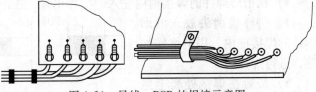

图 4-31　导线－PCB 的焊接示意图

☞(9) 导线焊接实训报告

实训项目	实训器材	实训步骤		
1.		(1)	(2)	(3)
2.		(1)	(2)	(3)
心得体会				
教师评语				

4.4　习题

1. 常用导线有哪些种类？它们分别有何特点？
2. 常用导线有哪些主要参数？
3. 常用绝缘材料有哪些特性及用途？
4. 试画出绝缘导线的加工工艺流程。
5. 对线扎的绑扎常用哪些方法？
6. 试画出屏蔽导线的加工工艺流程。
7. 导线的焊接类型有几类？
8. 导线与焊件的焊接常有哪些形式？
9. 如何对导线进行拆焊处理？

第5章 电子产品装配工艺

本章要点

- 能描述电子产品组装内容、级别、特点及其发展
- 能掌握电路板组装方式、整机组装过程
- 能描述整机连接方式与整机质检内容
- 会熟练加工与安装元器件
- 会熟练组装 HX108-2 型收音机印制电路板
- 会熟练装配 HX108-2 型收音机整机

5.1 组装基础

电子设备的组装是按照设计要求将各种电子元器件、机电元器件以及结构件,装接在规定的位置上,组成具有一定功能的完整的电子产品的过程。

5.1.1 组装内容与级别

1. 电子设备组装内容

电子设备的组装内容主要有:

1)单元电路的划分。
2)元器件的布局。
3)各种元器件、部件、结构件的安装。
4)整机装联。

2. 电子设备组装级别

在组装过程中,根据组装单位的大小、尺寸、复杂程度和特点的不同,将电子设备的组装分成不同的等级。电子设备的组装级别及其特点如表 5-1 所示。

表 5-1 电子设备的组装级别及其特点

组装级别	特　　点
第1级(元器件级)	组装级别最低,结构不可分割主要为通用电路元器件、分立元器件、集成电路等
第2级(插件级)	用于组装和互连第1级元器件例如,装有元器件的印制电路板及插件
第3级(插箱板级)	用于安装和互连第2级组装的插件或印制电路板部件
第4级(箱柜级)	通过电缆及连接器互连第2、3级组装构成独立的有一定功能的设备

【注1】在不同的等级上进行组装时,构件的含义会改变。例如,当组装印制电路板时,电阻器、电容器、晶体管等元器件是组装构件,而当组装设备的底板时,印制电路板则为组装构件。

【注2】对于某个具体的电子设备,不一定各组装级都具备,要根据具体情况来考虑应用到哪一级。

5.1.2　组装特点与方法

1. 组装特点

电子产品属于技术密集型产品,组装电子产品的工作有如下主要特点。

1) 组装工作是由多种基本技术构成的。如元器件的筛选与引线成型技术、线材加工处理技术、焊接技术、安装技术、质量检验技术等。

2) 在很多情况下,装配质量是难以定量分析的。如对于刻度盘、旋钮等的装配质量,多以手感来鉴定及目测来判断。因此,掌握正确的安装操作方法是十分必要的。

3) 装配者需进行训练和挑选。否则会因知识缺乏和技术水平不高而可能生产出次品,而一旦混进次品,就不可能百分之百地被检查出来。

2. 组装方法

电子设备的组装不但要按一定的方案去进行,而且在组装过程中也可供采用不同的方法,具体表现如下。

(1) 功能法

即将电子设备的一部分放在一个完整的结构部件内,去完成某种功能的方法。此方法广泛用在采用电真空器件的设备上,也适用于以分立元器件为主的产品或终端功能部件上。

(2) 组件法

即制造出一些在外形尺寸和安装尺寸上都统一的部件的方法。这种方法广泛用于统一电气安装工作中,且可大大提高安装密度。

(3) 功能组件法

此方法兼顾功能法和组件法的特点,可制造出既保证功能完整性又有规范化结构尺寸的组件。

5.1.3　组装技术的发展

随着新材料、新器件的大量涌现,极大促进了组装工艺技术新的进展。目前,电子产品组装技术的发展具有如下特点。

1. 连接工艺的多样化

在电子产品中,实现电气连接的传统工艺主要是手工和机器焊接,但如今,除焊接外,压接、绕接、胶接等连接工艺也越来越受到重视。

1) 压接可用于高温和大电流触点的连接以及电缆和电连接器的连接。

2) 绕接可用于高密度接线端子的连接以及印制电路板接插件的连接。

3) 胶接主要用于非电气触点的连接,如金属或非金属零件的粘接。采用导电胶也可实现电气连接。

2. 工装设备的改进

采用手动、电动、气动成形机以及集成电路引线成形模具等小巧、精密、专用的工具和设备,使组装质量有了可靠的保证。

采用专用剥线钳或自动剥线捻线机对导线端头进行处理,可克服伤线和断线等缺陷。

采用结构小巧、温度可控的小型焊料槽或超声波搪锡机,提高了搪锡质量,也改变了工作环境。

3. 检测技术的自动化

采用可焊性测试仪对焊接质量自动进行检测，可预先测定引线的可焊性水平。只有达到要求的元器件才能被安装焊接。

采用计算机控制的在线测试仪对电气连接的检查，可以根据预先设置的程序，快速正确地判断连接的正确性和装联后元器件参数的变化。避免出现人工检查效率低、容易出现错检或漏检的现象。

采用计算机辅助测试（CAT）来进行整机测试，测试用的仪器仪表已大量使用高精度、数字化、智能化产品，使测试精度和速度大大提高。

4. 新工艺新技术的应用

目前，在焊接材料方面，采用活性氢化松香焊锡丝代替传统使用的普通松香焊锡丝；在波峰焊和搪锡方面，使用了抗氧化焊料；在表面防护处理方面，采用喷涂 501-3 聚胺酯绝缘清漆及其他绝缘清漆工艺；在连接方面，使用氟塑料绝缘导线、镀膜导线等新型连接导线。这些对提高电子产品的可靠性和质量起到了极大的作用。

5.2　电路组装

电子设备的组装是以印制电路板为中心而展开的，印制电路板的组装是整机组装的关键环节。它直接影响产品的质量，故掌握印制电路板组装的技能技巧是十分重要的。

5.2.1　元器件的选用

（1）电阻器的选用

1）型号选取。对于一般的电子产品，可选碳膜或碳质电阻器；对高品质的电子产品，可选金属膜或线绕电阻器；对于仪器仪表电路，应选精密电阻器；对于高频电路，应选表面安装元器件。

2）阻值与精度选取。对于普通产品用四色环电阻器即可，对于测量仪表则要用五色环电阻器。

3）额定功率选取。可选取为耗散功率的两倍以上；若要求功率较大，则可选线绕电阻器；当电阻器在脉冲状态下工作时，只要脉冲平均功率不大于额定功率即可。

（2）电位器的选用

1）结构和尺寸的选择。应注意尺寸大小、轴柄的长短、轴上是否需要锁紧装置等事项。

2）额定功率的选择。电位器的额定功率可按固定电阻器的功率公式计算。

3）阻值变化特性的选择。作为音量控制应选用指数式或直线式代替，但不宜使用对数式；用作为分压器时，应选用直线式；作为音调控制时，应选用对数式。

4）其他方面。还需选轴旋转灵活、松紧适当、无机械噪声的。对于带开关的电位器，还应检查开关是否良好。

（3）电容器的选用

1）型号选择。用于低频耦合、旁路等场合，应选用纸介电容器；在高频电路和高压电路中，应选用云母电容器和瓷介电容器；在电源滤波或退耦电路中应选用电解电容器（极性电解电容器只能用于直流或脉动直流电路中）。

2）精度选择。在振荡、延时及音调控制电路中，电容器的容量要求高；在各种滤波电路中，容量值要求非常精确，其误差值应小于 ±0.3% ~ ±0.7%。

3）耐压选择。电容器的工作电压应低于额定电压 10% ~20%。

4）交流电压和电流方面。不应超过给出的额定值，电解电容器不能在交流电路中使用，但可以在脉动电路中使用。

5）温度系数及损耗方面。用于谐振电路中的电容器，必须选择损耗小的，其温度系数也应选小一些的，以免影响谐振特性。

（4）电感器的选用

1）线圈结构方面。对于音频段要用带铁心或低频铁氧体心的线圈；在几百千赫到几兆赫间，应选用多股绝缘线绕制的铁氧体心的线圈；在几兆赫到几十兆赫时，应选用单股镀银粗铜线绕制的高频铁氧体的线圈或空心线圈；在一百兆赫以上时只能用空心线圈。

2）材料与损耗方面。在高频电路中，应选用高频损耗小的高频瓷做骨架。在要求不高的场合，可选用塑料、胶木和纸做骨架的电感器。

3）其他方面。机械结构应牢固，不应使线圈松脱、引线触点活动等。

（5）二极管的选用

1）对于检波二极管，主要应考虑工作频率高，结电容小，串联电阻小，正向上升特性好，反向电流小。常用的检波二极管有 2AP1 ~ 2AP17 等型号。

2）对于整流二极管，特点是工作频率较低，一般为几十千赫，但电流大。电流容量在1A 以下选用 2CP 系列，1A 以上的有 2CZ 系列。

（6）晶体管的选用

1）类型方面。NPN 型和 PNP 型的晶体管应注意供电极性。

2）反向击穿电压方面。加在晶体管上的反向电压值要小于击穿电压值。

3）特征频率方面。特征频率要高于工作频率，以保证晶体管能正常工作。

4）功率方面。晶体管内耗散的功率必须小于给出的最大耗散功率，且应考虑散热。

5）代换方面。查阅晶体管手册，选取参数相当或略高一点的进行替换。

5.2.2　元器件的检验

（1）外观检验

外观检验就是检验元器件表面有无损伤，几何尺寸是否符合要求，型号规格是否与工艺文件要求相符。

（2）动态检验

通过测量仪器仪表检查元器件本身电气性能是否符合规定的技术条件，有无次、残、废品混入，对有特殊要求的元器件还要进行老化筛选。

5.2.3　元器件加工

元器件装配到印制电路板之前，一般都要进行加工处理，然后进行插装。良好的成形及插装工艺，不但能使机器具有性能稳定、防震及减少损坏的好处，而且能得到机内元器件布局整齐美观的效果。

1. 元器件引线的成形

（1）预加工处理

元器件引线在成形前必须进行加工处理。主要原因是：长时间放置的元器件，在引线表面会产生氧化膜，若不加以处理，则会使引线的可焊性严重下降。

引线的处理主要包括引线的校直、表面清洁及搪锡3个步骤。

要求引线在被处理后，不允许有伤痕，镀锡层要均匀，表面要光滑，无毛刺和焊剂残留物。

（2）引线成形的基本要求

引线成形工艺就是根据焊点之间的距离将元器件做成需要的形状，目的是使它能被迅速而准确地插入孔内。元器件引线成形示意图如图5-1所示。

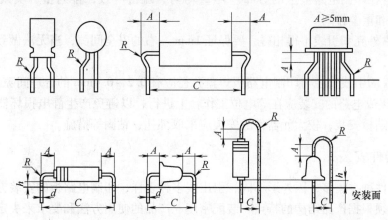

图5-1　元器件引线成形示意图

元器件引线成形的基本要求如下。

1）在元器件引线开始弯曲处，离元件端面的最小距离 A 应不小于2mm。

2）弯曲半径 R 不应小于引线直径的两倍。

3）怕热元器件要求其引线增长，成形时应绕环。

4）元器件标称值应处在便于查看的位置。

5）成形后不允许有机械损伤。

（3）成形方法

为保证引线成形的质量和一致性，应使用专用工具和成形模具来完成元器件引线的成形。成形模具示意图如图5-2所示。

在没有专用工具或加工少量元器件时，可采用手工成形，使用尖嘴钳或镊子等一般工具便可完成。手工成形模具示意图如图5-3所示。

2. 元器件安装的技术要求

1）元器件的标志方向应按照图样规定的要求，安装后能看清元器件上的标志。若装配图上没有指明方向，则应使标记向外易于辨认，并可按从左到右、从下到上的顺序读出。

2）元器件的极性不得装错，安装前应套上相应的套管。

3）安装高度应符合规定要求，同一规格的元器件应尽量安装在同一高度上。

4）安装顺序一般为先低后高，先轻后重，先易后难，先一般元器件后特殊元器件。

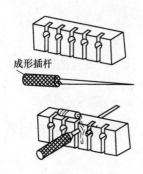

成形插杆

图 5-2　成形模具示意图

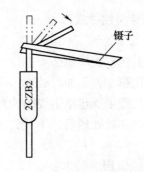

镊子

2CZB2

图 5-3　手工成形模具示意图

5）元器件在印制电路板上的分布应尽量均匀、疏密一致，排列整齐美观。不允许斜排、立体交叉和重叠排列。

6）元器件外壳和引线不得相碰，要保证 1mm 左右的安全间隙，当无法做到时，应套绝缘套管。

7）元器件的引线直径与印制电路板焊盘孔径应有 0.2 ~ 0.4mm 的合理间隙。

8）MOS 集成电路的安装应在等电位工作台上进行，以避免产生静电损坏器件，发热元器件不允许被贴板安装，较大元器件的安装应采取绑扎、粘固等措施。

5.2.4　元器件安装

电子元器件种类繁多，因外形不同，引出线多种多样，印制电路板的安装方法也各有差异，因此，必须根据产品结构的特点、装配密度、产品的使用方法和要求来决定元器件的安装方法。

1. 元器件的安装方法

元器件安装方法有手工安装和机械安装两种。前者简单易行，但效率低、误装率高。而后者安装速度快，误装率低，但设备成本高。元器件引线成形要求严格，一般有以下几种安装形式。

（1）贴板安装

贴板安装元器件贴紧印制基板面且安装间隙小于 1mm 的安装方法。

当元器件为金属外壳、安装面又有印制导线时，应加垫绝缘衬垫或套绝缘套管。此方法适用于安装防震要求高的产品。贴板安装示意图如图 5-4 所示。

（2）悬空安装

这是使元器件距印制基板面有一定高度且安装距离一般在 3 ~ 8mm 范围内的安装方法。适用于发热元器件的安装。悬空安装示意图如图5-5 所示。

印制导线　　　　　绝缘衬垫

图 5-4　贴板安装示意图

（3）垂直安装

这是将元器件垂直于印制基板面的安装方法。适用于安装密度较高的场合，但对重量大且引线细的元器件不宜采用这种形式。垂直安装示意图如图 5-6 所示。

（4）埋头安装

将元器件的壳体埋于印制基板的嵌入孔内，因此此方法又称为嵌入式安装。这种方式可提高元器件的防震能力，降低安装高度。埋头安装示意图如图 5-7 所示。

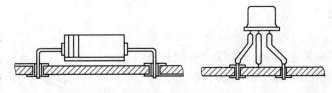

图 5-5　悬空安装示意图

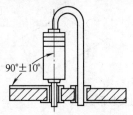

图 5-6　垂直安装示意图

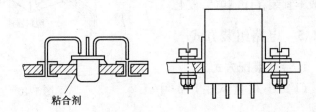

粘合剂

图 5-7　埋头安装示意图

（5）有高度限制时的安装

这是通常将元器件采用垂直插入后，再朝水平方向弯曲的安装方法。元器件安装高度的限制一般在图样上是标明的，对大型元器件要特殊处理，以保证有足够的机械强度，经得起振动和冲击。有高度限制时的安装示意图如图 5-8 所示。

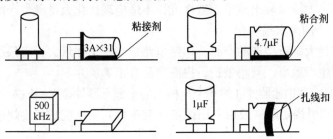

图 5-8　有高度限制时的安装示意图

（6）支架固定安装

这是用金属支架在印制基板上将元器件固定的安装方法。这种方式适用于重量较大的元器件，如小型继电器、变压器、扼流圈等。支架固定安装示意图如图 5-9 所示。

（7）功率器件的安装

由于功率器件的发热量高，所以在安装时需加散热器。若元器件自身能支持散热器重量，则可采用立式安装，若不能，则采用卧式安装。功率器件的安装形式之一如图 5-10 所示。

2. 安装元器件注意事项

1）插装好元器件，其引脚的弯折方向都应与铜箔走线方向相同。

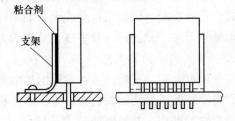

图 5-9　支架固定安装示意图

2）当安装二极管时，除注意极性外，还要注意外壳封装，特别是玻璃壳体易碎，引线弯曲时易爆裂，在安装时可将引线先绕 1～2 圈再装，对于有的大电流二极管，可将引线体当作散热器，故必须根据二极管规格中的要求决定引线的长度，也不宜将引线套上绝缘套管。

3）为了区别晶体管的电极和电解电容的正负端，一般在安装时，应加上带有颜色的套管以示区别。

4）大功率晶体管发热量大，一般不宜装在印制电路板上。

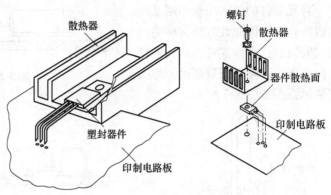

图 5-10　功率器件的安装形式之一

5.2.5　电路组装方式

1. 手工装配方式

（1）小批量试生产的手工装配

在产品的样机试制阶段或小批量试生产时，印制电路板装配主要靠手工操作，即操作者把散装的元器件逐个装接到印制电路板上。

操作顺序是：待装元器件→引线整形→插件→调整位置→剪切引线→固定位置→焊接→检验。

每个操作者要从开始装到结束。手工装配方式不受各种限制而被广泛应用于各道工序或各种场合中，但其速度慢，易出差错，效率低，不适应现代化大批量生产的需要。

（2）大批量生产的流水线装配

对于设计稳定且大批量生产的产品，印制电路板装配工作量大，宜采用流水线装配，这种方式可大大提高生产效率，减小差错，提高产品合格率。

一般工艺流程是：每拍元器件（约6个）插入→全部元器件插入→1次性切割引线→1次性锡焊→检查。其中的引线切割一般用专用设备（割头机）一次完成，锡焊通常使用波峰焊机完成。

目前大多数电子产品（如电视机、收录机等）的生产大都采用印制电路板插件流水线的装配方式。插件形式有自由节拍形式和强制节拍形式两种。

2. 自动装配方式

对于设计稳定、产量大和装配工作量大而元器件又无须选配的产品，宜采用自动装配方式。自动装配一般使用自动或半自动插件机和自动定位机等设备。先进的自动装配机每小时可装一万多个元器件，效率高，节省劳力，也大大提高了产品合格率。

（1）自动插装工艺

经过处理的元器件装在专用的传输带上，间断地向前移动，保证每一次有一个元器件进到自动装配机的装插头的夹具里，插装机自动完成切断引线、引线成形、移至基板、插入以及弯角等动作，并发出插装完毕的信号，使所有装配回到原来位置，准备装配第二个元器件。印制基板靠传送带自动送到另一个装配工位，装配其他元器件，在元器件全部被插装完毕，即自动进入波峰焊接的传送带。

印制电路板的自动传送、插装、焊接以及检测等工序，都是用计算机进行程序控制的。自动插装工艺过程框图如图5-11所示。

（2）自动装配对元器件的工艺要求

自动装配与手工装配不一样，自动装配是由装配机自动完成器件的插装，故自动装配对元器件的工艺有如下要求：

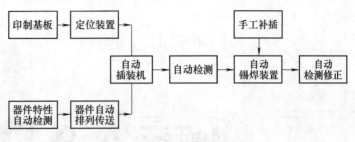

图 5-11　自动插装工艺过程框图

1）被装配元器件的形状和尺寸应尽量简单、一致。

2）被装配元器件的方向应易于识别、有互换性。

3）被装配元器件的最佳取向应能确定。

4）被装配元器件引线的孔距和相邻元器件引线孔之间的距离都应标准化。

5.2.6　任务 17——HX108-2 型收音机电路组装

1. 实训目的

1）能应用 PCB 焊接技能与技巧。

2）会熟练加工和安装元器件。

3）会熟练组装 HX108-2 型收音机 PCB。

2. 实训设备与器材准备

1）电烙铁　1 把。

2）剪刀　1 把。

3）焊锡　若干。

4）镊子　1 只。

5）HX108-2 型收音机套件及 PCB　各 1 套。

3. 实训步骤与报告

☞（1）元器件分类

HX108-2 型收音机共有 6 类元器件，分别为电阻器类、电容器类、电感器类、二极管类、晶体管类和电声器件（扬声器）。

☞（2）元器件检测

通过 MF47A 型指针万用表、DT-890 型数字万用表、YY2810 型 LCR 数字电桥等设备完成对元器件的检测，具体方法请参阅第 1 章。

☞（3）熟悉 PCB 上元器件的位置

根据电路原理图和 PCB 元器件分布图，熟悉各元器件在印制电路板上的安装位置。HX108-2 型收音机主要元器件在 PCB 上的分布图如图 5-12 所示。

☞（4）瓷介电容器的整形、安装与焊接

1）所有瓷介电容器均采用立式安装，高度距离印制电路板为 2mm。

2）由于无极性，所以标称值应处于便于识读的位置上。

3）在插装时，由于外形都一样，所以参数值应选取正确。

4）在焊接方面以平常焊接要求为标准。

☞（5）晶体管的整形、安装与焊接

1）所有晶体管均应采用立式安装，高度距离印制电路板为 2mm。

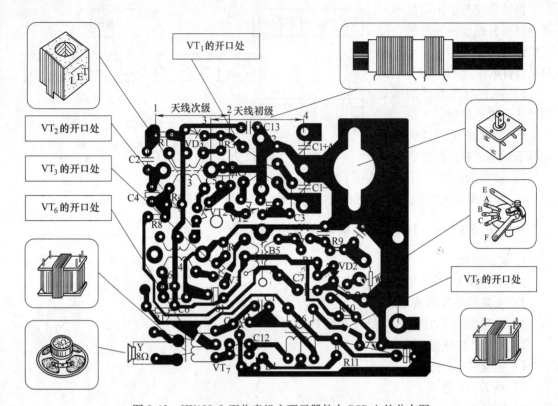

图 5-12   HX108-2 型收音机主要元器件在 PCB 上的分布图

2）在型号选取方面要注意的是，VT_5为 9014、VT_6和 VT_7为 9013，其余为 9018。

3）晶体管是有极性的，故在插装时，要与印制电路板上所标极性进行一一对应。

4）由于引脚彼此较近，所以在焊接方面要防止桥连现象。

☞（6）电阻器、二极管的整形、安装与焊接

1）所有电阻器和二极管均应采用立式安装，高度距离印制电路板为 2mm。

2）在安装方面，首先应弄清各电阻器的参数值。

3）然后再插装，且识读方向应从上至下；二极管要注意正、负极性。

4）在焊接方面，由于二极管属于玻璃封装，所以要求焊接要迅速，以免损坏。

☞（7）电解电容器的整形、安装与焊接

1）电解电容器应采用立式贴紧安装，在安装时要注意其极性。

2）在焊接方面以平常焊接要求为标准。

☞（8）振荡线圈与中周的安装与焊接

1）安装前应先将引脚上的氧化物刮除。

2）由于振荡线圈与中周在外形上几乎一样，所以安装时一定要认真选取。

【注 1】不同线圈是以磁帽不同的颜色来加以区分的。B_2→振荡线圈（红磁心）、B_3→中周 1（黄磁心）、B_4→中周 2（白磁心）、B_5→中周 3（黑磁心）。

【注 2】所有中周里均有槽路电容，但振荡线圈中却没有。

【注 3】所谓"槽路电容"，就是当与线圈构成并联谐振时的电容器，由于放置在中周

的槽路中，所以称为"槽路电容"。

3）所有线圈均应采用贴紧焊装，且焊接时间要尽量短，否则，所焊线圈可能被损坏。

☞（9）输入/输出变压器的安装与焊接

1）安装前应先用刀片将引脚上的氧化物刮除。

2）安装时一定要认真选取：
B_6→输入变压器（蓝或绿色）、B_7
→输出变压器（黄或红色）。

3）均应采用贴紧焊装，且焊接时间要尽量短，否则，变压器可能被损坏。

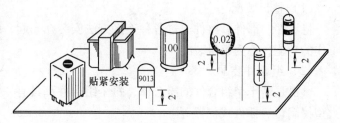

4）HX108-2 型收音机各类元器件安装示意图如图5-13所示。

图 5-13　HX108-2 型收音机各类元器件安装示意图

☞（10）音量调节开关与双联的安装与焊接

1）安装前应先用刀片将引脚上的氧化物刮除，且在音量调节开关的引脚上镀上焊锡。

2）两者均应采用贴紧电路板安装，且将双联电容的引脚弯折，并与焊盘紧贴。

3）当焊装双联电容时，焊接时间要尽量短，否则该器件可能被损坏。

☞（11）HX108-2 型收音机电路成品板整体检查

1）首先应检查电路成品板上焊接点是否有漏焊、假焊、虚焊和桥连等现象。

2）接着检查电路成品板上的元器件是否有漏装，有极性的元器件是否装错引脚，尤其对二极管、晶体管、电解电容器等元器件要仔细检查。

3）最后检查 PCB 上的印制条、焊盘是否有断线、脱落等现象。

☞（12）HX108-2 型收音机电路组装评价报告表

评价项目	评价要求	评分
电阻器	成形、高度的一致性、立式、参数的读取方向、参数的正确性	7 分
二极管	成形、高度的一致性、立式、极性的正确性	4 分
晶体管	成形、高度的一致性、极性的正确性	10 分
PCB 焊接点	光亮、圆滑、焊锡量适中	10 分
PCB 印制条	焊盘、印制条完好，无断裂现象	10 分
瓷介电容器	成形、参数的可读性、高度的一致性、参数的正确性	7 分
电解电容器	高度的一致性、立式、极性的正确性、参数的正确性	4 分
中频变压器	安装的牢固性、选取的正确性	8 分
输入/输出变压器	安装的牢固性、选取的正确性	4 分
音量调节开关与双联	安装的牢固性	6 分
HX108－2 型收音机电路成品板整体评价		总分

5.3　整机组装

5.3.1　整机组装概述

组装是将各零件、部件、整件按照设计要求，安装在不同的位置上组合成一个整体，再用导线将元器件、部件之间进行电气连接，完成一个具有一定功能的完整的机器，以便进行整机调整和测试。

整机组装包括机械和电气两大部分。

整机组装的装配方式按整机结构来分，可划分为整机装配和组合件装配。

（1）整机装配

将零件、部件、整件通过各种连接方法安装在一起，组成一个不可分的整体，具有独立工作的功能，称为整机装配。

（2）组合件装配

整机是若干个组合件的组合体，每个组合件都具有一定的功能，而且随时可以拆卸，如大型控制台、插件式仪器等。

电子整机组装是生产过程中极为重要的环节，如果组装工艺、工序不正确，就可能达不到产品的功能要求或预定的技术指标。因此，为了保证整机的组装质量，本节针对整机组装的工艺过程、整机组装中的连接、整机组装的基本要求等方面的内容进行介绍。

5.3.2　整机组装过程

整机装配的过程因设备的种类、规模不同，其构成也有所不同，但基本过程并没有什么变化，具体过程如下。

1. 准备

装配前应对所有装配件、紧固件等从数量配套和质量合格两个方面进行检查和准备，同时做好整机装配及调试的准备工作。

在该过程中，元器件分类是极其重要的。处理好这一工作，是避免出错、迅速装配高质量产品的首要条件。在大批量生产时，一般多用流水作业法进行装配，元器件的分类也应落实到各装配工序中。

2. 装联

装联包括各部件的安装、焊接等内容（包括即将介绍的各种连接工艺）。

3. 调试

整机调试包括调整和测试两部分工作。各类电子整机在总装完成后，最后都要经过调试，才能达到规定的技术指标要求。

4. 检验

整机检验应遵照产品标准（或技术条件）规定的内容进行。通常有生产过程中生产车间的交收试验、新产品的定型试验及定型产品的定期试验（又称为例行试验）等3类试验。

其中例行试验的目的，主要是考核产品质量和性能是否稳定正常。

5. 包装

包装是电子产品总装过程中保护和美化产品及促进销售的环节。电子产品的包装，通常着重于方便运输和储存两个方面。

6. 入库或出厂

合格的电子产品经过合格包装后，就可以入库储存或直接出厂运往需求部门，从而完成整个总装过程。

整机组装的工艺过程会因产品的复杂程度、产量大小等方面的不同而有所区别。整机组装一般工艺过程框图如图 5-14 所示。

装配准备
工艺图样
工具夹
元器件分类
印制电路板装配
机座面板装配
导线束制作
准备
插件
焊接
修正
准备
安装
印制电路板装入
准备
加工
制作
布线接线
总装
接装电缆
整机调试
测试仪器
通电老化
更换失效元器件
例行试验
装箱出厂

图 5-14　整机组装一般工艺过程框图

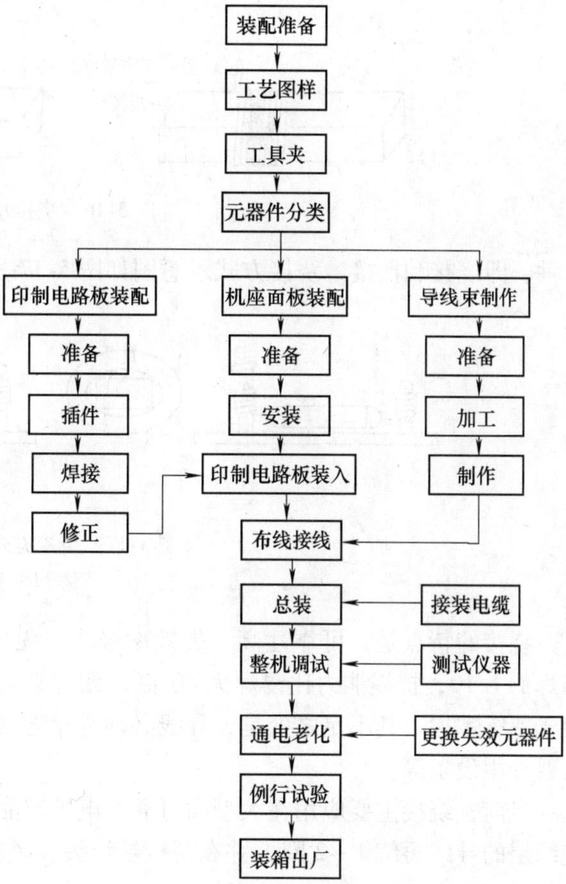

5.3.3　整机连接

在电子整机装配过程中，连接方式是多样的。除了焊接之外，还有压接、绕接、胶接以及螺纹连接等。在这些连接中，有的是可拆的，有的是不可拆的。

对整机连接的基本要求是：牢固可靠，不损伤元器件、零部件或材料，避免碰坏元器件或零部件涂覆层，不破坏元器件的绝缘性能，连接的位置要正确。

1. 压接

压接是借助较高的挤压力和金属位移，使连接器触脚或端子与导线实现连接的方法。

压接的操作方法是：使用压接钳，将导线端头放入压接触脚或端头焊片中用力压紧即获得可靠的连接。压接触脚和焊片是专门用来连接导线的器件，有多种规格可供选择，相应的也有多种专用的压接钳。

压接分冷压接与热压接两种方式，目前以冷压接使用较多。导线端头冷压接示意图如图 5-15所示。

端头焊片
尼龙套
导线
线心<1
导线绝缘层伸进套管
长度应≥3

图 5-15　导线端头冷压接示意图

压接技术的特点是，操作简便，适应各种环境场合，成本低，无任何公害和污染。存在的不足之处是，压接点的接触电阻较大；因操作者施力不同而导致质量不够稳定；很多触点不能用压接方法。

2. 绕接

绕接是将单股芯线用绕接枪高速绕到带棱角（棱形、方形或矩形）的接线柱上的电气连接方法。

绕接枪的转速很高（约 3000r/min），对导线的拉力强，使导线在接线柱的棱角上产生强压力和摩擦，并能破坏其几何形状，出现表面高温而使两金属表面原子相互扩散产生化合物结晶。绕接示意图如图 5-16 所示。

绕接用的导线一般采用单股硬质金属线，芯线直径为 0.25 ~ 1.3mm。为保证连接性能良好，接线柱最好镀金或镀银，绕接的匝数应不少于 5 圈（一般为 5 ~ 8 圈）。绕接方式有

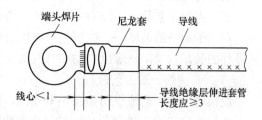

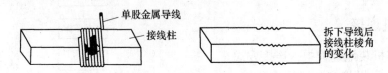

图 5-16 绕接示意图

两种，即绕接和捆接。绕接方式示意图如图 5-17 所示。

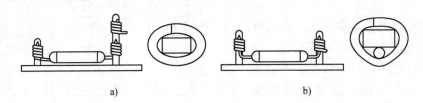

图 5-17 绕接方式示意图
a）绕接 b）捆接

绕接的特点是，可靠性高，失效率极小，无虚、假焊；接触电阻小，只有 1mΩ，仅为锡焊的 1/10；抗震能力比锡焊大 40 倍；无污染，无腐蚀；无热损伤；成本低；操作简单，易于熟练掌握。其不足之处是，导线必须为单芯线；接线柱必须是特殊形状；导线剥头长；需要专用设备等。

目前，绕接主要应用在大型高可靠性电子产品的机内互连中。为了确保可靠性，可将有绝缘层的导线再绕 1～2 圈，并在绕接导线头、尾各锡焊一点。

3. 胶接

胶接是用胶粘剂将零部件粘在一起的安装方法，属于不可拆卸连接。

其优点是工艺简单不需专用的工艺设备，生产效率高、成本低。

在电子设备的装联中，胶接被广泛用于小型元器件的固定和不便于螺纹装配、铆接装配的零件的装配以及防止螺纹松动和有气密性要求的场合。

（1）胶接的一般工艺过程

胶接的一般工艺流程图如图 5-18 所示。

在第 1 步"表面处理"中，粘接表面粗糙化之后还应用汽油或酒精擦拭，以除去油脂、水分、杂物，确保胶粘剂能润湿胶接件表面，增强胶接效果。

在第 4 步"固化"中，应注意以下几点：

1）必须用夹具夹住涂胶后的胶接件，以保证胶层紧密贴合。

2）为了保证整个胶接面上的胶层厚度均匀，外加压力要分布均匀。

3）凡需加温固化的胶接件，升温不可过快，否则胶粘剂内多余的溶剂来不及逸出，会使胶层内含有大量的气泡，降低胶接强度。

4）在固化过程中不允许移动胶接件。

5）加热固化后的胶接件要缓慢降温，不允许在高温下直接取出。急剧降温会引起胶接件变形而使胶接面被破坏。

（2）几种常用的胶粘剂

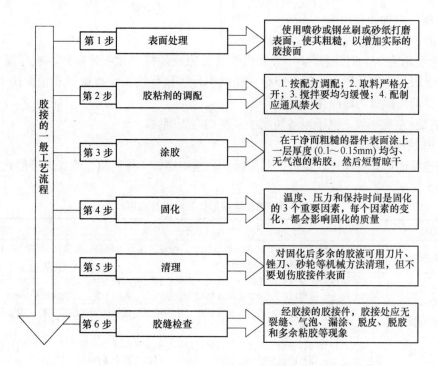

图 5-18　胶接的一般工艺流程图

胶接质量的好坏，主要取决于胶粘剂的性能。几种常用的胶粘剂性能特点及用途如表 5-2 所示。

表 5-2　几种常用的胶粘剂性能特点及用途表

名称	性能特点及用途
聚丙烯酸酯胶（501、502 胶）	其特点是渗透性好，粘接块（几秒钟至几分钟即可固化），可以粘接除了某些合成橡胶以外的几乎所有材料。但接头具有韧性差、不耐热等缺点
聚氯乙烯胶	是用四氢呋喃作溶剂和聚氯乙烯材料配制而成的有毒、易燃的胶粘剂。用于塑料与金属、塑料与木材、塑料与塑料的胶接。其胶接工艺特点是固化快，不需加压加热
222 厌氧性密封胶	是以甲基丙烯酯为主的胶粘剂，是低强度胶，用于需拆卸零部件的锁紧和密封。它具有定位固连速度快、渗透性好、有一定的胶接力和密封性、拆除后不影响胶接件原有性能等特点
环氧树脂胶（911、913 等）	是以环氧树脂为主、加入填充剂配制而成的胶粘剂。粘接范围广，具有耐热、耐碱、耐潮、耐冲击等优良性能。但不同产品各有特点，需根据条件合理选择

除了以上介绍的几种胶粘剂外，还有其他许多各种性能的胶粘剂，比如导电胶、导磁胶、导热胶、热熔胶以及压敏胶等，其特点与应用可查阅相关资料。

4. 螺纹连接

在电子设备的组装中，广泛采用可拆卸式螺纹连接。这种连接一般是用螺钉、螺栓、螺母等紧固件把各种零、部件或元器件连接起来。

其优点是连接可靠，装拆方便，可方便地调整零部件的相对位置。其缺点是用力集中，安装薄板或易损件时容易产生形变或压裂。在振动或冲击严重的情况下，螺纹容易松动，装配时要采取防松动和止动措施。

（1）螺纹的种类和用途

螺纹的种类较多，常用的有以下种类：

1）牙型角为60°的公制螺纹。公制螺纹又分为粗牙螺纹和细牙螺纹，粗牙螺纹是螺纹连接的主要形式，细牙螺纹比同一公称直径的粗牙螺纹强度高，自锁可靠，常用于电位器、旋钮开关等薄形螺母的螺纹连接。

2）右旋/左旋螺纹。电子设备装配一般使用右旋螺纹。

（2）螺纹连接的形式

螺纹连接的形式有螺栓、螺钉、双头螺栓、紧定螺钉4种连接。螺纹连接形式及特点与应用如表5-3所示。

表5-3　螺纹连接形式及特点与应用

连接形式	特点与应用
螺栓连接	连接时用螺栓贯穿两个或多个被连接件，在螺纹端拧上螺母。连接的被连接件不需有内螺纹，结构简单，装拆方便，应用较广
螺钉连接	连接时螺钉从没有螺纹孔的一端插入，而是直接被拧入被连接的螺纹孔中。由于需在被连接零件之一上制出螺纹孔，所以这种连接结构较复杂，一般用于无法放置螺母的场合
双头螺栓连接	将螺栓插入被连接体，两端用螺母固定。主要用于厚板零件或需经常拆卸、螺纹孔易损坏的连接场合
紧定螺钉连接	用于各种旋钮和轴柄的固定。紧定螺钉的尾端制成锥形或平端等形状，螺钉通过第一个零件的螺纹孔后，顶紧已调整好部位的另一个零件，以固定两个零件的相对位置

（3）常用紧固件简介

在电子整机装配中，有些部件需要固定和锁紧。用来锁紧和固定部件的零件称为紧固件。常用的紧固件大多是螺钉、螺母、螺栓、螺柱、垫圈等与螺纹连接有关的零件。此外，还有用于安装在机器转动轴上作为固定零件的铆钉和销钉等。常用紧固件连接示意图如图5-19所示。

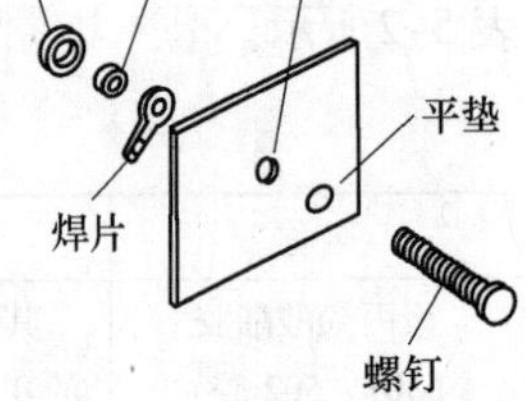

图5-19　常用紧固件连接示意图

（4）螺纹连接工具的选用

1）螺钉旋具。用于紧固和拆卸螺钉的工具，有"一字槽"和"十字槽"两大类。在装配线上还大量应用电动"一字槽"和"十字槽"气动螺钉旋具。不同的规格与尺寸主要表现在旋柄长度与刃口宽度上，故应根据自身要求进行选取。

2）扳手。主要有活动扳手、固定扳手、套筒扳手以及什锦扳手等。使用省力，不易损伤零件，适用于装配六角和四方螺母。为此，可按条件需要进行选择。

5.3.4　整机总装

电子设备整机的总装，就是将组成整机的各部分装配件，经检验合格后，连接合成完整的电子设备的过程。

总装之前应对所有装配件、紧固件等按技术要求进行配套和检查，然后对装配件进行清洁处理，保证其表面无灰尘、油污、金属屑等现象，因为整机装配总的质量与各组成部分装配件的装配质量是相关联的。

1. 总装的一般顺序

电子产品总装一般顺序大致应为先轻后重、先铆后装、先里后外,上道工序不得影响下道工序。

2. 整机总装的基本要求

1)对未经检验合格的装配件不得安装,对已检验合格的装配件必须保持清洁。

2)要认真阅读安装工艺文件和设计文件,严格遵守工艺规程,总装完成后的整机应符合图样和工艺文件的要求。

3)严格遵守总装的一般顺序,防止前后顺序颠倒,应注意前后工序的衔接。

4)总装过程中不要损伤元器件和机箱及元器件上的涂覆层。

5)应熟练掌握操作技能,保证质量,严格执行3检(自检、互检、专职检验)制度。

3. 整机总装的流水线作业法

在工厂中,不管是印制电路板的组装还是整机总装,只要大批量地对电子产品进行生产,都应广泛地使用流水线作业法(流水线生产方式)。

(1)流水线作业法的过程

其过程是把一台电子整机的装联和调试等工作划分成若干简单操作项目,每个操作者完成各自负责的操作项目,并按规定顺序把机件传送给下一道工序的操作者继续操作,形成似流水般不停地自首至尾逐步完成整机总装的过程。

(2)流水线作业法的特点

由于流水线作业法工作内容简单,动作单纯,记忆方便,所以能减少差错,提高工效,保证产品质量。先进的全自动流水线使生产效率和产品质量更为提高。例如,先进的印制电路板插焊流水线,不仅有先进的波峰焊接机,而且配置了自动插件机,使印制电路板的插焊工作基本上实现了自动化。

4. 工作台的使用

流水线上都配置标准工作台。工作台的使用,对提高工作效率,减轻人工劳动强度,保证安全,提高产品质量都有着重要的意义。对工作台的要求是:能有效地使用双手;手的动作距离最短;取物无须换手,取置方便;操作安全。

5.3.5 任务18——HX108-2型收音机整机组装

1. 实训目的

1)能应用PCB焊接技能与技巧。

2)会熟练加工和安装元器件。

3)会熟练组装HX108-2型收音机整机。

2. 实训设备与器材准备

1)电烙铁和剪刀 各1把。

2)镊子和扳手 各1把。

3)焊锡和松香 若干。

4)HX108-2型收音机套件及PCB 各1套。

5)螺钉旋具和压接钳 各1套(或把)。

3. 实训主要工具简介

在电子设备的整机组装连接中的常用工具如图 5-20 所示。

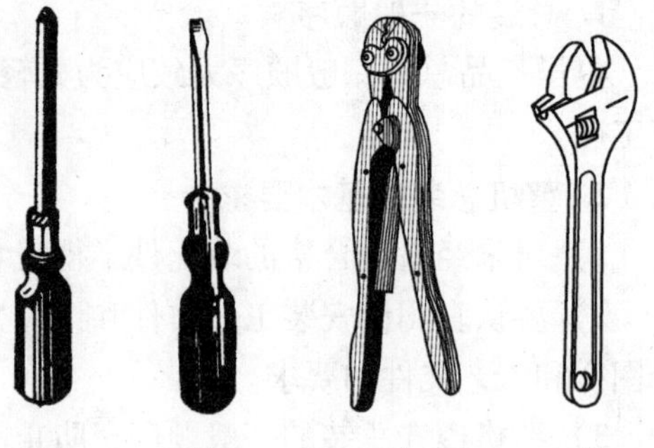

4. 实训步骤与报告

☞（1）天线组件的安装

1）首先将磁棒天线 B_1 插入磁棒支架中，构成天线组合件。

2）接着把天线组合件上的支架固定在印制电路板反面的双联电容器上，用两颗M2.5×5的螺钉连接。

3）最后将天线线圈的各端按印制电路板上标注的顺序进行焊接。天线组件的安装示意图如图 5-21 所示。

☞（2）电源连接线的连接与安装

图 5-20　在电子设备的整机组装连接中的常用工具
a）"＋"字螺钉旋具　b）"－"字螺钉旋具
c）压接钳　d）扳手

1）首先将长弹簧插入到后盖的"1"端，正极连接片插入到后盖的"2"端，在长弹簧与正极连接片的交接处进行焊接。

2）接着将连接好导线的正极连接片插入到后盖的"3"端，将连接好导线的短弹簧插入到后盖的"4"端。电源连接线的连接与安装示意图如图 5-22 所示。

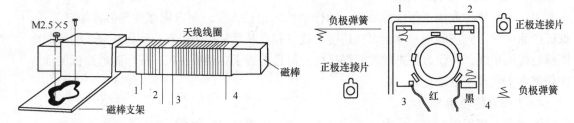

图 5-21　天线组件的安装示意图　　　　图 5-22　电源连接线的连接与安装示意图

☞（3）调谐盘与音量调节盘的安装

1）将调谐盘与音量调节盘分别放入双联电容和音量电位器的转动轴上。

2）然后分别用沉头螺钉 M2.5×4 和 M1.7×4 进行固定。

☞（4）前盖标牌与扬声器防尘罩的安装

1）将扬声器防尘罩装入前盖扬声器位置处，且在机壳内进行弯折以示固定。

2）然后将周率板反面的双面胶保护纸去掉，贴于前框，到位后撕去周率板正面的保护膜。

☞（5）扬声器与成品电路板的安装

1）将扬声器放于前框中，用"一"字小螺钉旋具前端紧靠带钩固定脚左侧。

2）利用突出的扬声器定位圆弧的内侧为支点，将其导入带钩内固定，再用电烙铁热铆 3 只固定脚。

3）接着将组装完毕的电路机心板有调谐盘的一端先放入机壳中，然后整个压下。扬声器与成品电路板的安装示意图如图 5-23 所示。

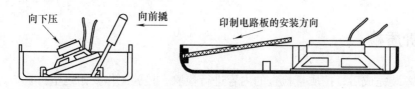

图 5-23　扬声器与成品电路板的安装示意图

☞（6）成品电路板与附件的连接

1）将电源连接线、扬声器连接线与主机成品板进行连接。

2）然后装上拎带绳。

3）最后用机心自攻螺钉 M2.5×5 将印制电路板固定于机壳内。成品电路板与附件的连接示意图如图 5-24 所示。

☞（7）整机检查

1）盖上收音机的后盖，检查扬声器防尘罩是否固定，周率板是否贴紧。

2）检查调谐盘、音量调节盘转动是否灵活，拎带是否装牢，前后盖是否有烫伤或破损等。HX108-2 型收音机整机外形如图 5-25 所示。

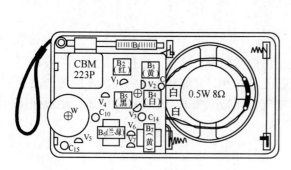

图 5-24　成品电路板与附件的连接示意图

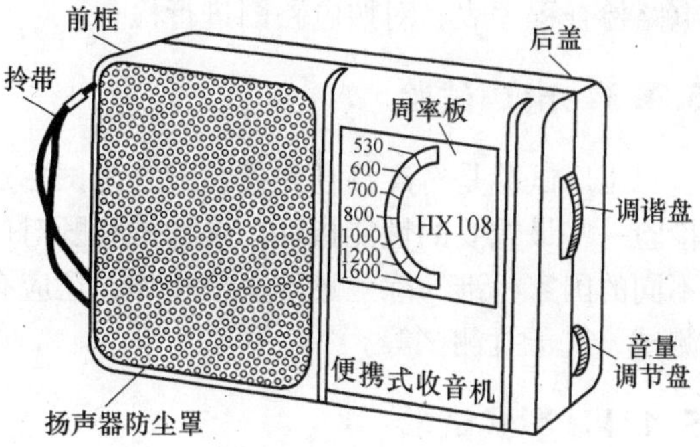

图 5-25　HX108-2 型收音机整机外形图

☞（8）HX108-2 型收音机整机组装评价报告表

评价项目	评价要点	评 分
电路检查	导线连接的合理性	2分
	导线布线情况	2分
	元器件引脚与外壳金属部分是否有短路的情况	4分
	扬声器安装情况	2分
	机心板安装情况	2分
外观检查	外壳完好程度	2分
	周率板贴装情况	2分
	调谐盘转动灵活程度	4分
	音量调节盘转动灵活程度	4分
	拎带安装情况	2分
	扬声器防尘罩安装情况	3分
HX108-2 型收音机整机组装评价		总分：

5.4　整机质检

在整机总装完成后，按质量检查的内容进行检验，检验工作要始终坚持自检、互检和专职检验的制度。通常，整机质量的检查有以下几个方面。

5.4.1　外观检查

装配好的整机表面应无损伤，涂层无划痕、脱落，金属结构件无开焊、开裂，元器件安装牢固，导线无损伤，元器件和端子套管的代号符合产品设计文件的规定。整机的活动部分活动自如，机内无多余物（如焊料渣、零件、金属屑等）。

5.4.2　电路检查

装联正确性检查，又称为电路检查，其目的是检查电气连接是否符合电路原理图和接线图的要求，导电性能是否良好。

通常用万用表的 $R \times 100\Omega$ 档对各检查点进行检查。当批量生产时，可根据预先编制的电路检查程序表，对照电路图进行检查。

5.4.3　出厂试验

出厂试验是对产品在完成装配、调试后及出厂前按国家标准逐台进行的试验。一般都是检验一些最重要的性能指标。这种试验既对产品无破坏性，又能较迅速完成。不同的产品有不同的国家标准，除上述外观检查外，还应有电气性能指标测试、绝缘电阻测试、绝缘强度测试、抗干扰测试等。

5.4.4　型式试验

型式试验对产品的考核是全面的，包括产品的性能指标、对环境条件的适应度、工作的稳定性等。国家对各种不同的产品都有严格的标准。试验项目有高低温、高湿度循环使用和存放试验、振动试验、跌落试验、运输试验等。由于型式试验对产品有一定的破坏性，所以一般都是在新产品试制定型或在设计、工艺、关键材料更改或客户认为有必要时进行抽样试验。

5.5　习题

1. 电子产品的组装内容与级别分别是什么？
2. 对元器件的引线成形有何要求？
3. 安装元器件的常用方法有哪些？
4. 对 HX108-2 型收音机的 PCB 组装有何要求？
5. 试叙述整机组装的基本过程。
6. 在整机的组装过程中，常用的连接有哪些？它们有何特点？
7. 试画出胶接的工艺流程图。
8. 如何对 HX108-2 型收音机整机进行组装？
9. 整机质检有哪些内容？

第6章 电子产品调试工艺

本章要点

- 能描述电子产品生产阶段中的调试过程
- 能描述电子产品调试方案设计的因素
- 能描述电子产品静态调试、动态调试包括内容
- 能说明在线测试、自动测试使用的环境
- 能分析电路不能进行调试的故障原因
- 会熟练编制电子产品调试工艺卡
- 会熟练操作 DS1102C 型数字存储示波器
- 会熟练操作 F40 型数字合成函数信号发生器/计数器
- 会熟练进行 HX108-2 型收音机的静、动态测试

6.1 调试过程与方案

在电子产品装配完毕后都需要进行不同程度的调试,这是由于电路设计的近似性、元器件的离散性和装配工艺的局限性造成的。电子产品调试过程包括研制阶段调试和生产阶段调试两个阶段的内容。

研制阶段调试是设计方案的验证性试验,是 PCB 设计的前提条件。其特点是参考数据少,电路不成熟,故调试难度大。

生产阶段调试被安排在印制电路板装配以后进行。下面仅对一般电子产品在生产阶段中的调试进行介绍。

6.1.1 生产阶段调试

1. 调试者的技能要求

在相同的设计水平与装配工艺下,调试质量取决于调试工艺过程是否制订得合理和操作人员对调试工艺的掌握程度,故调试者应具备如下技能。

1)懂得被调试产品整机电路的工作原理,了解其性能指标的要求和测试的条件。

2)熟悉各种仪表的性能指标及其使用环境,并能熟练地操作使用。

3)必须修读过有关仪表、仪器的原理及其使用的课程。

4)懂得电路多个项目的测量和调试方法,并能进行数据处理。

5)懂得总结调试过程中常见的故障,并能设法排除。

6)严格遵守安全操作规程。

2. 生产调试过程

电子产品在生产阶段中的调试流程图如图 6-1 所示。

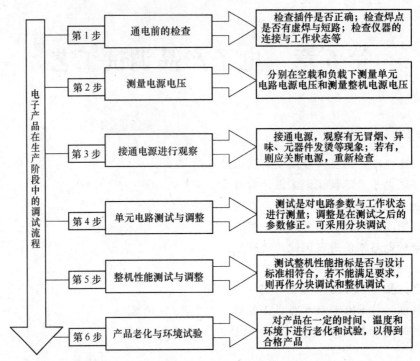

图6-1　电子产品在生产阶段中的调试流程图

在第4步"分块调试"中比较合理的调试顺序是：按信号的流向进行，这样可以把前面调试过的输出信号作为后一级的输入信号，为最后联机调试创造条件。

对于由多块板组成的整机的具体操作，可先调试各功能板后再组装一起调试；对于单块电路板整机的具体操作，先不要接各功能电路的连接线，待各功能电路调试完后再接上。

6.1.2　调试方案设计

电子产品的调试工艺方案是一整套的具体内容与项目、步骤和方法、测试条件与测试仪表、有关注意事项与安全操作规程。

调试工艺方案的优劣直接影响到生产阶段调试的效率和产品质量，故调试方案的设计是非常重要的，一般应从5个方面加以考虑。

1. 确定调试项目与调试步骤、要求

在电子产品的调试过程中，调试项目并不单一，首先应把各调试的项目独立出来，根据它们的相互影响考虑其先后顺序，然后再确定每个调试项目的步骤和要求。

2. 安排调试工艺流程

调试工艺流程是有先后顺序的，且应按循序渐进的过程来进行。例如，先调试结构部分，后调试电气部分；先调试独立项目，后调试存在有相互影响的项目；先调试基本指标，后调试对质量影响较大的指标。

3. 安排调试工序之间的衔接

调试工序之间的衔接在流水线上要求是很高的，如果衔接不好，整条生产线就会出现混乱，甚至导致瘫痪。

4. 选择调试手段

要有一个优良的调试环境，减小如电磁场、噪声、湿度、温度等环境因素的影响；要有一套配置完好的精度仪器；根据调试内容选择出一个合适、快捷的调试操作方法。

5. 编制调试工艺文件

编制调试工艺文件主要包括编制调试工艺卡、操作规程和质量分析表。

6.1.3 调试工艺卡举例

工厂中某彩色电视接收机白平衡粗调工艺卡格式及内容如表6-1所示。

表6-1 某彩色电视接收机白平衡粗调工艺卡格式及内容表

<table>
<tr><td rowspan="4" colspan="2">调试工艺卡</td><td>产品名称</td><td colspan="4">彩色电视接收机</td></tr>
<tr><td>产品型号</td><td colspan="4">F2909A1、T2569A、F2909A、T2563A</td></tr>
<tr><td>工序名称</td><td colspan="4">整机粗调</td></tr>
<tr><td>工序编号</td><td colspan="4">CKTY009</td></tr>
<tr><td colspan="2">调试项目</td><td colspan="5">白平衡粗调</td></tr>
<tr><td>使用性</td><td colspan="7" rowspan="2">1）将整机转入 AV 状态，按工厂遥控器〈AFC〉键打开工厂菜单，按〈静音〉键，再按数字〈3〉键，进入工厂调试菜单 AFC3，确定项目值：
R. BIAS—127；G. BIAS—127；B. BIAS—127；
R. DRIVE—64；G. DRIVE—14；B. DRIVE—64；
SUBBIAS—65。
2）按数字〈0〉键，调节加速电位器，使屏幕上刚好出现 RGB 中的一种色线，再按〈0〉键，使屏幕恢复正常。
3）按工厂遥控器〈AFC〉键退出工厂设置菜单。
4）在随机卡上作记录，合格产品流入下道工序，不合格产品进入维修位修理，再按 1、2、3 项要求对其进行调试</td></tr>
<tr><td>旧底图总号</td></tr>
<tr><td colspan="4">仪器工具</td><td colspan="4">工厂调试遥控器（KK-Y204）</td></tr>
<tr><td rowspan="2">底图
总号</td><td rowspan="2">更改
标记</td><td rowspan="2">数量</td><td rowspan="2">文件号</td><td>签名</td><td>日期</td><td>签名</td><td>日期</td><td>第 页</td></tr>
<tr><td></td><td></td><td>拟制</td><td></td><td></td></tr>
<tr><td></td><td></td><td></td><td></td><td></td><td></td><td>审核</td><td></td><td>共 页</td></tr>
<tr><td>日期</td><td>签名</td><td></td><td></td><td></td><td></td><td></td><td></td><td>第
册</td></tr>
<tr><td></td><td></td><td></td><td></td><td></td><td></td><td></td><td></td><td>第
页</td></tr>
</table>

6.2 静态测试

静态测试一般指在没有外加信号的条件下测试电路各点的电位，将测出的数据与设计数据相比较，若超出规定的范围，则应分析其原因，并进行适当调整。

6.2.1 静态测试内容

1. 供电电源电压测试

电源电路输出的电压是用来供给各单元电路使用的，若输出的电压不准，则各单元电路的静态工作点也不准。供电电源电压的测试示意图如图6-2所示。

（1）空载时的测量

即断开所有外接单元电路的供电而对输出电压的测量。

（2）负载时的测量

即在输出端接入负载时对输出电压的测量。标准输出电压应以接入负载时的测量为准，因为空载时的电压一般要高些。

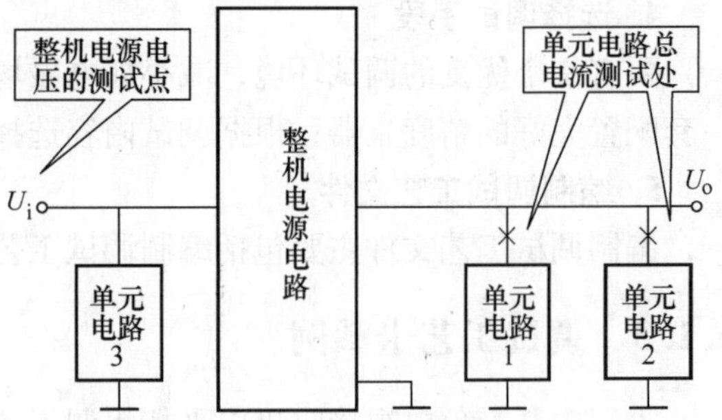

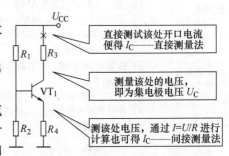

图6-2 供电电源电压的测试示意图

2. 单元电路总电流测试

测量各单元电路的静态工作电流，就可知道单元电路的工作状态。若电流偏大，则说明电路有短路或漏电；若电流偏小，则电路有可能没有工作。各单元电路总电流测试示意图同样如图6-2所示。

3. 晶体管电压电流测试

1）测量晶体管各极对地电压可判断晶体管工作的状态（放大、饱和、截止），若满足不了要求，则可对偏置进行适当的调整。

2）测量晶体管集电极静态电流可判别其工作状态，测量集电极静态电流有两种方法：

① 直接测量法。把集电极的铜膜断开，然后串入万用表，用电流档测量其电流。

② 间接测量法。通过测量晶体管集电极电阻或发射极电阻的电压，然后根据欧姆定律 $I = U/R$，计算出集电极静态电流。晶体管电压电流测试示意图如图6-3所示。

直接测试该处开口电流便得 I_C ——直接测量法

测量该处的电压，即为集电极电压 U_C

测该处电压，通过 $I = U/R$ 进行计算也可得 I_C ——间接测量法

图6-3 晶体管电压电流测试示意图

4. 集成电路（IC）静态工作点的测试

（1）IC 各引脚静态电压的测试

在排除外围元器件损坏或插错、短路的情况下，集成电路各引脚对地电压基本上反映了其内部工作状态是否正常。只要将所测得电压与正常电压进行比较，即可做出正确判断。

（2）IC 供电脚静态电流的测试

若 IC 发热严重，则说明其功耗偏大，是静态工作电流不正常的表现。测量时可断开集成电路供电引脚铜皮，串入万用表，使用电流档来测量。若是双电源供电（即正负电源），则必须分别测量。

5. 数字电路逻辑电平的测试

数字电路一般只有两种电平。比如 TTL 与非门电路，0.8V 以下为低电平，1.8V 以上为高电平。若测得电压在 0.8 ~ 1.8V 之间，则表明电路状态是不稳定的，不允许出现。

不同数字电路高低电平界限都有所不同，但相差不远。

测量时，先在输入端加入高电平或低电平，然后再测量各输出端的电压，并做好记录。

6.2.2 电路调整方法

电路调整方法常用选择法和调节可调元器件法，两种方法都适用于静态调整和动态

调整。

1. 选择法

即通过替换元器件来选择合适的电路参数（性能或技术指标）。在电路原理图中的这种元器件的参数旁边通常标注有"＊"号。

由于反复替换元器件很不方便，所以一般总是先接入可调元器件，待调整确定了合适的元器件参数后，再换上与选定参数值相同的固定元器件。

2. 调节可调元器件法

在电路中已经装有调整元器件，如电位器、微调电容或微调电感等。其优点是调节方便，而且电路工作一段时间以后，若状态发生变化，则也可以随时调整，但可调元器件的可靠性差，体积也比固定元器件大。

6.2.3　电路故障原因

即使在组装前对元器件进行过认真地筛选与检测，也难保在组装过程中不会出现故障。为此，电子产品的检修也就成为调试的一部分。为了提高检修速度，加快调试进度，特将组装过程中常出现的问题列举如下。

1）焊接工艺不善，焊点有虚焊存在。

2）有极性的元器件在插装时弄错了方向。

3）由于空气潮湿，导致元器件受潮、发霉，或绝缘降低甚至损坏。

4）由于元器件筛选检查不严格或使用不当、超负荷而失效。

5）开关或接插件接触不良。

6）可调元器件的调整端接触不良，造成开路或噪声增加。

7）连接导线接错、漏焊或由于机械损伤、化学腐蚀而断路。

8）元器件引脚相碰，焊接连接导线时剥皮过多或因受热后缩小，与其他元器件或机壳相碰。

9）因为某些原因造成以前调谐好的电路严重失调。

6.2.4　任务19——HX108-2型收音机静态测试

1. 实训目的

1）能描述收音机电路的基本原理。

2）会熟练测量电路的直流电流和电压等参数。

3）会熟练使用万用表、直流稳压电源等设备。

2. 实训设备与器材准备

1）MF47A型万用表　1块。

2）直流稳压电源　1台。

3. 实训步骤与报告

☞(1) 直流电流测量

1）将MF47A型万用表置于直流电流档（1mA或10mA）。

2）对收音机各级电路的直流电流进行测量。

3）具体测试点（以测量第2中放级的电流为例）第2中放级的直流电流测试点示意图

如图6-4所示。

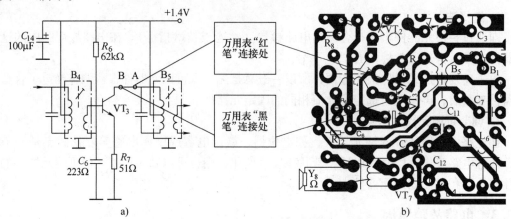

图6-4　第2中放级的直流电流测试点示意图

a）万用表在电路图中的连接　b）万用表在印制电路板中的连接

4）若测试的电流在规定的范围内，则应该将印制电路板与原理图A、B处相对应的开口连接起来。

5）各单元电路都有一定的电流值，如果电流值不在规定的范围内，可改变相应的偏置电阻。HX108-2型调幅收音机单元电路的具体电流值与参数调整如表6-2所示。

表6-2　HX108-2型调幅收音机单元电路的具体电流值与参数调整表

测试电路	混频级	第1中放级	第2中放级	低放级	功放级
	（VT_1）	（VT_2）	（VT_3）	（VT_5）	（VT_6、VT_7）
电流值/mA	0.18 ~ 0.22	0.4 ~ 0.8	1 ~ 2	2 ~ 4	4 ~ 10
参数调整	* R_1	* R_4	* R_6	* R_{10}	* R_{11}

【注】* R 表示该电阻的阻值是可以改变的，但要满足开口电流要求。

☞（2）直流电压测量

1）将 MF47A 型万用表置于直流电压（1V 或 10V）档。

2）对收音机各级电路的直流电压进行测量。

3）其具体测试点（以测量第2中放级的电压为例）第2中放级的直流电压测试点示意图如图6-5所示。

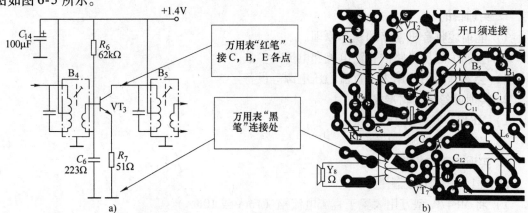

图6-5　第2中放级的直流电压测试点示意图

a）万用表在电路图中的连接　b）万用表在印制电路板中的连接

4）将各单元电路的电压值填入表6-3中。

表6-3 HX108-2型调幅收音机单元电路的电压值

测试点	VT_1			VT_2			VT_3		
	E	B	C	E	B	C	E	B	C
电压值/V									

测试点	VT_4			VT_5			VT_6			VT_7		
	E	B	C	E	B	C	E	B	C	E	B	C
电压值/V												

☞（3）HX108-2型收音机静态调试报告

实训项目	实训器材	实训步骤		
1.		（1）	（2）	（3）
2.		（1）	（2）	（3）
心得体会				
教师评语				

6.3 动态测试

动态调试一般指在加入信号（或自身产生信号）后，测量晶体管、集成电路等的动态工作电压以及有关的波形、频率、相位、电路放大倍数，并通过调整相应的可调元器件，使其多项指标符合设计要求。若经过动、静态调试后仍不能达到原设计要求，则应深入分析其测量数据，并要进行修正。

6.3.1 动态电压测试

1. 晶体管各极的动态电压
晶体管各引脚对地的动态工作电压同样是判断电路是否正常工作的重要依据。

2. 振荡电路的起振判定
利用万用表测量晶体管的U_{be}直流电压，若万用表指针会出现反偏现象，则可利用这一点判断振荡电路是否起振。当然用示波器判定更为直观。

6.3.2 波形测试

利用示波器对电路中的波形进行测试是调试或排除故障的过程中广泛使用的方法。对电路测试点进行波形测试时可能会出现以下几种不正常的情况：

1. 测量点没有波形
这种情况应重点检查电源、静态工作点、测试电路的连线等。

2. 测量点波形失真
当测量点波形失真或波形不符合设计要求时，通过对其分析和采取相应的处理方法便可得到解决。解决的办法一般是：首先保证电路静态工作点正常，然后再检查交流通路方面。现以功率放大器为例，对其输出波形进行测试。功率放大器输出波形测试示意图如图6-6所示，可能出现的失真波形如图6-7所示。

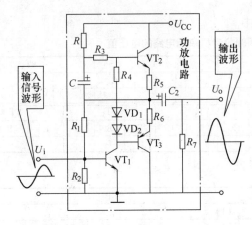

图 6-6　功率放大器输出波形测试示意图

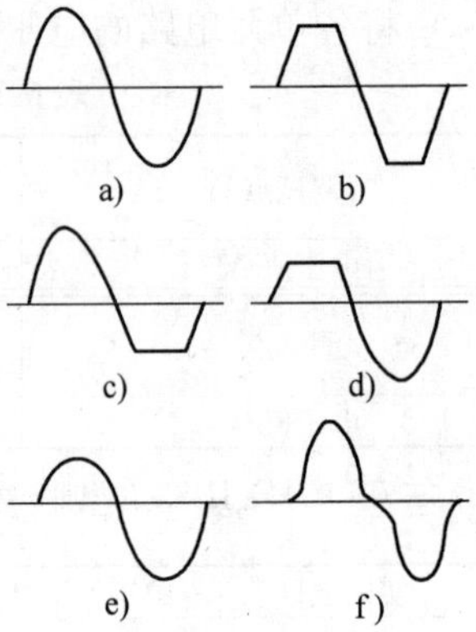

图 6-7　可能出现的失真波形图

1）图 6-7a 的波形属于正常波形。

2）图 6-7b 的波形属于对称性削波失真。适当减少输入信号，即可测出其最大不失真输出电压，这就是该放大器的动态范围。

3）图 6-7c 和图 6-7d 的波形是由于互补输出级中点电位偏离所引起，所以应检查并调整该放大器的中点电位，使其输出波形对称。

若中点电位正常，仍然出现上述波形，则可能是由于前几级电路中某一级工作点不正常引起的。对此只能逐级测量，直到找出出现故障的那一级放大器为止，再调整其静态工作点，使其恢复正常工作。

4）图 6-7e 的波形主要是输出级互补管（VT_2 和 VT_3）特性差异过大所致。

5）图 6-7f 的波形是由于输出互补管静态工作电流太小所致，称为交越失真。

3. 测量点波形幅度过大或过小

主要与电路增益控制元器件有关，只要细心测量有关增益控制元器件即可排除故障。

4. 测量点电压波形频率不准确

与振荡电路的选频元器件有关，一般都设有可调电感（如空心电感线圈、中周等）或可调电容来改变其频率，只要进行适当调整就能得到准确频率。

5. 测量点波形时有时无不稳定

可能是元器件或引线接触不良而引起的。若是振荡电路，则可能是电路处于临界状态，对此必须通过调整其静态工作点或一些反馈元器件才能排除故障。

6. 测量点有杂波混入

首先要排除外来的干扰，即要做好各项屏蔽措施。若仍未能排除故障，则可能是由于电路自激引起的，因此只能通过加大消振电容的方法来排除故障，如加大电路的输入输出端的对地电容、晶体管 B-C 间电容以及集成电路消振电容（相位补偿电容）等。

6.3.3　幅频特性测试

所谓频率特性是指在一个电路中不同频率、相同幅度的输入信号（通常是电压）在输出端产生的响应。它是电子电路中的一项重要技术指标。测试电路的频率特性一般有两种方法。

1. 信号源与电压表测量法

在电路输入端加入按一定频率间隔的等幅正弦波，每加入一个正弦波就测量一次输出电压，然后根据频率—电压的关系而得到幅频特性曲线。

2. 用扫频仪测量频率特性

将扫频仪输入端和输出端分别与被测电路的输出端和输入端连接，在扫频仪的显示屏上就可以看出电路对各点频率的响应幅度曲线。

采用扫频仪测试频率特性，具有测试简便、迅速、直观、易于调整等特点，这种方法常用于各种中频特性调试、带通调试等。

动态调试内容还有很多，如电路放大倍数、瞬态响应、相位特性等，而且不同电路要求动态调试项目也不相同，在这里不再详述。

6.3.4　任务 20 ── HX108-2 型调幅收音机动态测试

1. 实训目的

1）能描述 HX108-2 型收音机电路的基本原理。

2）能描述 HX108-2 型收音机电路组装与整机装配过程。

3）会熟练使用 F40 型数字合成函数信号发生器/计数器。

4）会熟练使用 DS1102 数字存储示波器。

5）会熟练调试 HX108-2 型收音机整机。

2. 实训设备与器材准备

1）MF47A 型万用表　1 块。

2）晶体管毫伏表　1 台。

3）无感螺钉旋具　1 副。

4）直流稳压电源　1 台。

5）DS1102 型数字存储示波器　1 台。

6）HX108-2 型调幅收音机套件　1 套。

7）F40 型数字合成函数信号发生器/计数器　1 台。

3. 实训主要设备简介

（1）F40 型数字合成函数信号发生器/计数器简介

"F40 型数字合成函数信号发生器/计数器"是一台具有函数信号、调频、调幅、FSK、PSK、触发及频率扫描等信号功能、具有测频和计数功能、采用直接数字合成技术（DDS）的精密测试仪器。其前、后面板示意图如图 6-8 所示。

F40 型数字合成函数信号发生器/计数器的"调幅功能模式"使用如下：

按〈调幅〉键进入调幅功能模式，显示区显示载波频率。此时状态显示区显示调幅功能模式标志"AM"。

连续按〈菜单〉键，显示区域依次闪烁显示下列选项：调制深度［AM LEVEL］→ 调制频率［AM FREQI → 调制波形［AM WAVE］→ 调制信号源［AM SOURCE］。

在显示想要修改参数的选项后停止按〈菜单〉键，显示区域闪烁显示当前选项 1s 后自动显示当前选项的参数值。对调幅的调制深度［AM LEVEL］、调制频率［AM FREQ］、调制波形［AM WAVE］、调制信号源［AM SOURCE］选项的参数，可用数据键或调节旋钮输入。

当用数据键输入时，数据后面必须输入单位，否则输入的数据不起作用。

当用调节旋钮输入时，可进行连续调节，调节完毕，按一次〈菜单〉键，跳到下一选项。如果对当前选项不做修改，就可以按一次〈菜单〉键，跳到下一选项。

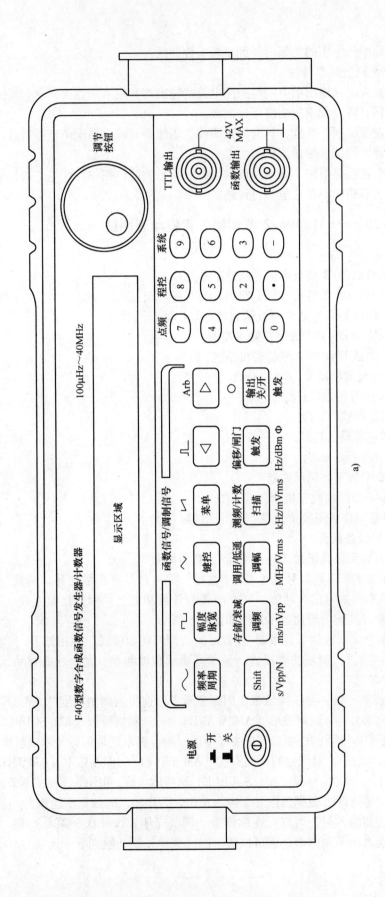

a)

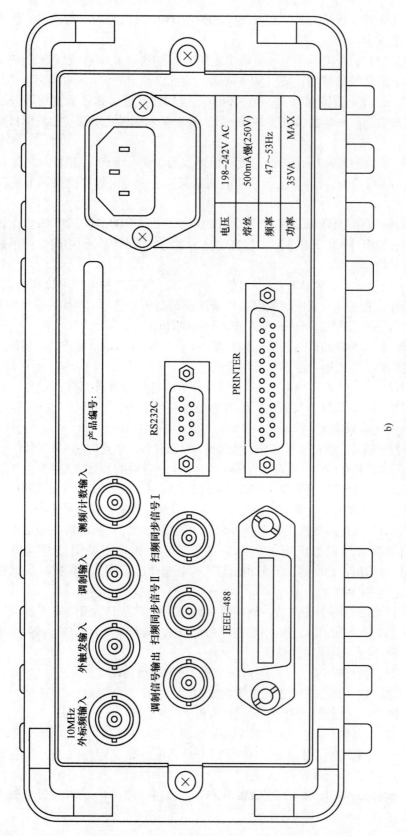

电压 198-242V AC
熔丝 500mA慢(250V)
频率 47～53Hz
功率 35VA MAX

产品编号:

RS232C

PRINTER

IEEE-488

测频/计数输入

调制输入

外触发输入

10MHz 外标频输入

扫频同步信号 I

扫频同步信号 II

调制信号输出

b)

图 6-8 F40 型数字合成信号发生器/计数器的后面板示意图

在进入调幅功能模式后，为了保证当调制深度为100%时信号能正确输出，仪器自动把载波的峰峰值幅度减半。

1）载波信号。按〈调幅〉键进入调幅功能模式，显示区显示载波频率。按〈幅度脉宽〉键可以设定载波信号的幅度，按〈频率周期〉键可以设定载波信号的频率，按〈Shift〉键和〈偏移〉键可以设定直流偏移值。用〈Shift〉键和波形键可选择载波信号的波形。若不设置，则上述参数与前一功能的载波参数一致。在调幅功能模式中载波的波形只能选择正弦波和方波两种。

2）调制深度［AM LEVEL］。调制深度取值范围为1%～120%。在显示区闪烁显示为调制深度［AM LEVEL］1s后自动显示当前的调制深度值，可用数据键或调节旋钮输入调制深度值。

3）调制信号频率［AM FREQ］。调制信号的频率范围为$100\mu Hz～20kHz$。在显示区闪烁显示为调制信号频率［AM FREQ］1s后自动显示当前的调制信号频率值，可用数据键或调节旋钮输入调制信号频率。

4）调制信号波形［AM WAVE］。调制信号的波形。共有5种波形可以作为调制信号。每种波形一个编号，通过输入相应的波形编号来选择调制信号波形。5种波形及编号为1—正弦波、2—方波、3—三角波、4—升锯齿波、5—降锯齿波。

在显示区闪烁显示为调制信号波形［AM WAVE］1s后自动显示当前的调制信号波形编号，可用数据键或调节旋钮输入波形编号选择波形。

5）调制信号源［AM SOURCE］。调制信号分为内部信号和外部输入信号。编号和提示符分别为1—INT和2—EXT。仪器出厂设置为内部信号。外部调制信号通过后面板"调制输入"端口输入（信号幅度3Vpp）。

当信号源选为外部时，状态显示区显示外部输入标志"Ext"。此时［AM FREQ］和［AM WAVE］的输入无效。只有将信号源选为内部信号时，上述选项的参数输入才发生作用。

在显示区闪烁显示为调制信号源［AM SOURCE］1s后，自动显示当前调制信号源相应的提示符和编号，可用数据键或调节旋钮输入调制信号源编号来选择信号来源。

6）调幅的启动与停止。当将仪器选择为调幅功能模式时，调幅功能就被启动。在设定各选项参数时，仪器自动根据设定后的参数进行输出。如果不希望信号输出。就可按〈输出〉键禁止信号输出，此时输出信号指示灯灭；若想输出信号，则再按一次〈输出〉键即可，此时输出信号指示灯亮。

7）调幅举例。载波信号为正弦波，频率为465kHz，幅度为1V；调制信号来自内部，调制波形为正弦波（波形编号为1），调制信号频率为5kHz，调制深度为30%。按键顺序如下：

按〈调幅〉键，进入调幅功能模式。

按〈频率〉键，按〈4〉〈6〉〈5〉〈kHz〉键，设置载波频率。

按〈幅度〉键，按〈1〉〈V〉键，设置载波幅度。

按〈Shift〉键和〈正弦波〉键，设置载波波形。

按〈菜单〉键选择调制深度［AM LEVEL］选项，按〈3〉〈0〉〈N〉设置调试深度。

按〈菜单〉键选择调制信号频率［AM FREQ］选项，按〈5〉〈kHz〉设置调制信号频率。

按〈菜单〉键选择调制信号波形［AM WAVE］选项，按〈1〉〈N〉设置调制信号波形为正弦波。

按〈菜单〉键选择调制信号源［AM SOURCE］选项，按〈1〉〈N〉，设置调制信号源为内部。

（2）DS1102C 数字存储示波器简介

由于数字存储示波器不仅具有 TFT 彩色显示屏、体积小的优势，而且具有波形触发、波形数据分析、存储、显示、手动测量以及自动测量等功能，所以，一直是工程师设计、调试电子产品的好帮手，也是各科研院所必备的设备之一。

DS1102C 型数字存储示波器是两个双通道输入、一个外触发输入通道和 16 个数字输入通道的数字示波器。它向用户提供简单而功能明晰的前面板，使用户不必花大量的时间去学习和熟悉示波器的操作即可熟练使用。尤其是其中的自动测量功能，用户可直接按"AU-TO"即可获得适合的波形显现和档位设置。

DS1102C 型数字存储示波器面板图如图 6-9 所示。

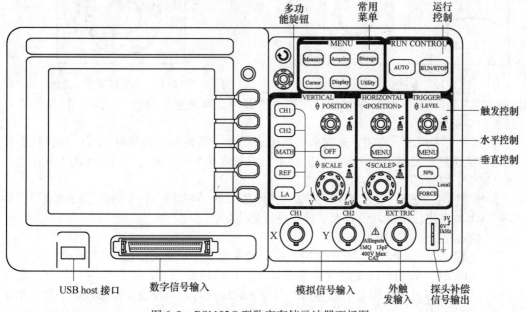

图 6-9　DS1102C 型数字存储示波器面板图

1）垂直控制区（VERTICAL）。

VERTICAL 区有一系列的按键、旋钮组成。垂直控制区示意图如图 6-10 所示。

① 垂直"POSITION"旋钮。控制信号的垂直显示位置。当转动该旋钮时，指示通道地（GROUND）的标识跟随波形而上下移动。当按下该旋钮时，可设置通道垂直显示位置恢复到零点的快捷键。

② 垂直"SCALE"旋钮。是改变"Volt/div（伏/格）"垂直档位。当调整该旋钮时，可以发现状态栏对应通道的档位显示发生了相应的变化。当按下该旋钮时，可作为设置输入通道的 Coarse/Fine（粗调/微调）状态的快捷键。

③〈CH1〉〈CH2〉〈MATH〉〈REF〉〈LA〉（混合信号示波器）等按键。屏幕显示对应通道的操作菜单、标志、波形和档位状态信息，按〈OFF〉按键关闭当前选择的通道。

2）水平控制区（HORIZONTAL）。

HORIZONTAL 区由一个按键、两个旋钮组成。水平控制区示意图如图 6-11 所示。

① 水平"POSITION"旋钮。用它调整信号在波形窗口的水平位置。当转动该旋钮时，

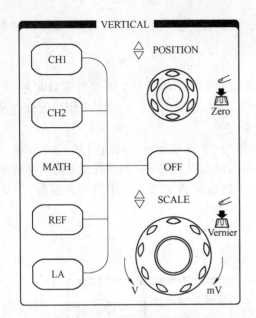

图 6-10　垂直控制区示意图

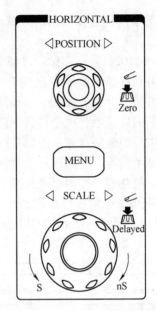

图 6-11　水平控制区示意图

可以观察到波形随旋钮而水平移动，当按下该键时，可使触发位移（或延迟扫描位移）恢复到水平零点处。

②水平"SCALE"旋钮。改变水平档位的设置。当转动该旋钮时，可以发现状态栏对应通道的档位显示发生了相应的变化。水平扫描速度从 5ns 至 50s，以 1-2-5 的形式步进。当按下该键时，可以切换到延迟扫描状态。

③〈MENU〉按键。显示 TIME 菜单。在此菜单下，可以开启/关闭延迟扫描或切换 Y-T、X-Y 和 ROLL 模式，还可以设置水平触发位移复位。

3）触发控制区（TRIGGER）。

TRIGGER 区由一个旋钮、3 个按键组成，触发控制区示意图如图 6-12 所示。

①〈LEVEL〉旋钮。改变触发电平设置。当转动该旋钮时，可以发现屏幕上出现一条橘红色的触发线以及触发标志上下移动，当按下该旋钮时，可作为设置触发电平恢复到零点的快捷键。

②〈MENU〉按键。调出触发菜单，改变触发的设置。触发菜单示意图如图 6-13 所示。

按〈1〉号菜单操作按键，选择"边沿触发"；按〈2〉号菜单操作按键，选择"信源选择"为"CH1"；按〈3〉号菜单操作按键，设置"边沿类型"为"上升沿"；按〈4〉号菜单操作按键，设置"触发方式"为"自动"；按〈5〉号菜单操作按键，进入"触发设置"二级菜单，对触发的耦合方式，触发灵敏度和触发释抑时间进行设置。

③〈50%〉按键。设定触发电平在触发信号幅值的垂直中点。

④〈FORCE〉按键。强制产生一个触发信号，主要应用于触发方式中的"普通"和"单次"模式。

4）运行控制区（RUN CONTROL）。

RUN CONTROL 区由两个按键组成。

①〈AUTO〉按键。自动设置。

②〈RUN/STOP〉按键。运行/停止。

5）常用菜单区（MENU）。

MENU 区由 6 个按键组成。

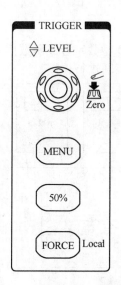

图 6-12　触发控制区示意图

图 6-13　触发菜单示意图

①〈Measure〉按键。自动测量。

②〈Acquire〉按键。设置采样方式。

③〈Storage〉按键。存储和调出。

④〈Cursor〉按键。光标测量。

⑤〈Display〉按键。设置显示方式。

⑥〈Utility〉按键。辅助系统设置。

6）DS1102C 型数字存储示波器使用

① 仪器接通电源后，仪器执行所有自检项目，并确认通过自检，按〈Storage〉键，用菜单操作键从顶部菜单框中选择"存储类型"，然后调出"出厂设置"菜单框。

② 将探头菜单衰减系数设定为"1×"，同时，将探头上的开关设定为"1×"。若波形幅度很大，则可设置为"10×"。

③ 将探头连接器上的插槽对准通道 CH1 同轴电缆插接件（BNC）上的插口并插入，然后向右旋转以拧紧探头。

④ 将通道 1 的测试探头连接到电路中被测点。

⑤ 按下〈AUTO〉按键，示波器将自动设置使波形显示达到最佳。在此基础上，可以进一步调节垂直、水平档位，直至波形的显示符合要求。

⑥ 当测量信号峰 – 峰值时，按下〈Measure〉按钮以显示自动测量菜单，按下〈1〉号菜单操作键以选择"信源 CH1"，按下〈2〉号菜单操作键以选择"电压测量"类型，在电压测量弹出菜单中选择测量参数为"峰 – 峰值"。此时，在屏幕左下角就会出现峰 – 峰值的显示。

⑦ 当测量信号频率时，按下〈3〉号菜单操作键选择测量类型为"时间测量"，在时间测量弹出菜单中选择测量参数为"频率"。此时，在屏幕下方会出现频率值的显示。

4. 实训步骤与报告

☞（1）中频频率调整

中频频率准确与否是决定 HX108-2 型调幅收音机灵敏度的关键；待收音电路安装完毕并能正常收到信号后，便可调整中频变压器；在维修中若更换过中频变压器，则需要进行调整。这是因为和它并联的电容器的电容量总存在误差、机内布线也有分布电容等，这些会引起中频变压器的失谐；但应注意，此时中频变压器磁心的调整范围不应太大。

具体操作如下：

1）将 PS1102C 型数字存储示波器、晶体管毫伏表、F40 型数字合成函数信号发生器/计数器等设备按如图 6-14 所示的中频频率调整与设备连接示意图进行连接。

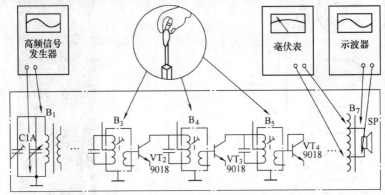

图 6-14   中频频率调整与设备连接示意图

2）将所连接的设备调节到相应的量程。

3）将收音部分本振电路短路，使电路停振，避去干扰。也可把双连可变电容器置于无电台广播又无其他干扰的位置上。

4）使 "F40 型数字合成函数信号发生器/计数器" 输出频率为 465kHz、调制度为 30% 的调幅信号。

5）由小到大缓慢地改变 "F40 型数字合成函数信号发生器/计数器" 的输出幅度，使扬声器里能刚好听到信号的声音即可。

6）用无感螺钉旋具首先调节中频变压器 B_5，使听到信号的声音为最大，使 "晶体管毫伏表" 中的信号指示为最大。

7）然后再分别调节中频变压器 B_4、B_3，同样需使扬声器中发出的声音和 "晶体管毫伏表" 中的信号指示为最大。

8）中频频率调试完毕。

【注1】若中频变压器谐振频率偏离较大，在输入 465kHz 的调幅信号后，扬声器里仍没有低频输出时则可采取如下方法。

1）左右调偏信号发生器的频率，使扬声器出现低频输出。

2）在找出谐振点后，再把 "F40 型数字合成函数信号发生器/计数器" 的频率逐步地向 465kHz 位置靠近。

3）同时调整中频变压器的磁心，直到其频率调准在 465kHz 位置上。经这样调整后，还要减小输入信号，再细调一遍。

【注2】对已调乱的中频变压器的中频频率的调整方法如下。

1）将 465kHz 的调幅信号由第 2 中放管的基极输入，经调节中频变压器 B_5，使扬声器中发出的声音为最大，使晶体管毫伏表中的信号指示最大。

2）将 465kHz 的调幅信号由第 1 中放管的基极输入，调节中频变压器 B_4，使声音和信号指示都为最大。

3）将 465kHz 的调幅信号由变频管的基极输入，调节中频变压器 B_3，同样使声音和信号指示都为最大。

☞（2）频率覆盖调整

频率覆盖范围是否达到要求是决定 HX108-2 型调幅收音机选择性的关键；收音部分中

波段频率范围一般规定在 525 ~ 1605kHz，调整时一般把中波频率调整在 515 ~ 1640kHz 范围，并保持一定的余量。

具体操作如下：

1）把"F40 型数字合成函数信号发生器/计数器"输出的调幅信号接入具有开缝屏蔽管的环形天线。

2）天线与被测收音机部分天线磁棒距离为 0.6m。收音机频率覆盖调整示意图如图 6-15 所示。

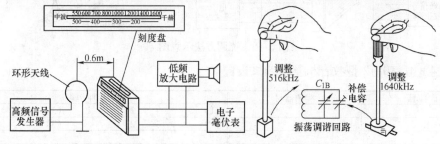

图 6-15　收音机频率覆盖调整示意图

3）通电，当将双联电容器全部旋入时，指针应指在刻度盘的起始点。

4）然后将"F40 型数字合成函数信号发生器/计数器"调到 515kHz。

5）用无感螺钉旋具调整振荡线圈 B_2 的磁心，使晶体管毫伏表的读数达到最大。

6）将"F40 型数字合成函数信号发生器/计数器"调到 1640kHz，将双联电容器全部旋出。

7）用无感螺钉旋具调整并联在振荡线圈 B_2 上的补偿电容，使"晶体管毫伏表"的读数达到最大。若收音部分高频频率高于 1640kHz，则可增大补偿电容容量；反之，则降低。

8）用上述方法由低端到高端反复调整几次，直到频率调准为止。

☞（3）收音机统调

收音机统调分同步（或跟踪）和三点统调（或三点同步）两个步骤。

在超外差收音机的使用中，只要调节双连电容器，就可以使振荡与天线调谐两个回路的频率同时发生连续的变化，从而使这两个回路的频率差值保持在 465kHz 上，这就是所谓的同步（或跟踪）。

实际中要使整个波段内每一点都达到同步是不易的，为了使整个波段内都能取得基本同步，在设计振荡回路和天线调谐回路时，要求它在中间频率（中波 1kHz）处达到同步，并且在低频端（中波 600Hz）通过调节天线线圈在磁捧上的位置，在高频端通过调整天线调谐回路的微调补偿电容的容量，使低端和高端也达到同步。这样一来，其他各点的频率也就差不多了。因为在外差式收音机的整个波段范围内有三点是跟踪的，所以称为三点同步（或称为三点统调）。

具体操作如下：

1）调节"F40 型数字合成函数信号发生器/计数器"的频率，使环形天线送出 600kHz 的高频信号。

2）将收音部分的双连调到使指针指在刻度盘 600kHz 的位置上。

3）改变磁棒上输入线圈的位置，使"晶体管毫伏表"读数为最大。

4）再将"F40 型数字合成函数信号发生器/计数器"频率调到 1500kHz。

5）将双连调到使指针指在刻度盘 1500kHz 的位置上。

6）调节天线回路中的补偿电容，使"晶体管毫伏表"读数为最大。

7）如此反复多次，直到两个统调点 600kHz、1500kHz 调准为止。

8）统调方法示意图如图 6-16 所示。

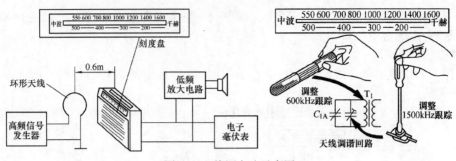

图 6-16　统调方法示意图

☞（4）HX108-2 型收音机整机调试报告

	实训项目	实训器材	实训步骤		
1.			(1)	(2)	(3)
2.			(1)	(2)	(3)
	心得体会				
	教师评语				

6.4　在线测试

在表面贴装技术（SMT）的生产过程中，除了焊点缺陷导致质量不合格外，元器件的错焊、漏焊、虚焊以及桥连等均会造成产品不合格。因此生产中可以通过在线测试仪（In Circuit Tester，ICT）进行性能测试，以便及时发现问题，采取相应措施进行处理。

目前常用的在线测试方法分 3 种，即 MDA、ICT 和 FT。

6.4.1　生产故障分析（MDA）

生产故障分析（Malfunction Defect Analyzer，MDA）是针对焊点和模拟元器件的检测方法，它通常采用电压表、电流表和欧姆表等仪表来完成测量，通过软件和程序来控制整个测量过程，运用"学习法"作为判断测试结果的依据。

这种方法技术简单、容易实现，但故障覆盖率和准确性有限，一般用于技术较简单、可靠性要求一般的产品。

6.4.2　在线电路测试（ICT）

在线电路测试（In Circuit Test，ICT）的功能比 MDA 强大得多，它是以印制电路板的设计指标为判断测试结果的依据，除了覆盖 MDA 功能外，还能对数字电路包括 VLSI 和 ASIC 等进行功能分析。

ICT 几乎能检测所有与制造过程有关的缺陷，故障覆盖率和准确率都很高，适用于技术复杂、功能先进和可靠性要求高的产品。

6.4.3　功能测试（FT）

功能测试（Functional Test，FT）是一种高级的组合测试系统，除能完成 MDA 和 ICT 所有功能外，还可对整个电路或电路群进行功能测试。

FT 系统有自动编程故障逆向追踪功能，甚至可以自动设计夹具。这种功能测试适用于技术更先进、要求更高的产品。

6.5 自动测试

6.5.1 自动测试流程

自动测试是自动生产线上的一个测试流程。被测电路从上道工序传到自动测试工位，经定位装置定位后，压力机将印制电路板压到针床上，进入测试状态。全自动测试台对电路测试后将印制电路板送到缓冲带上，合格品进入下一道工序，不合格品脱离生产线送到不合格品收纳机。自动测试流程示意图如图 6-17 所示。

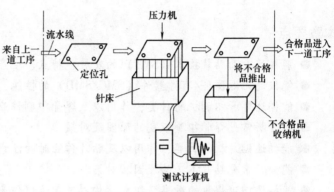

图 6-17　自动测试流程示意图

6.5.2 自动测试硬件设备

自动测试硬件设备是以测试技术和计算机硬件技术、传感器技术、网络技术等为基础的，通常以测试针数和测试步数作为基本规格。针数越多，可测的电路越复杂；步数越多，测试功能越复杂。例如，用于彩色电视机、录像机、CD 机的测试设备通常为 2048 针、8196 步。

还有一种测试设备是用活动针对印制电路板进行"飞针式"测试，先进的飞针式设备可达 0.04秒/测试步，最大测试步数达 15000 步，最小定位分辨力可达 20μm，探针间的测试间距达 0.2mm。

6.5.3 自动测试软件系统

自动测试软件系统主要有两大类。

一类是结合 EDA 系统根据设计原理图及 IC 数据库以及 PCB 设计、制造、装配等数据自动生成测试程序。

另一类是通过"实时学习比较技术"，无须编程即可对电路进行全面功能测试。这种技术以"智能化曲线扫描技术"为基础，它通过可变的参考点和参考值，对通电的被测板上的每一节点进行分析，从而判断电路功能及参数。

6.6 习题

1. 设计电子产品调试方案应考虑哪些方面的因素？
2. 什么是静态测试？可测试哪些参数？
3. 什么是动态测试？可测试哪些参数？
4. 在线测试方法有哪些？
5. 当进行收音机静态测试时，可测得哪些参数？
6. 当进行收音机动态测试时，可测得哪些参数？
7. 电路组装过程中可能出现的故障原因有哪些？
8. 在数字存储示波器面板上与波形参数有关的旋钮是哪些？

第7章 表面贴装技术（SMT）

本章要点

- 能描述表面贴装技术（SMT）的发展、特点、生产线种类和设备组成等内容
- 能描述无源器件/有源器件（SMC/SMD）的性能、特点与贴装类型
- 能描述焊膏印刷机的种类、作用以及焊膏印刷作业时的注意事项
- 能分析常见焊膏印刷不良的原因及对策
- 能描述贴片机的种类、作用以及贴片作业时的注意事项
- 能分析常见贴片不良的原因及对策
- 能描述回流焊机的种类、组成结构以及回流焊作业时的注意事项
- 能分析常见回流焊不良的原因及对策
- 能描述主要检测设备的简单原理和用途
- 会熟练识别与判别 SMC/SMD
- 会熟练使用 HAKKO-850 热风焊枪
- 会熟练焊接 SMC/SMD
- 会熟练操作焊膏印刷机
- 会熟练操作贴片机
- 会熟练操作回流焊机

7.1 SMT 概述

表面贴装技术（SMT）是将表面贴装元器件（SMC/SMD）贴、焊到印制电路板表面规定位置上的电路装联技术。它作为新一代电子安装技术，目前被广泛地应用于航空、航天、通信、计算机、医疗电子、汽车、办公自动化、家用电器等各个领域。

7.1.1 安装技术的发展概况

随着电子产品的不断更新与发展，安装技术迄今为止已发展到了第 5 代技术。第 1 代是基于电子管的铆接技术，第 2、3 代是基于晶体管及单、双列集成电路的通孔插装技术（THT），第 4 代是基于无引线的贴片式器件的表面贴装技术（SMT），第 5 代是基于超大规模集成电路（VLS IC）或特大规模集成电路（ULS IC）的微组装技术（MPT）。

目前，THT 主要用于中、低端电子产品，SMT 则用于中、高端电子产品，MPT 还处于发展阶段，应用于局部领域。电子产品安装技术的发展概况一览表如表 7-1 所示。

表 7-1 电子产品安装技术的发展概况一览表

年代（20 世纪）	技术缩写	元器件代表	安装方法	焊接技术
第 1 代 （50～60 年代）	无缩写	电子管 长引线元器件	手工安装	手工 烙铁焊
第 2 代 （60～70 年代）	THT	晶体管轴向 引线元器件	手工/半自动 插装	手工焊 浸焊
第 3 代 （70～80 年代）		单、双列直插 IC 轴向引线元器件	自动插装	波峰焊/浸焊/手工焊
第 4 代 （80～90 年代）	SMT	表贴元器件 （SMC/SMD）	自动贴片机	波峰焊 回流焊
第 5 代 （90 年代）	MPT	超大及特大规模集成电路（VLS IC、ULS IC）	自动安装	倒装焊 特种焊

7.1.2 SMT 的特点

1. 组装密度高

由于表面贴装元器件（SMC/SMD）在体积和重量上都大大减小，所以，在 PCB 单位面积上的元器件数目自然也就增多了。

2. 可靠性高

由于片式元器件小而轻，抗振动能力强，自动化生产程度高，所以贴装可靠性高。目前几乎所有的中、高端电子产品都采用 SMT 工艺。

3. 高频特性好

由于片式元器件通常为无引线或短引线器件，所以在 PCB 设计方面，可降低寄生电容的影响、提高电路的高频特性。采用片式元器件设计的电路最高频率可达 3GHz，而采用通孔元器件设计的电路最高频率仅为 500MHz。

4. 降低成本

采用 SMT 技术，使用 PCB 的面积减小，一般为通孔 PCB 面积的 1/12；PCB 上钻孔数量减小，节约了返修费用；频率特性提高，减少了电路调试费用；片式元器件体积小、重量轻，减少了包装、运输和储存费用。片式元器件发展快，成本迅速下降，价格也相当低。

5. 便于自动化生产

SMT 采用自动贴片机的真空吸嘴吸放元器件，其真空吸嘴小于元器件外形，为此可完全实现自动化生产；而穿孔安装印制板要实现完全自动化，则需扩大原 PCB 的面积，这样才能使自动插件的插装头将元器件插入，若没有足够的空间间隙，则将碰坏零件。

6. SMT 的不足

SMT 的不足之处是，厂家初始投资大，生产设备结构复杂，涉及技术面宽，费用昂贵。由于元器件微小，所以电子产品维修工作困难，需专用工具。另外，在加工过程中，还要使元器件与印制板之间热膨胀系数（CTE）保持一致等。

7.1.3 SMT 生产线分类

1. 基于自动化程度划分

根据生产线自动化程度可分为全自动生产线和半自动生产线。

（1）全自动生产线

整条生产线的设备都是全自动设备，通过自动上板机、接驳台和下板机将所有生产设备连成一条自动线。

（2）半自动生产线

没有将主要生产设备连接起来或没有将其完全连接起来。

2. 基于生产规模大小划分

按照生产线的规模大小可分为大型、中型和小型生产线。

（1）大型 SMT 生产线

具有较大的生产能力，一条大型生产线上的贴装机由一台多功能机和多台高速机组成。

（2）中、小型 SMT 生产线

主要适合中、小型企业和研究所，可完成中、小批量的生产任务。贴装机一般可采用一台多功能机，若有一定的生产量，则可采用一台多功能机和一至两台高速机。

7.1.4 SMT 设备组成

1. 焊膏印刷机

焊膏印刷机位于 SMT 生产线的最前端，用来印刷焊膏或贴片胶。它将焊膏或贴片胶正确地漏印到印制板的焊盘或相应位置上。

2. 贴装机

贴装机又称贴片机，位于 SMT 生产线中印刷机的后面。其作用是将表面贴装元器件从包装中取出，准确安装到 PCB 的固定位置上。SMT 生产线的贴装功能和生产能力主要取决于贴装机的功能与速度。

3. 回流焊机

回流焊机位于 SMT 生产线中贴片机的后面。其作用是提供一种加热环境，使预先分配到印制板焊盘上的焊锡膏熔化，并使表面贴装元器件与 PCB 焊盘通过焊锡膏合金可靠结合在一起。

4. 检测设备

检测设备的作用是对贴装好的 PCB 进行装配质量和焊接质量的检测。所用设备有放大镜、显微镜、自动光学检测仪（AOI）、在线测试仪（ICT）、X-RAY 检测系统、功能测试仪等。

SMT 设备组成示意图如图 7-1 所示。

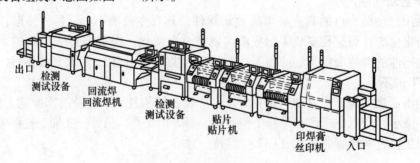

出口
检测
测试设备　　回流焊
　　　　　回流焊机　　检测
　　　　　　　　　测试设备　　贴片
　　　　　　　　　　　　　贴片机　　印焊膏
　　　　　　　　　　　　　　　　　丝印机　　入口

图 7-1　SMT 设备组成示意图

7.2　表面贴装元器件

表面贴装元器件是无引线或短引线元器件，常把它分为无源器件，即表面贴装元件

（SMC）和有源器件，即表面贴装器件（SMD）两大类。例如片式电阻器、电容器、电感器等便是 SMC；小外形封装（SOP）的晶体管及四方扁平封装（QFP）的集成电路等便是 SMD。表面贴装常用器材有焊膏、红胶、PCB、模板和刮刀等。

7.2.1 表面贴装元件（SMC）

表面贴装无源器件（SMC）包括表面贴装电阻器、表面贴装电容器和表面贴装电感器等。常见 SMC 实物外形图如图 7-2 所示。

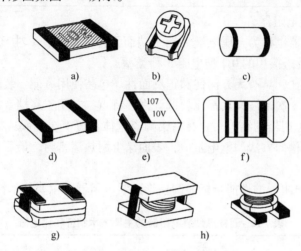

图 7-2 常见 SMC 实物外形图

a）矩形片式电阻器 b）片式电位器 c）圆柱形贴装电阻器 d）矩形片式电容器
e）片式钽电解电容器 f）圆柱形贴装电容器 g）模压型片式电感器 h）片式电感器

1. 表面贴装电阻器

（1）矩形片式电阻器

由于制造工艺不同有厚膜型（RN 型）和薄膜型（RK 型）两种类型。

厚膜型（RN 型）电阻器是在扁平的高纯度三氧化二铝（Al_2O_3）基板上印一层二氧化钌基浆料，烧结后经光刻而成。

薄膜型（RK 型）电阻器是在基体上喷射一层镍铬合金而成。精度高、电阻温度系数小、稳定性好，但阻值范围比较窄，适用于精密和高频领域，应用十分广泛。

1）常见外形尺寸。片式电阻、电容常以它们的外形尺寸的长宽命名，以标志它们的大小，以 in（1in = 254mm）及 SI 制（mm）为单位。如外形尺寸为 0.12in × 0.06in，记为1206；SI 制记为 3.2mm × 1.6mm。片式电阻器外形尺寸如表 7-2 所示。

表 7-2 片式电阻器外形尺寸表

尺寸型号	长（L）/mm	宽（W）/mm	高（H）/mm	端头宽度（T）/mm
RC0201	0.6 ± 0.03	0.3 ± 0.03	0.3 ± 0.03	0.15 ~ 0.18
RC0402	1.0 ± 0.03	0.5 ± 0.03	0.3 ± 0.03	0.3 ± 0.03
RC0603	1.56 ± 0.03	0.8 ± 0.03	0.4 ± 0.03	0.3 ± 0.03
RC0805	1.8 ~ 2.2	1.0 ~ 1.4	0.3 ~ 0.7	0.3 ~ 0.6
RC1206	3.0 ~ 3.4	1.4 ~ 1.8	0.4 ~ 0.7	0.4 ~ 0.7
RC1210	3.0 ~ 3.4	2.3 ~ 2.7	0.4 ~ 0.7	0.4 ~ 0.7

2）片式电阻器的精度。根据 IEC3 标准"电阻器和电容器的优选值及其公差"的规定，电阻值允许偏差为 ±10%，称为 E12 系列；电阻值允许偏差为 ±5%，称为 E24 系列；电阻值允许偏差为 ±1%，称为 E96 系列。

3）片式电阻器的功率。功率大小与外形尺寸对应关系如表 7-3 所示。

表 7-3　片式电阻器的功率大小与外形尺寸对应关系表

型号	RC0805	RC1206	RC1210
功率/W	1/16	1/8	1/4

（2）圆柱形贴装电阻器

圆柱形贴装电阻器也称为金属电极无端子端面元件（MELF）。主要有碳膜 ERD 型、高性能金属膜 ERO 型及跨接用的 0Ω 型电阻 3 种类型。

它与片式电阻相比，具有无方向性和正反面性、包装使用方便、装配密度高、较高的抗弯能力、噪声电平和 3 次谐波失真都比较低等许多特点，常用于高档音响电器产品中。

1）圆柱形贴装电阻器的结构。它在高铝陶瓷基体上覆上金属膜或碳膜，两端压上金属帽电极，采用刻螺纹槽的方法调整电阻值，表面涂上耐热漆密封，最后根据电阻值涂上色码标志。

2）圆柱形贴装电阻器的性能指标。圆柱形贴装电阻器的主要技术特征和额定值如表7-4所示。

表 7-4　圆柱形贴装电阻器的主要技术特征和额定值

项　目 ＼ 型　号	碳　膜			金属膜		
	ERD－21TL	ERD－10TLO ［CC－12］	ERD－25TL ［RD41B2E］	ERO－21L	ERO－10L ［RN41C2B］	ERO－25L ［RN41C2E］
使用环境温度/℃	−55 ~ +155			−55 ~ +150		
额定功率/W	0.125	最高额定电流 2A	0.25	0.125	0.125	0.25
最高使用电压/V	150		300	150	150	150
最高过载电压/V	200		600	200	300	500
标称阻值范围/Ω	1 ~ 1M		1 ~ 2.2M	100 ~ 200k	21 ~ 301k	1 ~ 1M
阻值允许偏差/（%）	（J ±5）	≤50mΩ	（J ±5）	（F ±1）	（F ±1）	（F ±1）
电阻温度系数/（10^{-6}/℃）	−1300/350		−1300/350	±10	±100	±100
质量/（g/1000 个）	10	17	66	10	17	66

（3）片式电位器

片式电位器包括片状、圆柱状、扁平矩形结构等各类电位器，它在电路中起调节电压和电阻的作用，故分别称之为分压式电位器和可变电阻器。

1）片式电位器的结构。具有 4 种不同的外形结构，分别为敞开式、防尘式、微调式和全密封式。

2）片式电位器的外形尺寸。片式电位器型号有 3 型、4 型和 6 型，其外形尺寸如表 7-5 所示。

表 7-5　片式电位器的外形尺寸表

型号	尺寸（长×宽×高）/mm		型号	尺寸（长×宽×高）/mm	
3 型	3×3.2×2	3×3×1.6	4 型	4.5×5×2.5	4×4.5×2.2
6 型	6×6×4	$\phi6×4.5$		3.8×4.5×2.4	4×4.5×1.8
				4×5×2	4×4.5×2

2. 表面贴装电容器

（1）多层片状瓷介电容器（MLC）

在实际应用中的 MLC 大约占 80%，通常是无引线矩形 3 层结构。由于电容的端电极、金属电极、介质三者的热膨胀系数不同，所以在焊接过程中升温速率不能过快，否则易造成片式电容的损坏。

1）多层片状瓷介电容器的性能。根据用途分为 I 类陶瓷（国内型号为 CC41）和 II 类陶瓷（国内型号为 CT4）两种类型。

I 类是温度补偿型电容器，其特点是低损耗、电容量稳定性高，适用于谐振回路、耦合回路和需要补偿温度效应的电路。

II 类是高介电常数类电容器，其特点是体积小、容量大，适用于旁路、滤波或在对损耗、容量稳定性要求不太高的鉴频电路中。

2）多层片状瓷介电容器的外形尺寸。片状电容器的外形尺寸如表 7-6 所示。

表 7-6　片状电容器的外形尺寸表

电容型号	尺　寸			
	L/mm	W/mm	H_{max}/mm	T/mm
CC0805	1.8~2.2	1.0~1.4	1.3	0.3~0.6
CC1206	3.0~3.4	1.4~1.8	1.5	0.4~0.7
CC1210	3.0~3.4	2.3~2.7	1.7	0.4~0.7
CC1812	4.2~4.8	3.0~3.4	1.7	0.4~0.7
CC1825	4.2~4.8	6.0~6.8	1.7	0.4~0.7

（2）片式钽电解电容器

容量一般在 $0.1~470\mu F$ 范围，外形多呈现矩形结构。由于其电解质响应速度快，所以在需要高速运算处理的大规模集成电路中被广泛应用。有裸片型、模塑封装型和端帽型等 3 种不同类型。其极性的标注方法是，在基体的一端用深色标志线作为正极。

（3）片式铝电解电容器

容量一般在 $0.1~220\mu F$ 范围，主要应用于各种消费类电子产品中，价格低廉。按外形和封装材料的不同，可分为矩形铝电解电容器（树脂封装）和圆柱形电解电容器（金属封装）两类。在基体上同样用深色标志线作为负极来标注其极性，容量及耐压也在基体上加以标注。

3. 表面贴装电感器

片式电感器的种类较多，按形状可分为矩形和圆柱形；按磁路可分为开路形和闭路形；按电感量可分为固定型和可调型；按结构的制造工艺可分为绕线型、多层型和卷绕型。同插装式电感器一样，它在电路中起扼流、退耦、滤波、调谐、延迟以及补偿等作用。

（1）片式电感器的性能

绕线型电感器的电感量范围宽、品质因数 Q 值高、工艺简单，因此在片式电感器中使用最多，但它体积较大、耐热性较差。

（2）片式电感器的外形尺寸

绕线型片式电感器的品种很多，尺寸各异。国外某些公司生产的绕线型片式电感器的型号、外形尺寸及主要性能参数如表 7-7 所示。

表 7-7　绕线型片式电感器的型号、外形尺寸及主要性能参数表

厂　家	型　号	尺寸（长×宽×高）/mm	$L/\mu H$	Q	磁路结构
TOKO	43CSCROL	4.5×3.5×3.0	1～410	50	无磁路结构
Murata	LQNSN	5.0×4.0×3.15	10～330	50	无磁路结构
TDK	NL322522	3.2×2.5×2.2	0.12～100	20～30	开磁路
	NL453232	4.5×3.2×3.2	1.0～100	30～50	开磁路
	NFL453232	4.5×3.2×3.2	1.0～1000	30～50	闭磁路
Siemens	无型号	4.8×4.0×3.5	0.1～470	50	闭磁路
Coiecraft	无型号	2.5×2.0×1.9	0.1～1	30～50	闭磁路
Pieonics	无型号	4.0×3.2×3.2	0.01～1000	20～50	闭磁路

7.2.2　表面贴装器件（SMD）

1. 表面贴装二极管

表面贴装二极管常用的封装形式有圆柱形、矩形薄片形和 SOT-23 型等 3 种，常用表面贴装二极管外形实物如图 7-3 所示。

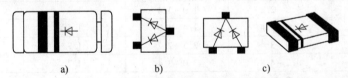

a)　　　　　　　　b)　　　　　　　　c)

图 7-3　常用表面贴装二极管外形实物图

a）圆柱形无端子二极管　b）SOT-23 型片状二极管　c）矩形薄片二极管

（1）圆柱形无端子二极管

圆柱形无端子二极管的封装结构是将二极管芯片装在具有内部电极的细玻璃管中，玻璃管两端装上金属帽作为正负电极。通常用于齐纳二极管、高速二极管和通用二极管，采用塑料编带包装。

（2）矩形薄片二极管

矩形薄片二极管通常为塑料封装，可用在 VHF 频段到 S 频段，采用塑料编带包装。

（3）SOT-23 型封装的片状二极管

SOT-23 型封装的片状二极管多用于封装复合型二极管，也用于速开二极管和高压二极管。

2. 表面贴装晶体管

表面贴装晶体管常用的封装形式有 SOT-23 型、SOT-89 型、SOT-143 型和 SOT-252 型等 4 种类型。常用表面贴装晶体管实物外形图如图 7-4 所示。

（1）SOT-23 型贴片晶体管

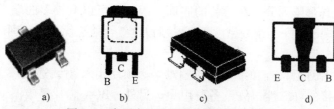

图 7-4　常用表面贴装晶体管实物外形图

a) SOT-23 型　b) SOT-89 型　c) SOT-143 型　d) SOT-252 型

SOT-23 型贴片晶体管具有 3 条"翼形"端子，在大气中的功耗为 150mW，在陶瓷基板上的功耗为 300mW。常见的有小功率晶体管、场效应晶体管和带电阻网络的复合晶体管。

（2）SOT-89 型贴片晶体管

SOT-89 型贴片晶体管具有 3 条薄的短端子，分布在晶体管的一端，将晶体管芯片粘贴在较大的钢片上，以增加散热能力。它在大气中的功耗为 500mW，在陶瓷板上的功耗为 1W，这类封装常见于硅功率表面贴装晶体管。

（3）SOT-143 型贴片晶体管

SOT-143 型贴片晶体管具有 4 条"翼形"短端子，端子中宽大一点的是集电极，这类封装常见于高频晶体管与双栅场效应晶体管。

（4）SOT-252 型贴片晶体管

SOT-252 型贴片晶体管的功耗在 2~5W，各功率晶体管都可以采用这种封装形式。

3. 表面贴装集成电路

表面贴装集成电路常用的有 SOP 型、PLCC 型、QFP 型、BGA 型、CSP 型及 MCM 型等几种封装形式。

（1）小外形封装（SOP 型）

SOP 型由双列直插式封装 DIP 演变而来，其引脚分布在器件的两边，引脚数目在 28 个以下。它具有两种不同的引脚形式：一种具有"翼形"引脚，另一种具有"J"形引脚，常见于线性电路、逻辑电路、随机存储器中。SOP 型 IC 实物外形图如图 7-5 所示。

（2）塑封有引线芯片载体封装（PLCC 型）

PLCC 型由 DIP 演变而来，当引脚数超过 40 只时便可采用此类封装，也可采用"J"形结构。每种 PLCC 表面都有标记定位点，以供贴片时判定方向。常见于逻辑电路、微处理器阵列、标准单元中。PLCC 型 IC 实物外形图如图 7-6 所示。

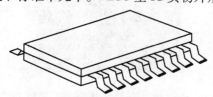

图 7-5　SOP 型 IC 实物外形图

图 7-6　PLCC 型 IC 实物外形图

（3）四方扁平封装（QFP 型）

QFP 型是一种塑封多引脚器件，四周有"翼形"引脚，其外形有方形和矩形两种。美国开发的 QFP 器件封装，在四周各有一凸出的角，起到对器件端子的防护作用。常见封装为门阵列的 ASIC（专用集成电路）器件。QFP 型 IC 实物外形图如图 7-7 所示。

（4）球栅阵列封装（BGA 型）

BGA 型引脚成球形阵列分布在封装的底面，因此它可以有较多的端子数量且端间距较大。由于它的引脚端子更短，组装密度更高，所以电气性能更优越，特别适合在高频电路中使用。

但是，BGA 芯片焊后检查和维修比较困难，必须使用 X 射线透视或 X 射线分层检测，才能确保其焊接连接的可靠性，故设备费用大。另外，BGA 芯片易吸湿，使用前应进行烘干处理。BGA 型 IC 实物外形图如图 7-8 所示。

图 7-7　QFP 型 IC 实物外形图

图 7-8　BGA 型 IC 实物外形图

（5）芯片尺寸封装（CSP 型）

CSP 型集成电路尺寸与裸芯片（Bare Chip）相同或稍大，比 BGA 进一步微型化，是一种有品质保证的器件。它比 QFP 提供了更短的互连，因此电性能更好，即阻抗低、干扰小、噪声低、屏蔽效果好，更适合在高频领域应用。CSP 型 IC 实物外形图如图 7-9 所示。

（6）多芯片模块（MCM 型）

为解决单一芯片集成度低和功能不够完善的问题，把多个高集成度、高性能、高可靠性的芯片，在高密度多层互联基板上用 SMT 技术组成多种多样的电子模块系统，从而出现了多芯片模块系统。

它具有缩短封装延迟时间、易于实现模块高速化、缩小整机模块的封装尺寸和重量的优点，使系统可靠性大大提高。MCM 型 IC 实物外形图如图 7-10 所示。

图 7-9　CSP 型 IC 实物外形图

图 7-10　MCM 型 IC 实物外形图

7.2.3　任务 21——SMC/SMD 的识别与判别

1. 实训目的

1）能描述 SMC/SMD 的基本特性。

2）会熟练使用数字万用表。

3）会熟练识别与判别 SMC/SMD 元器件。

2. 实训设备与器材准备

1）表笔特制的数字万用表 1 块。

2）某彩色电视机调谐电路板 1 块。

3）带台灯的放大镜 1 个。

4）SMC/SMD 元器件 若干。

3. 实训步骤与报告

☞（1）万用表表笔的制作

1）购买两颗缝纫针和两只绘图用的圆规，将圆规固定铅笔芯的端头切下。

2）在切端处镀上焊锡，焊上导线，分别装入原表笔的绝缘笔管中。

3）将缝纫针插入原固定铅笔芯的孔内，拧紧螺母，便制得一副测量 SMC/SMD 器件的可重复使用的特制表笔。测量 SMC/SMD 器件的万用表特制表笔实物外形图如图 7-11 所示。

☞（2）SMC/SMD 的直观识别

1）准备一块有大量 SMC/SMD 的电路整机板，例如彩色电视机调谐（高频头）电路板。

2）对各类 SMC/SMD 的标称阻值、允许偏差、额定功率、标注方式、种类以及引脚顺序等进行识别。

3）做好记录。某彩色电视机调谐器（高频头）电路板实物图如图 7-12 所示。

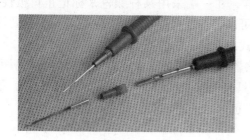

图 7-11 测量 SMC/SMD 器件的万用表
特制表笔实物外形图

图 7-12 某彩色电视机调谐器（高频头）
电路板实物图

☞（3）片式电阻器的参数标注方法及识别

1）在元器件上普遍采用文字符号法和数码法。

文字符号法用于欧姆级的电阻值。比如，4R7 为 4.7Ω。

数码法用于千欧级以上的电阻值，有用 3 个数字表示的，也有用 4 个数字表示的。

三数字数码法中只有两位是有效数字。比如，R47 为 0.47Ω；821 为 820Ω；475 为 4.7MΩ；000 为跨接线。

四数字数码法中有 3 位是有效数字。比如，4R70 为 4.7Ω；8200 为 820Ω；4704 为 4.7MΩ；0000 为跨接线。

2）在料盘上采用字母加数字表示。比如，RC05K103JT，其中 RC 为产品代号，表示片状电阻器［05 表型号，02（0402）、03（0603）、05（0805）、06（1206）］；K 表示电阻器的温度系数（±250）；103 表示电阻值（10kΩ）；J 表示允许偏差（±5%）；T 表示编带包装（B 表塑料盒散包装）。

☞（4）片状电容器的参数标注方法及识别

在元器件上有采用直标法、数码法或单独使用某种颜色等方法来标注参数的，也有印上一些英文字母与数字，以其代表着特定数值的。片式电容器容值系数如表7-8所示。

表7-8　片式电容器容值系数表

字母	A	B	C	D	E	F	G	H	I	K	L
数字	1.0	1.1	1.2	1.3	1.5	1.6	1.8	2.0	2.2	2.4	2.7
字母	M	N	P	Q	R	S	T	U	V	W	X
数字	3.0	3.3	3.6	3.9	4.3	4.7	5.1	5.6	6.2	6.8	7.5
字母	Y	Z	a	b	d	e	f	m	n	t	y
数字	8.2	9.1	2.5	3.5	4.0	4.5	5.0	6.0	7.0	8.0	9.0

☞（5）片状电感器的标注方法及识别

由于片状电感器是由线径极细的导线绕制而成的，所以在电路板上是很容易识别的，其各参数的标注在料盘上极为详细。

比如，"HDW2012UCR10KGT"片状电感器。其中的HDW表示产品代码；2012表示规格尺寸；UC表示芯子类型（UC—陶瓷心、UF—铁氧体心）；R10表示电感量（R10—0.1μH、2N2—2.2nH、033—0.033μH）；K表示公差（J——5%、K——10%、M——20%）；G表示端头（G——金端头、S——锡端头）；T表示包装方法（B——散包装、T——编带包装）。

☞（6）片状二极管、晶体管的极性识别

1）片状二极管的极性标识同传统二极管一样，在一端采用某种颜色来标记正负极性。一般情况下，有颜色的一端就是负极。当然，也可以通过万用表电阻档来进行测量。但要注意的是，片状二极管的封装也有以片状晶体管形式出现的，实为双二极管。

2）片状晶体管的极性标识一般是这样的：将器件有字模的一面面对自己，将有一只引脚的一端朝上或有两只引脚的一端朝下，上端（只有一只引脚的一端）为集电极（C），下左端为基极（B），下右端为发射极（E）。当然，也可以通过查阅手册或万用表来测量。

☞（7）片状集成电路的引脚识别

1）首先要在芯片上找到标志孔。

2）然后将芯片有字模一面按书写方向面对自己。

3）从标志孔处开始按从左到右和逆时针方向进行计数。集成电路的引脚识别示意图如图7-13所示。

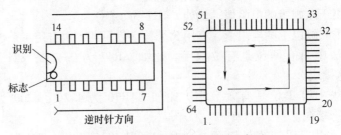

图7-13　集成电路的引脚识别示意图

☞（8）SMC/SMD的好坏检测与质量判别

1）一般片状元器件的好坏与质量判别与传统长引线元器件一样，都是可以通过万用表的电阻档来进行测量的，具体操作参见第1章。

2）片状集成电路的好坏判别可通过电阻、电压、波形和替换等方法进行，具体操作如下：

① 电阻法。通过测量单块集成电路各引脚对地正、反向电阻，与参考资料或另一块好的集成电路进行比较，就能判断出好坏。

② 电压法。测量集成电路引脚对地的动、静态电压，与线路图或其他资料所提供的参考电压进行比较，若发现某些引脚电压有较大差别，但外围电路是好的，则可判断出集成电路已损坏。

③ 波形法。测量集成电路各引脚波形是否与原设计相符，若发现有较大区别，而其外围元器件又没有损坏，则集成电路有可能已损坏。

④ 替换法。用相同型号集成电路进行替换试验，若电路恢复正常，则集成电路已损坏。

☞(9) SMC/SMD 的识别与判别实训报告

实训项目	实训器材	实训步骤		
1.		(1)	(2)	(3)
2.		(1)	(2)	(3)
心得体会				
教师评语				

7.3 SMC/SMD 的贴焊工艺

SMC/SMD 的贴装是 SMT 产品生产中的关键工序，目前普遍采用贴装机进行自动贴装。SMC/SMD 的焊接是表面安装技术中的主要工艺技术，在一块表面安装组件（SMA）上少则有几十、多则有成千上万个焊点，一个焊点不良就会导致整个 SMA 产品失效。因此，焊接质量是 SMA 可靠性的关键，它直接影响电子设备的性能和经济效益。焊接质量取决于所用的焊接方法、焊接材料、焊接工艺和焊接设备。

7.3.1 SMC/SMD 的贴装方法

1. 手工贴装

手工贴装只有在非生产线自己组装的单件研制或单件试验或返修过程中的元器件更换等特殊情况下采用，而且一般也只能适用于元器件端子类型简单、组装密度不高、同一印制板上 SMC/SMD 数量较少等有限场合。

2. 自动贴装

随着 SMC/SMD 的不断微型化和引脚端子细间距化，以及栅格阵列芯片、倒装芯片等焊点不可直观的工艺发展，不借助于专用设备的 SMC/SMD 手工贴装已很困难。

自动贴装是 SMC/SMD 贴装的主要手段，贴装机是表面贴装技术产品组装生产线中的核心设备，也是表面贴装技术的关键设备，是决定表面贴装技术产品组装的自动化程度、组装精度和生产效率的重要因素。

7.3.2 SMC/SMD 的贴装类型

SMC/SMD 的贴装类型有两类最基本的工艺流程，一类是锡膏—回流焊工艺，另一类是贴片—波峰焊工艺。但在实际生产中，若将两种基本工艺流程进行混合与重复，则可以演变成多种工艺流程供电子产品组装之用。

1. 锡膏—回流焊工艺

锡膏—回流焊工艺流程的特点是简单、快捷，有利于产品体积的减小。锡膏—回流焊工艺流程如图 7-14 所示。

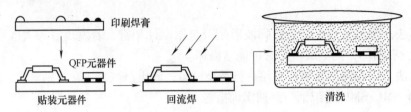

图 7-14　锡膏—回流焊工艺流程图

2. 贴片—波峰焊工艺

贴片—波峰焊工艺流程的特点是利用了双面板的空间，使电子产品的体积进一步减小，且仍使用价格低廉的通孔元件。但设备要求增多，波峰焊过程中缺陷较多，难以实现高密度组装。贴片—波峰焊工艺流程如图 7-15 所示。

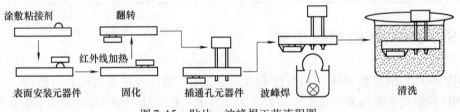

图 7-15　贴片—波峰焊工艺流程图

3. 混合安装

混合安装工艺流程特点是充分利用 PCB 双面空间，是实现安装面积最小化的方法之一，并仍保留通孔元件，多用于消费类电子产品的组装。混合安装工艺流程如图 7-16 所示。

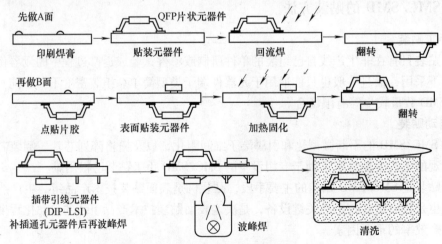

图 7-16　混合安装工艺流程图

4. 双面均采用锡膏—回流焊工艺

双面均采用锡膏—回流焊工艺流程的特点是采用双面锡膏与回流焊工艺，充分利用 PCB

空间，并实现安装面积最小化。其工艺控制复杂，要求严格，常用于密集型或超小型电子产品，移动电话是典型产品之一。双面均采用锡膏—回流焊工艺流程如图 7-17 所示。

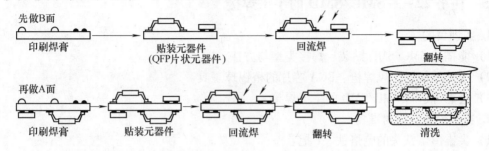

图 7-17　双面均采用锡膏—回流焊工艺流程图

7.3.3　SMC/SMD 的焊接方式

表面组装采用的是软钎焊技术，它将 SMC/SMD 焊接到 PCB 的焊盘图形上，使元器件与 PCB 电路之间建立可靠的电气和机械连接，从而实现具有一定可靠性的电路功能。在表面贴装技术中采用的软钎焊技术主要有波峰焊和回流焊两种焊接方式。

波峰焊是通孔插装技术中使用的传统焊接工艺技术，也用于混合组装方式。根据波峰的形状不同有单波峰焊、双波峰焊等形式之分。

回流焊用于全表面组装方式。根据提供热源的方式不同，它有传导、对流、红外、激光、气相等焊接方式。

波峰焊与回流焊之间的基本区别在于热源与钎料的供给方式不同。在波峰焊中，钎料的波峰有两个作用：一是供热，二是提供钎料；在回流焊中，热源是由回流焊炉自身的加热机理决定的，焊膏是由专用的设备涂覆的。

波峰焊技术与回流焊技术是在印制电路板上进行大批量焊接元器件的主要方式。就目前而言，回流焊技术与设备是 SMT 组装厂商组装 SMC/SMD 的主选技术与设备，但波峰焊仍不失为一种高效自动化、高产量、可在生产线上串联的焊接技术。因此，在今后相当长的一段时间内，波峰焊技术与回流焊技术仍然是电子组装的首选焊接设备。

7.3.4　SMC/SMD 的焊接特点

由于 SMC/SMD 的微型化和表面贴装组件（SMA）的高密度化，SMA 上元器件之间和元器件与 PCB 之间的间隙很小，因此，表面贴装技术与通孔插装技术相比，主要有以下几个特点：

1）元器件本身受热冲击大。

2）要求形成微细化的焊接连接。

3）要求表面组装元器件与 PCB 上焊盘图形的接合强度和可靠性高。

4）由于 SMC/SMD 的电极或引线的形状、结构及材料种类繁多，所以要求能对各种类型的电极或引线进行焊接。

显然，表面贴装技术的要求是很更高的，但这并不是说要想获得高可靠性的 SMA 是困难的。事实上，只要对 SMA 进行正确设计和严格执行组装工艺，其中包括正确地选择焊接技术、方法和设备，则 SMA 的可靠性甚至会比通孔插装组件更高。

7.3.5 任务22——SMC/SMD 的手工焊接

1. 实训目的

1）能描述 SMC/SMD 贴装、焊接类型与方法。

2）会熟练使用热风焊枪、BGA 芯片的植锡球工具。

3）会熟练进行 SMC/SMD 的手工焊接。

2. 实训设备与器材准备

1）尖锥形烙铁头的电烙铁　1 把。

2）细焊锡丝和焊锡浆　若干。

3）表面安装 PCB　1 块。

4）HAKKO-850 热风焊枪　1 台。

5）BGA 芯片的植锡球工具　1 套。

6）SMC/SMD　若干。

3. 实训主要设备简介

（1）HAKKO-850 热风焊枪的使用及其注意事项

HAKKO-850 热风焊枪面板示意图如图 7-18 所示。

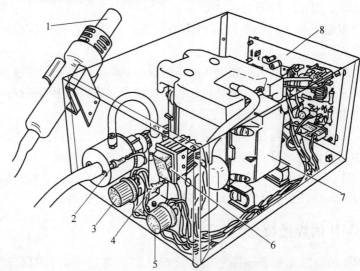

图 7-18　HAKKO-850 热风焊枪面板示意图

1—加热器　2—气流指示灯　3—吹风控制旋钮　4—加热器指示灯
5—温度控制旋钮　6—电源开关　7—气泵　8—电源

1）将电源线插入电源插座，自动送气功能开始送气。

2）当自动送气功能工作时，即可接通电源，加热器开始加热。

3）调节吹风控制旋钮和温度控制旋钮，使面板上的温度指示稳定在 300～350℃ 范围内。

4）将 HAKKO-850 的热风焊枪附件——FP 传感器放在待拆集成块的下面，并调整 FP 的宽度，以便与元器件尺寸相适应。

5）手握加热器，对待拆元器件进行加热，熔化焊料。

6）焊料熔化后，提出 FP，移开加热器，即可取出元器件。

7）关掉电源开关，自动送气功能开始经管道送冷气，以冷却加热器和手柄。

8）自动断电后，拔掉电源插头，拆焊结束。

（2）SMC/SMD 焊接用的专用烙铁头

SMC/SMD 焊接用的专用烙铁头示意图如图 7-19 所示。

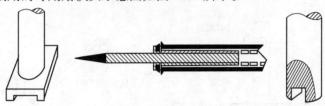

图 7-19　SMC/SMD 焊接用的专用烙铁头示意图

（3）BGA 芯片的植锡球工具介绍

BGA 芯片的植锡球工具套件实物图如图 7-20 所示。

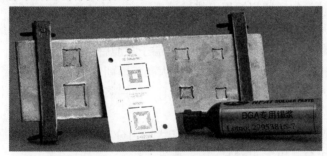

图 7-20　BGA 芯片的植锡球工具套件实物图

1）BGA 芯片植锡板（钢网）。植锡板是用钢片做成，其上分布着与 BGA 芯片引脚端子相对应的网孔，网孔形状呈"漏斗"状。常用植锡板厚度有 0.15mm、0.20mm 和 0.25mm等。较薄的植锡板因填入孔内的锡浆少，故形成的锡球也较小，这会增加焊接难度；较厚的植锡板因填入孔内的锡浆多，故形成的锡球也较大，这会提高焊接成功率和可靠性。

2）BGA 芯片固定板。它是用来固定 BGA 芯片和植锡板的工具。

3）胶条刮刀。它是用来使锡浆均匀填满在植锡板网孔内的辅助工具，是用塑料做成的。

4. 实训步骤与报告

👉（1）SMC 的手工焊接操作

1）选用 20W 带有抗氧化层的尖锥形长寿命烙铁头的电烙铁、直径为 0.6 ~ 0.8mm 的焊锡丝和自制 SMC 固定焊接台。其中自制 SMC 固定焊接台示意图如图 7-21 所示。

2）使用时，用手指轻轻抬起钢丝，再将要焊接的元器件及印制板放置其下，放下钢丝夹住元器件，使元器件不出现移位，确保准确焊接。

3）焊接元器件且时间控制在 2 ~ 3s 内。

👉（2）翼形引脚 SOP 芯片的手工焊接操作

1）选用烙铁头为扁平式的普通电烙铁，锡丝直径可在 1.0mm 以上。

2）先用无水乙醇擦除焊盘沾污；再检查 SOP 芯片引脚，若有变形，则可用镊子谨慎调整。

3）在 SOP 芯片引脚上涂助焊剂，然后安放在焊接位置上，且焊接其中的两个引脚，并将器件固定，接着调整其他引脚与焊盘位置无偏差。

4）进行拉焊操作：用擦干净的烙铁头蘸上焊锡，一手持电烙铁由左至右对引脚焊接，另一手持焊锡丝不断加锡。SOP 芯片的焊接操作过程示意图如图 7-22 所示。

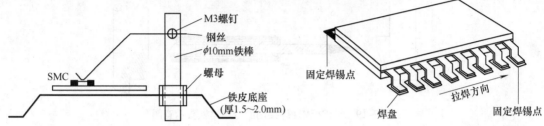

图 7-21　自制 SMC 固定焊接台示意图　　　　图 7-22　SOP 芯片的焊接操作过程示意图

☞（3）BGA 芯片植锡球及焊接操作

1）将 BGA 芯片上的残留焊锡用电烙铁清理干净，并清洗引脚端子。

2）将 BGA 芯片放入固定板对应的固定位置（为使芯片固定牢固，最好先在槽内粘上一层双面胶）上，将植锡板的网孔与芯片引脚端子对准后用夹具夹住。

【注】放置植锡板时，将有字一面朝上，大孔一面朝芯片。

3）用胶刮将少量锡浆均匀地涂在植锡板上，使锡浆均匀地填充在植锡板的网孔内，并将多余的锡浆刮去（尽量使用较干的锡浆）。

4）然后将植锡板慢慢抬起，锡浆将以点状均匀分布在 BGA 芯片对应的位置（若锡浆点分布不均匀，则可重复以上步骤）。

5）用热风焊枪（在不装喷嘴的情况下，温度控制在 180～250℃，风量尽量小些）将锡浆点熔化成锡球，熔化后的锡浆以半球形固定在芯片上。BGA 芯片植锡球过程示意图如图 7-23 所示。

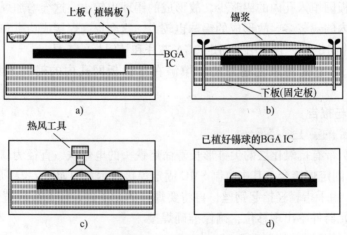

图 7-23　BGA 芯片植锡球过程示意图
a）装入植锡板与 BGA 芯片　b）填入锡浆　c）加热锡浆　d）植锡完毕

6）将 PCB 上的焊接点清理干净后，再把芯片按定位线固定在相应位置上（注意方向）。

7) 用热风焊枪（在不装喷嘴）对 BGA 芯片加热，使植锡球熔化，熔化后的焊锡的表面张力作用，就使得焊盘与芯片锡点能很好接触。

👉（4）SMC/SMD 的手工浸焊操作

1) 采用简易锡炉且温度调节为 240～260℃。

2) 先用环氧树脂胶将器件粘贴在 PCB 上的对应位置上，胶点大小与位置关系图如图 7-24 所示。

3) 待固化后，涂上助焊剂，用不锈钢镊子夹起，送入锡炉浸锡。

4) 浸锡时间应小于 5s。

👉（5）SMC/SMD 的焊点质量判别

不管是手工焊接还是浸焊操作，在焊接完成后，都应将焊接点清洗干净，并借助放大镜检查焊点质量，以便及时进行修正。SMC/SMD 的焊点质量判别示意图如图 7-25 所示。

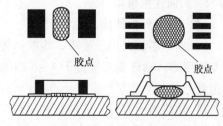

图 7-24　胶点大小与位置关系图
a）矩形片状器件　b）SOP 型芯片

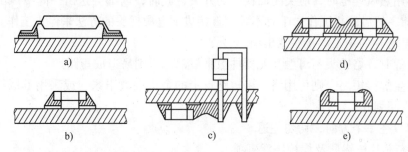

图 7-25　SMC/SMD 的焊点质量判别示意图
a）、b）理想焊点　c）、e）桥接现象　d）焊锡过量

👉（6）SMC/SMD 的手工拆焊操作

SMC/SMD 的手工拆焊操作在早期是非常困难的，常用电烙铁、吸锡带（由细铜丝编织）或吸锡器等工具，但拆焊效果并不理想，常损坏 PCB 印制条。目前，使用热风焊枪来对 SMC/SMD 进行拆焊操作是一桩比较安全而简单的事情了。其原理是利用热空气来熔化焊点，且热空气的温度是可调节的。具体步骤如下：

1) 选择合适的喷嘴，有单管喷嘴和与集成电路引脚分布相同的专用喷嘴等多种类型。热风焊枪的多种喷嘴实物外形图如图 7-26 所示。

2) 选择合适的温度和风量。

3) 用镊子或芯片拔启器夹住加热的元器件。

4) 用热风焊枪对取下元器件进行冷风冷却。

👉（7）SMC/SMD 的手工焊接评价报告

图 7-26　热风焊枪的多种喷嘴实物外形图

评价项目	评价要点	评分
SMC 的手工焊接成品 PCB	焊接效果、焊点标准、印制条完整性、清洁程度	
SOP 芯片的手工焊接成品 PCB	焊接效果、焊点标准、印制条完整性、清洁程度	
BGA 芯片植锡球及焊接成品 PCB	锡球均匀程度、焊接效果	
SMC/SMD 的手工浸焊成品 PCB	焊接效果、焊点标准、印制条完好性、清洁程度	
SMC/SMD 的手工拆焊 PCB	焊点、印制条、PCB 的完好性	

5. 实训注意事项

（1）热风焊枪使用注意事项

1）加热器若只用单喷嘴，则吹风控制旋钮应放置在 1~3 档的位置上；若加热器需使其他专用喷嘴，则该旋钮应置于 4~6 档的位置上；若只使用单喷嘴，则该旋钮不能置于 6 档的位置上。

2）加热器内有石英玻璃管和隔热层，使用中应轻拿轻放，决不能掉到地上。

3）加热器温度很高，应防止烫伤周围元器件及导线，更应远离可燃气体、纸张等物体。

4）当不用热风焊枪时，应关闭面板上的开关，此时，内部会送出一阵冷风出来以加速加热器的冷却，然后停止工作。千万不要用直接拔下电源插头的方法来停止工作。

（2）SOP 芯片的手工焊接注意事项

1）当拉焊时，烙铁头不可触及元器件引脚根部，否则易造成短路。

2）若发生焊接短路，则可用烙铁将短路点上的余锡引渡下来，或采用不锈钢针头，从熔化的焊点中间划开。

3）拉焊只往一个方向，切勿往返。

（3）BGA 芯片植锡球及焊接注意事项

1）植锡板上的网孔有一面大另一面小的特点，应将大孔与芯片接触。

2）在植锡过程中，应尽量使用较干的焊锡浆。

3）在热风焊枪加热器上不应装任何喷嘴。

4）首先确定好芯片的方向，然后按定位线固定，焊接时，一定不要对芯片加压，否则，会造成焊接点桥连和短路现象。

（4）SMC/SMD 的手工浸焊注意事项

1）焊接前，首先应注意元器件是否有特别要求，如焊接温度条件、装配方式等。有些元器件不能用浸锡的方法，只能用电烙铁焊接，例如片状电位器和铝电解电容。

2）对于浸焊操作，最好只浸一遍。多次浸锡将引起印制板弯曲、元器件开裂。

3）焊锡炉应有良好的接地装置，防止静电损伤元器件。

4）印制板应选择热变形小、铜箔覆着力大的。由于表面组装的铜箔走线窄、焊盘小，若抗剥能力不足，则焊盘易起皮脱落，所以一般选用环氧玻纤基板。

7.4 表面贴装设备介绍

在 SMT 的生产中要用到许多设备，价格昂贵的设备有 3 类。第一类是印刷设备——焊膏印刷机，将焊膏或贴片胶正确地漏印到印制板的焊盘或相应位置上。第二类是贴片设备——贴片机，已从早期的低速机械对中发展为高速光学对中，并向多功能、柔性连接模块化发展。第3类是焊接设备——回流焊机，已由最初的热板式加热发展为氮气热风红外式加热，不良焊点率已下降到百万分之十以下，几乎接近无缺陷焊接。

7.4.1 焊膏印刷机

1. SMT 印刷机分类

SMT 印刷机可分为手动、半自动和全自动印刷机3类。

（1）手动印刷机

手动印刷机又称为手动丝印台，它完全是通过纯手工的方式，实现焊锡膏或贴片胶漏印的。优点是价格经济、使用方便；缺点是定位精度差，不能适应一些装配密度较高的 PCB 组装。手动印刷机实物如图 7-27 所示。

（2）半自动印刷机

半自动印刷机是介于手动印刷机和全自动印刷机之间的一种设备，是通过机械来实现焊锡膏或贴片胶漏印的。其定位方式有完全人工定位和通过光学定位两种方式，操作人员可通过电控开关来控制刮刀的移动。

图 7-27　手动印刷机实物图

此设备的特点是价格适中、使用方便；缺点是速度慢，定位精度不高，不能适应装配精度较高、大规模大批量的 PCB 组装。半自动印刷机实物图如图 7-28 所示。

（3）全自动印刷机

全自动印刷机是通过自动化机械来实现焊锡膏或贴片胶漏印的。其定位基本是通过光学定位的方式，操作人员可通过电控开关来控制刮刀的移动或通过编程来控制设备。

此类设备的特点是速度高、定位精度高、使用很方便。缺点是价格昂贵，维护相对难一点。能适应装配精度较高、大规模大批量的 PCB 组装。全自动印刷机实物图如图 7-29 所示。

图 7-28　半自动印刷机实物图

图 7-29　全自动印刷机实物图

2. 常用材料

（1）焊膏

焊膏是表面组装回流焊接工艺的必需材料。常温下，焊膏具有一定的黏性，可将电子元器件暂时固定在 PCB 的焊盘上。当焊膏加热到一定温度时，焊膏熔融再流动，浸润元器件的焊端与 PCB 焊盘，冷却后实现元器件焊端与 PCB 焊盘的互连，形成电气、机械性可靠连接。

焊膏是由金属颗粒和助焊剂组成的一种触变性悬浮液，有许多种类。按合金颗粒的成分可分有铅焊膏（如 Sn63Pb37，熔点为 183℃）、无铅焊膏（如 Sn62Ag2Cu36，熔点为 217℃）；按照清洗工艺可分有机溶剂清洗类、水清洗类、半水清洗和免清洗类；按助焊剂活性可分有 R 级（无活性）、RMA 级（中度活性）、RA 级（完全活性）和 RSA 级（超活性）。

焊膏在保存与使用上是有严格要求的。比如，锡膏入厂后应在标签上注明冷藏编号，且放置于冰箱内进行冷藏，温度控制为 2～10℃；锡膏冷藏保管制，使用期限为 3 个月；锡膏使用之前必须搅拌且遵循先进先出原则；拆封后锡膏应在 12h 之内用完，超过 12h 未用完的锡膏，以新、旧锡膏各一半混合比例经机器自动搅拌后再投入使用；开封后锡膏有效期为 10 天（密封保存），超过 10 天进行报废处理；生产线停线 30min 以上，锡膏应刮出转入其他生产线；回收过的锡膏在下次生产中优先使用等。

（2）红胶

红胶是用来把表面贴装组件暂时固定在 PCB 的焊盘位置上，防止在传送过程或插装元器件、波峰焊等工序中出现组件掉落的材料。

红胶与焊膏区别在于焊膏经加热后熔化，而红胶一经加热硬化后，再加热也不会熔化，即贴片胶的热硬化是不可逆的过程。

红胶通常由基本树脂、固化剂和固化促进剂、增韧剂以及无机填料等组成，其核心部分为基本树脂。红胶种类也较多。按红胶的基本树脂材料分为环氧树脂红胶、丙烯酸树脂红胶和聚氨酯红胶；按固化方式可分为热固化型红胶、光固化型红胶、光热双重固化型红胶和超声固化型红胶；按涂布方式还可分为针式转移用红胶、压力注射用红胶和模板印刷用红胶。

红胶保存与使用也有一定要求。红胶保存方式因其类型的不同而采用不同方法。环氧树树脂型一般采用低温 5～10℃储藏，丙烯酸酯型一般采用常温避光储藏。在保存时应做记录，注意生产日期和使用寿命，并在有效期内使用。

（3）PCB

PCB 用来为各种电子元器件提供固定、装配的机械支撑，实现电路的布线、电气连接和电绝缘，提供阻焊图形，为元器件组装、检查、维修提供识别字符和图形。PCB 的种类按基材的机械特性可分刚性电路板（Rigid PCB）和柔性电路板（Flex PCB）；按层数可分单面板、双面板和多层板。

PCB 的结构主要由印制线路、焊盘、丝印、阻焊膜、金手指、定位孔、导通孔以及 Mark 点等构成，其中的 Mark 点又称为基准点，为装配工艺中的所有步骤提供共同的可测量点，即参考点，保证了装配设备能精确地定位电路图案。因此，Mark 点对 SMT 生产至关重要。

Mark 点有单板 Mark、拼板 Mark 和局部 Mark 3 种类型。

Mark 点的形状有实心圆、三角形、菱形、方形、十字形及空心圆等，优先选择实心圆。一个完整的 Mark 点由标记点和空旷区组成，空旷区指的是在 Mark 点周围的无阻焊区。空旷区域圆半径 $r \geqslant 2R$，R 为 Mark 点的半径。当 $r = 3R$ 时，机器识别效果最好。Mark 点的形状图与 Mark 点的组成示意图分别如图 7-30 和图 7-31 所示。

（4）钢网

图 7-30　Mark 点的形状图

图 7-31　Mark 点的组成示意图

钢网是用来把半液体、半固体状态的锡浆漏印到 PCB 上，是表面贴装技术中首要解决的关键问题。

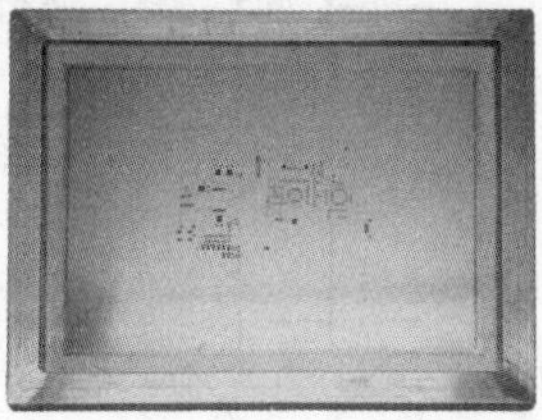

钢网模板制造工艺分为化学蚀刻模板、激光模板和电铸模板。

钢网模板结构主要由外框、钢板和丝网构成。其中丝网是保证印刷精度、寿命的关键材料。大多数丝网采用不锈钢材料，优点是张力大，平整度好，不易变形，使用寿命长。钢网模板实物图如图 7-32 所示。

图 7-32　钢网模板实物图

（5）刮刀

刮刀可分菱形刮刀和拖裙形刮刀两种。菱形刮刀已不常用。拖裙形刮刀又可分为橡胶刮刀（如聚氨酯刮刀）和金属刮刀两种。常用刮刀实物外形图如图 7-33 所示。

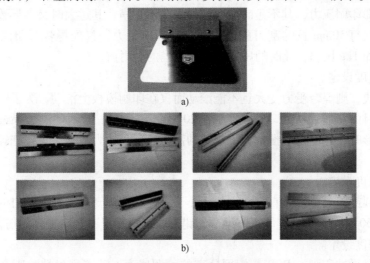

a)

b)

图 7-33　常用刮刀实物外形图

a）手动印刷用　b）自动印刷用

拖裙形刮刀使用很普遍，印刷时需两个刮刀工作，每个刮刀有单独的行程。焊膏浸润刮刀的高度为 15～20mm，为刮刀高度一半以下，因此焊膏不易黏连整个刮刀。

刮刀的硬度范围（肖氏硬度）用颜色代号来区分，即红色为 60～65，非常软；绿色为 70～75，软；蓝色为 80～85，硬；白色为 90，非常硬。

刮刀也有各种规格，视用途而确定。

3. 焊膏印刷工艺流程

在焊膏印刷工艺中，主要包括印刷机开机操作、印刷机编程操作、印刷作业和印刷机关机操作等步骤。焊膏印刷操作工艺流程图如图 7-34 所示。

（1）对于第 2 步"印刷机编程操作"的说明

1）Mark 位置设定。

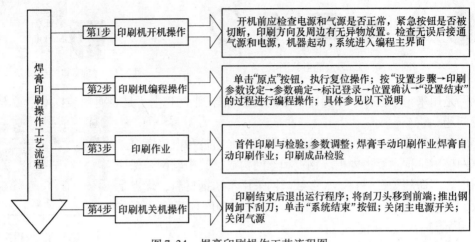

图 7-34　焊膏印刷操作工艺流程图

通常选择基板的左下角点为原点，Mark 点位置是指其中心到基板左下角点的位移。

2）刮刀压力设定。

刮刀压力即印刷压力，其不足时会引起焊膏刮不干净，其过大时又会导致模板背后的渗漏。设置时可按每 50mm 长的刮刀施加 1kg 标准来施压力，直到焊膏开始涂抹在金属模板上，然后再增加 1kg 压力，此时的压力值就是正确的压力值。

3）刮刀速度设定。

若速度过快，则焊膏受力变大且不能滚动而仅在印刷模板上滑动。为了达到使焊盘焊膏均匀、饱满的目的，通常将刮刀速度控制在 20～40mm/s 时，此时印刷效果最好。当有窄间距、高密度图形时，速度也可慢一些。理想的刮刀速度与压力应该以正好把焊膏从钢板表面刮干净为准。

4）刮刀角度设定。

该项影响到刮刀对焊膏垂直方向力的大小，进而影响焊膏进入钢网窗口的数量。刮刀角度通常设定为 60°或 45°，这样能更好地节省锡膏，且对钢板不会有更多的伤害。

5）离网速度设定。

离网速度是指被印刷的 PCB 与钢网分离的可调速率。若速度过快，则会产生拉尖、堵塞网孔、锡膏覆盖效果差等现象；若慢速，则锡膏成形好，可重复性也就越好。对于细间距印刷，可设定此值为 0.254～0.508mm/s；对于非关键印刷，可设定值为 0.762～1.270 mm/s。

6）模板清洗设定。

可设置为"一湿一干"或"二湿一干"，若印刷机配有真空吸附装置，则还可设置真空吸附。

7）模板清洗频率设定。

以保证印刷质量为准，根据具体情况而定。对于窄间距，最多可设置为每印一块 PCB 清洁一次，对无窄间距，可设置此值为 20、50 等。

8）PCB 定位设定。

边缘定位精度一般为 ±0.25mm；孔定位一般约为 ±0.17mm。若光学定位，则是通过摄像机对 PCB 上 Mark 点的取像来实现精确定位，精度取决于摄像机的精度以及 Mark 点的精细度。

9）钢网安装。

打开机盖将钢网放入安装框内，然后锁紧。保证钢网安装后其基准 Mark 点立刻显示在屏幕上。

10）刮刀安装。

打开机盖安装刮刀，拧紧刮刀的安装旋钮。刮刀的角度应调为 60°。

11）钢网/PCB Mark 视角图像制作。

用来保证钢网和 PCB 的精确定位。制作时，应选择 PCB 对角线上的一对 Mark 作为基准。

12）印刷条件设定调整。

确认参数设定。印刷首件的调整参数。

【注】由于机型不同和软件版本的关系，所以实际界面和本操作指导有所区别，应以实际显示界面和该机型配套的说明书为准。

（2）对于第 3 步"印刷作业"的说明

在印刷作业中，其印刷方式可分为手动印刷和自动印刷。无论是手动印刷还是自动印刷，印刷的原理都是相同的。印刷原理示意图如图 7-35 所示。

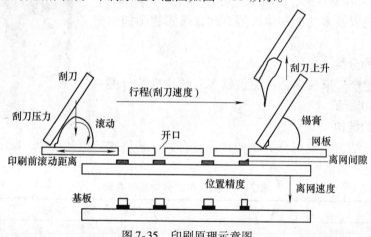

图 7-35　印刷原理示意图

4. 焊膏印刷作业中的注意事项

1）作业前准备好必要的辅料用具，如焊膏、酒精、风枪、无尘纸及白碎布，戴好静电带。

2）当不使用机器自动擦网或机擦网出现异常或擦网效果不好时，必须手擦。

3）对于失效、过期的焊膏，必须交工程师确认后作为报废处理。

4）每次擦网重点是检查集成电路位置钢网开口处的擦网效果。

5）如果出现异常情况时，焊膏堆板时间就不应超过 2h，否则，需在用超声波进行清洗后，投入使用。

5. 印刷成品检验

印刷成品检验依据标准为 IPC-A-610C/D。

印刷常见不良现象及对策如表 7-9 所示。

表 7-9　印刷常见不良现象及对策表

序号	缺陷	原因	危害	对策
1	焊膏图形错位	钢板对位小且与焊盘偏移，印刷机印刷精度不够	易引起桥连	调整钢板位置，调整基板 Mark 点设置
2	焊膏图形拉尖、有凹陷	刮刀压力过大，橡胶刮刀硬度不够，窗口太大	焊料量不够，易出现虚焊，焊点强度不够	调整印刷压力，换金属刮刀，改进模板窗口设计
3	焊膏量过多	模板窗口尺寸过大，钢板与 PCB 之间的间隙太大	易造成桥连	检查模板窗口尺寸，调节印刷参数，特别是印刷间隙
4	焊膏量不均匀、有断点	模板窗口壁光滑不好，印刷次数多，未能及时擦去残留焊膏，焊膏触变性不好	易引起虚焊缺陷	擦洗模板
5	图形玷污	未能及时擦干净模板，焊膏质量差，钢板离开时有抖动	易桥连	擦洗模板，换焊膏

7.4.2　贴片机

贴片机是用来实现高速、高精度地贴放元器件的设备，是整个 SMT 生产中最关键、最复杂的设备。典型的贴片机有松下公司的 MSR 贴片机、西门子公司的 HS-50、Assembleon-FCM 贴片机以及多功能一体机等。贴片机实物图如图 7-36 所示。

图 7-36　贴片机实物图

1. 贴片机的分类

贴片机的生产厂家较多，种类也较多。贴片机的分类及特点如表 7-10 所示。

2. 贴片机的结构

目前贴片机结构大致可分为拱架式、复合式、转塔式和大型平行系统 4 种结构。

表 7-10　贴片机的分类及特点表

分类形式	种　类	特　点
按速度分	中速贴片机	3~9 千片/小时
	高速贴片机	9 千片/小时~4 万片/小时，采用固定多头（约 6 头）或双组贴片头，种类最多，生产厂家最多
	超高速贴片机	4 万片/小时以上，采用旋转式多头系统。Assembleon-FCM 型和 FUJI-QP-132 型贴片机均装有 16 个贴片头，其贴片速度分别达 9.6 万片/小时和 12.7 万片/小时
按功能分	高速/超高速贴片机	主要以贴片式元器件为主体，贴片器件品种不多
	多功能贴片机	也能贴装大型器件和异型器件
按贴装方式分	顺序式贴片机	它是按照顺序将元器件一个一个贴到 PCB 上的，通常见到的就是该类贴片机
	同时式贴片机	使用放置圆柱式元器件的专用料斗，一个动作就能将元器件全部贴装到 PCB 相应的焊盘上。当进行产品更换时，所有料斗也要全部更换，目前已很少使用
	同时在线式贴片机	由多个贴片头组合而成，依次同时对一块 PCB 贴片，Assembleon – FCM 就属于该类型

分类形式	种 类	特 点
按自动化 程度分	全自动机电一体化贴片机	目前大部分贴片机就属于该类型
	手动式贴片机	手动贴片头安装在 Y 轴头部，X、Y、θ 定位可以靠人手移动和旋转按钮来校正位置，主要用于新产品开发，具有价廉的优点

（1）拱架式结构

拱架式结构的机器是最传统的贴片机，具有较好的灵活性和精度，适用于大部分元器件，高精度机器一般都属于这种类型，但其速度无法与后面 3 种相比。不过元器件排列越来越集中在有源部件上，比如有引线的四边扁平封装器件（Quad Flat Package，QFP）和球栅阵列器件（Ball Grid Array，BGA），故安装精度对高产量有至关重要的作用。

拱架式机器分为单臂式和多臂式。

单臂式是最先发展起来的现在仍然使用的多功能贴片机，多臂式是可将工作效率成倍提高的贴片机。如日本松下公司的 CM602贴片机就有 4 个动臂安装头，可分别交替对两块 PCB 同时进行安装，贴装速度高达每小时 6 万片。动臂式机器结构如图 7-37 所示。

图 7-37　动臂式机器结构图

绝大多数贴片机厂商均推出了采用拱架式结构的高精度贴片机和中速贴片机。例如 Universal 公司的 AC72、松下公司的 CM402/CM602、Assembleon 公司的 AQ-1、Hitachi 公司的 TIM-X、Fuji 公司的 QP-341E 和 XP 系列、松下公司的 BM221、Samsung 公司的 CP60 系列 Yamaha 公司的 YV 系列、Juki 公司的 KE 系列、Mirae 公司的 MPS 系列。

（2）复合式结构

复合式结构是从拱架式发展而来，它集合了转塔式和拱架式的特点，在动臂上安装有转盘，像 Siemens 公司的 Siplace80S 系列贴片机，有两个带有 12 个吸嘴的旋转头。复合式机器结构如图 7-38 所示。

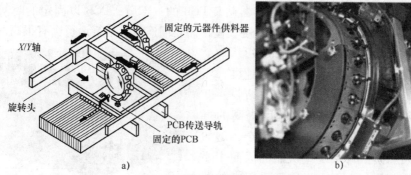

图 7-38　复合式机器结构图

a）结构示意图　b）实物结构外形图

Universal 公司也推出了带 30 个吸嘴的旋转头，称之为"闪电头"，两个这样的旋转头被安装在 Genesis 贴片平台上，可实现每小时 60000 片的贴片速度。

从严格意义上来说，复合式机器仍属于动臂式结构。由于复合式机器可通过增加动臂数量来提高速度，具有较大灵活性，所以它的发展前景被看好，例如环球公司推出的最新 GC120 机器就安装有 4 个"闪电头"，贴装速度高达每小时 120000 片。

（3）转塔式结构

转塔的概念是使用一组移动的送料器，转塔从这里吸取元器件，然后把元器件贴放在位于移动的工作台上的电路板上面，转塔式机器结构如图 7-39 所示。

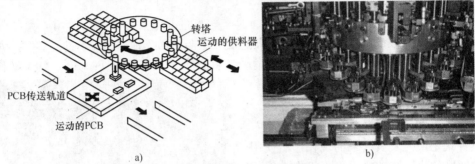

图 7-39　转塔式机器结构图

a）结构示意图　b）实物结构外形图

转塔式机器拾取元器件和贴片动作同时进行，使得贴片速度大幅度提高。这种结构的高速贴片机在我国的应用也很普遍，不但速度快，而且历经十余年的发展技术已非常成熟，如 Fuji 公司的 CP842E 机器，其贴装速度可达到 0.068 秒/片。

但是这种机器由于机械结构所限，所以其贴装速度已达到一个极限值，不可能再被大幅度提高。该机型的不足之处是只能处理带状料。

转塔式机器主要应用于大规模的计算机板卡、移动电话、家用电器等产品的生产上，这是因为在这些产品当中，阻容元件特别多、装配密度大，很适合采用这一机型进行生产。相当多的电子组装企业以及国内电器生产商都采用这一机型，以满足高速组装的要求。生产转塔式机器的厂商主要有松下、日立和富士公司。

（4）大型平行系统结构

大规模平行系统（又称为模组机）使用一系列小的单独贴装单元（也称为模组），每个单元有自己的丝杆位置系统，安装有相机和贴装头。

每个贴装头可吸取有限的带式送料器贴装 PCB 的一部分，PCB 以固定的时间间隔在机器内部推进。各个单元机器单独运行速度较慢，而它们连续或平行运行会有很高的产量。

如 Philips 公司的 AX-5 机器可最多有 20 个贴装头，实现了每小时 15 万片的贴装速度，堪称业界第一，但就每个贴装头而言，贴装速度在每小时 7500 片左右，仍有大幅度提高的可能。这种机型也主要适用于规模化生产，例如手机。生产大规模平行系统式机器的厂商主要有松下和富士公司，它们也推出了采用类似结构的 NXT 型超高速贴片机。大型平行系统结构实物图如图 7-40 所示。

图 7-40　大型平行系统结构实物图

通过搭载可以更换的贴装工作头，同一台机器既可以是高速机又可以是泛用机，几乎可以进行所有表面元器件的贴装，从而使设备的初期投资降低到最低程度。

3. 贴片工艺流程

在贴片工艺中，主要包括贴片机开机操作、贴片机编程操作、贴片作业和贴片机关机操作等步骤。贴片操作工艺流程图如图 7-41 所示。

（1）对于第 2 步"贴片机编程操作"的说明

贴片机工作主要有组件拾取、组件检查、组件传送和组件放置 4 个环节。

1）贴片机编程分为主要编制拾片程序和贴片程序两部分。

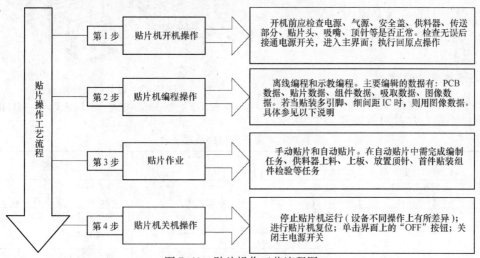

图 7-41　贴片操作工艺流程图

① 拾片程序就是告诉机器到哪里去拾取组件、拾取什么样的组件、组件的包装是什么等拾片信息。其内容包括每一步的组件名、每一步拾片的 X 和 Y 及转角 θ 的偏移量、供料器站位置、供料器的类型、拾片高度、抛料位置、是否跳步等。

② 贴片程序是告诉机器组件贴片位置、贴片角度、贴片高度等信息，主要包括每一步的组件名、注释；每一步的 X、Y 坐标和转角 θ；贴片的高度是否需要修正；是否同时贴片；是否跳步；还包括 PCB 和局部 Mark 的 X、Y 坐标等信息。

2）贴片机编程的方法主要有离线编程和示教编程两种方法。

① 离线编程是指利用 CAD 数据对其处理并转换成 SMT 设备程序的工作过程。对于有 CAD 坐标的文件的产品可采用离线编程。离线编程可以节省在线编程时间，从而可以减少贴装机的停机时间，提高设备的利用率，离线编程对多品种小批量生产编程特别适用。

② 示教编程借助于示教盒 HHT 控制现场控制计算机系统，驱动贴片头和 CCD 运动到指定位置，并记录指定位置的坐标值，输入其贴件数据，逐步地进行编程。对于没有 CAD 坐标文件的产品可采用示教编程。一般多功能贴片机均采用这种方法。

（2）对于第 3 步"贴片作业"的说明

主要有手动贴片和机器自动贴片之分。手动贴片时遵循先贴小组件后贴大组件、先贴低组件后贴高组件的原则。

高精度全自动贴片机是由计算机、光学、精密机械、滚珠丝杆、直线导轨、线性电动机、谐波驱动器及真空系统和各种传感器构成的机电一体化的高科技装备。贴片机工作示意图如图 7-42 所示。

4. 贴片作业过程中的注意事项

1）操作者经考核合格后方可进行操作，严禁两人及两人以上同时操作同一台机器。

2）操作者需佩戴静电环或静电手套作业，每天必须清洁机身及工作区域。

3）将抛料盒清洁干净，对所抛散料进行分类，并及时处理。

4）实施日保养后必须填写保养记录表。

5）当机器在正常运作生产时，所有防护门盖严禁打开。

5. 贴片成品检验

贴片成品检验依据标准为 IPC-A-610C/D。常见不良贴片及对策如表 7-11 所示。

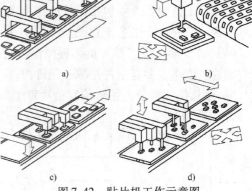

图 7-42　贴片机工作示意图
a）流水作业式　b）顺序式　c）同时式　d）同时在线式

表 7-11　常见不良贴片及对策表

序号	主要故障现象		主要原因	对策
1	元器件型号错误		料上错	重新核对上料
2	器件极性错误		贴片数据或 PCB 数据角度设置错误	修改贴片数据或 PCB 数据
3	元器件贴装位置偏移	X-Y 方向偏移	PCB Mark 坐标设置错误	修正 PCB Mark 坐标
			PCB 曲翘度超出设备允许范围。上翘最大为 1.2mm，下曲最大为 0.5mm	烘烤 PCB
			支撑销高度不一致，致使印制板支撑不平整	调整支撑销高度
			工作台支撑平台平面度不良	校正工作台支撑平台平面度
			电路板布线精度低、一致性差，特别是批量与批量之间差异大	修正程序
			贴装吸嘴吸着气压过低，取件及贴装应在 400mmHg 以上	调整压力
			贴装时吹气压力异常	检查并调整压力
			焊膏涂敷位置不准确，因其张力作用而出现相应偏移	调整焊膏印刷位置
			基板定位不良	重新定位基板
			贴装吸嘴上升时运动不平滑，较为迟缓	优化吸嘴状态
			X-Y 工作台动力件与传动件间联轴器松动	紧固联轴器
			贴装头吸嘴安装不良	校正吸嘴安装状态
			吹气时序与贴装头下降时序不匹配	调节时序
			吸嘴中心数据、光学识别系统的摄像机的初始数据设置不良	修改设置数据
		个别器件偏移	元器件贴片坐标输入有错	修正个别元器件贴片坐标或摄像机重新示教
4	拾片失败		编带规格与供料器规格不匹配	调整送料器
			真空泵没工作或吸嘴吸气压过低	调整吸嘴压力
			在取件位置编带的塑料热压带没剥离，塑料热压带未正常拉起	调整料带
			吸嘴竖直驱动系统进行迟缓	检查吸嘴驱动系统
			贴装头的贴装速度选择错误	调节贴片速度
			供料器安装不牢固，供料器顶针运动不畅，快速开闭及压带不良	调整送料器
			切纸刀不能正常切编带	更换切纸刀
			编带不能随齿轮正常转动或供料器运转不连续	调整送料器
			吸片位置时吸嘴不在低点，下降高度不到位或无动作	调整吸取高度

序号	主要故障现象		主要原因	对策
4	拾片失败		在取件位吸嘴中心轴线与供料器中心轴引线不重合，出现偏离	调整吸料位置
			吸嘴下降时间与吸片时间不同步	调整吸嘴速度
			供料部有振动	检查供料台是否有异物
			组件厚度数据设备不正确	修改组件厚度数据
			吸片高度的初始值设备有误	修改吸片高度
5	料带浮起的错误（Tape float）		Table 和料站的 Feeder 前压盖未到位	检查并调整 Table 和料站的 Feeder 前压盖
			料带是否有散落或是断落在感应区域	检查料带
			机器内部有无其他异物并排除	检查并排除机内异物
			料带浮起感应器不能工作	检查是否正常工作
6	PCB 在传输过程中进板不到位		传送带有油污	清洁传送带
			Board 处有异物，影响停板装置正常动作	清除异物
			PCB 边是否有脏物（锡珠）	取出板边异物
7	随机性不贴片		PCB 曲翘度超出设备允许范围。上翘最大为 1.2mm，下曲最大为 0.5mm	烘烤 PCB
			支撑销高度不一致，致使印制板支撑不平整	调整支撑销高度
			吸嘴部黏有胶液或吸嘴被严重磁化	更换吸嘴
			吸嘴竖直运动系统运行迟缓	检查吸嘴驱动系统
			吹气时序与贴装头下降时序不匹配	调整贴装头下降速度
			印制电路板上的胶量不足、漏点或机插引脚太长	调整 PCB 涂胶量
			吸嘴贴装高度设备不良	调整贴装高度
			电磁阀切换不良，吹气压力太小	更换电磁阀
			某吸嘴出现不良时，器件贴装 Stopper 汽缸动作不畅，未及时复位	更换汽缸
8	取件姿态不良		真空吸嘴气压调节不良	调整吸嘴真空压力
			吸嘴竖直运动系统运行迟缓	检查吸嘴驱动系统
			吸嘴下降时间与吸片时间不同步	调整吸嘴吸取时间
			吸片高度或组件厚度的初始值设置有误，吸嘴在低点时与供料部平台的距离不正确	调整吸片高度或组件厚度的初始值设置
			编带包装规格不良，组件在安装带内晃动	调整元器件
			供料器顶针动作不畅，快速载闭器及压带不良	检查供料器
			供料器中心轴线与吸嘴垂直中心轴线不重合，偏移太大	调整吸取中
9	抛料	吸取不良	吸嘴堵塞或是表面不平，造成吸取时压力不足或者是造成偏移在移动和识别过程中掉落	更换吸嘴
			Feeder 的进料位置不正确	通过调整使组件在吸取的中心点上
			程序中设定的组件厚度不正确	参考来料标准数据值来设定
			组件吸料高度的设定不合理	参考来料标准数据值来设定
			Feeder 的卷料带不能正常卷取塑料带	调整料带

（续）

序号	主要故障现象		主要原因	对策
9	抛料	识别不良	吸嘴的表面堵塞或不平，造成组件识别有误差	更换清洁吸嘴
			吸嘴真空压力不足	调整吸嘴真空压力
			吸嘴的反光面脏污或有划伤，造成识别不良	更换或清洁吸嘴
			组件识别相机的玻璃盖和镜头有组件散落或是灰尘，影响识别精度	清洁照相机镜头
			组件的参数参考值设定不正确	更改组件参数设置

7.4.3 回流焊机

回流焊机是用于全表面组装的焊接设备。若对表面安装组件整体加热，则可分为气相回流焊、热板回流焊、红外回流焊、红外加热风回流焊和全热风回流焊；若对 SMA 局部加热，则可分为激光回流焊、聚焦红外回流焊、光束回流焊和热气流回流焊。

典型的回流焊机实物图如图 7-43 所示。

1. 回流焊机的组成

回流焊机由 3 部分组成。

第一部分为加热器部分，采用陶瓷板、铝板或不锈钢式红外加热器，有些制造厂家还在其表面涂有红外涂层，以增加红外发射能力。全热风与红外加热，是目前最为广泛应用的两种回流焊加热方式。

全热风回流焊的加热系统主要由热风电动机、加热管、热电耦、固态继电器（SSR）和温控模块等部分组成。全热风回流焊机结构图如图 7-44 所示。

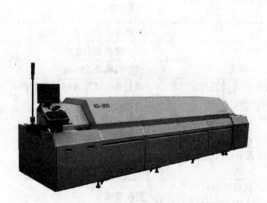

图 7-43　典型的回流焊机实物图

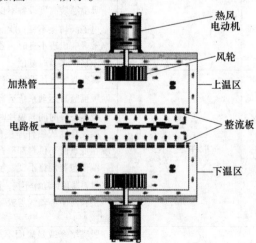

图 7-44　全热风回流焊机结构图

红外回流焊的热能通常有 80% 的能量以电磁波的形式——红外线向外发射，焊点受红外辐射后温度升高，从而完成焊接过程。红外回流焊机结构图如图 7-45 所示。

红外线的波长通常在可见光波长的上限（$0.7 \sim 0.8 \mu m$）到毫米波之间，其进一步划分可将 $0.72 \sim 1.5 \mu m$ 称为近红外，$1.5 \sim 5.6 \mu m$ 称为中红外，$5.6 \sim 1000 \mu m$ 称为远红外。

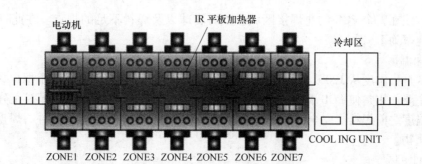

图 7-45 红外回流焊机结构图

第二部分为传送部分，采用链条导轨，这是目前普遍采用的方法，链条的宽度可实现机调或电调功能，将 PCB 放置在链条导轨上，能实现表面安装组件（SMA）的双面焊接。主要方式有链传动（Chain）、链传动＋网传动（Mesh）、网传动、双导轨运输系统、链传动＋中央支撑系统。

第三部分为温控部分，采用控温表或计算机来控制炉腔中的温度。

2. 回流焊原理

SMA 由入口进入回流焊炉腔沿传送系统的方向运动。在热源受控的隧道式炉腔中，通常设有预热、保温干燥、回流、冷却 4 个不同的温度阶段，同时，全热风对流采用上、下两层的双加热装置。回流焊机结构图如图 7-46 所示。

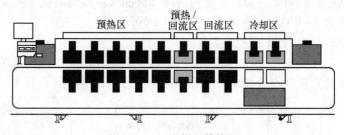

图 7-46　回流焊机结构图

表面安装组件由入口进入回流焊炉腔，到出口传出完成焊接，整个回流焊过程一般需经过预热、保温干燥、回流、冷却温度不同的 4 个阶段。

SMA 随传动机构作直线匀速移动，顺序通过各个温区到出口传出完成焊点的焊接。其中，要合理设置各温区的温度，使炉腔内的 SMA 在传输过程中所经历的温度按合理的曲线规律变化，这是保证回流焊质量的关键。

炉温曲线是指组装电路板（SMA）通过回流焊炉时其上所有点的温度平均值随时间变化的曲线。设定回流焊炉的炉温曲线是回流焊的关键技术。炉温曲线是决定焊接质量的重要因素。典型的回流焊机炉温曲线如图 7-47 所示。

（1）预热区

预热区使 PCB 和元器件预热，同时除去焊膏中的水分、溶剂，以

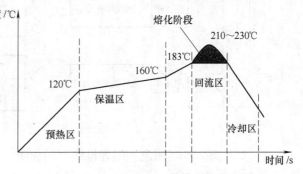

图 7-47　典型的回流焊机炉温曲线

防焊膏发生塌落和焊料飞溅。要保证升温比较缓慢，溶剂挥发较温和，对元器件的热冲击尽可能小。升温过快会造成对元器件的伤害，比如会引起多层陶瓷电容器开裂；同时还会造成

焊料飞溅，使在整个 PCB 的非焊接区域形成焊料球以及焊料不足的焊点。在此过程中通常温度上升速率为 1~3℃/s。

（2）保温区

保温区是指温度从 120℃ 上升到 160℃ 的过程，此阶段需要 60~90s，根据焊料的性质有所差异。主要作用是使 PCB 和组件的温度趋于均匀，并保证焊膏中的助焊剂充分熔化，在达到回流温度之前焊料能完全干燥；同时还起着活化的作用，以清除元器件、焊盘、焊粉中的金属氧化物。

（3）回流区

回流区的主要目的是使焊膏快速熔化，再次呈流动状态，替代液态焊剂润湿焊盘和元器件。这种润湿作用导致焊料进一步扩展，并将组件焊接于 PCB 上。在此阶段的回流时间不能过长，对大多数焊料润湿时间为 30~60s。温度上升速率为 3℃/s，在有铅焊料的峰值温度一般为 210~230℃，达到峰值的时间 0~20s。不同焊膏的熔点温度不同，如 Sn63Pb37 为 183℃。因此，在设定参数时要考虑到焊膏的性能。

（4）冷却区

在冷却区应该以尽可能快的速度来进行降温冷却，焊料随温度的降低而凝固，这样将有助于得到明亮的焊点。理想的冷却区曲线应该与回流区曲线呈镜像关系。冷却段降温速率一般为 3~4℃/s，冷却至 70~80℃ 即可。

3. 回流焊工艺流程

在回流焊工艺中，主要包括回流焊机开机操作、回流焊机编程操作、回流焊作业和回流焊机关机操作等步骤。回流焊操作工艺流程图如图 7-48 所示。

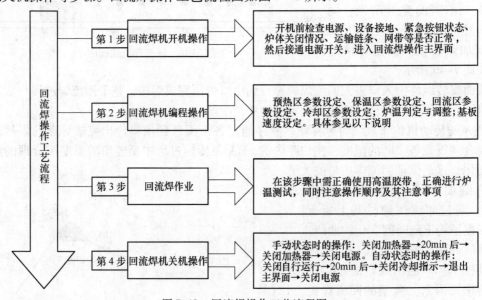

图 7-48　回流焊操作工艺流程图

（1）对于第 2 步"回流焊编程操作"的说明

1）预热区参数设定。

将温度升至助焊剂活性区，此时助焊剂中各添加剂达到最佳工作点。要求此段时间比较短，但由于过快的升温会导致焊膏热锡塌，从而产生连锡和锡珠不良，所以根据焊膏的特性选择升温速率（一般建议为 1~2℃/s）。

如果 PCB 上组件大小差异较大，或 PCB 上组件热容量差异大时，一般就将升温速率降低，有时升温速率会小于 1℃/s。当一些产品上有些物料上锡性能较差时，为了达到有足够的预热时间而又不会造成老锡，一般会加快其升温速率，有时可达到 3℃/s；有一些温区比较少的回流炉，为了达到合格的预热时间，可以将升温速率作适当的调节，一般为 1.5 ~ 2.5℃/s。

2）保温区参数设定。

保温区就是助焊剂活性区。助焊剂在此区间蒸发，除去元器件和 PCB 表面的氧化层，同时防止组件在高温下再氧化，湿润组件和减小各组件的温差，并将不同热容量的组件加热至同一温度。但过长的预热会造成老锡和上锡不良，严重的会造成组件假焊。一般情况下选择预热时间为 60 ~ 120s。

如果 PCB 上组件大小差异较大，或 PCB 上组件热容量差异大时，就可选择长预热时间（一般为 90 ~ 120s）。有一些产品热容量较高（如 BGA、LGA、QFP、Heat Sink 等）时，可将预热时间缩短，以保证有足够的松香作长时间的回流（一般为 60 ~ 90s）。不同的焊膏对预热的温度要求不同，松香的耐热能力也不同，因此不同的焊膏有不同的预热温度和时间要求。

3）回流区参数设定。

锡铅（63/37）共晶合金熔点为 183℃，而其活性点一般在 200℃ 左右，通常选择 200℃。在回流区，熔化的焊锡在助焊剂和活化剂的作用下，通过毛细作用扩散和爬升达到焊接的目的，回流时间为 30 ~ 60s，最高温度为 230 ~ 240℃。针对一些有特大吸热组件的产品，在所有组件能承受的情况下，可以将回流区时间加长至 60 ~ 90s。

一般情况下，不建议用增加最高温度的方法来补偿大组件的加热不足。因为，一般的晶体组件通常都无法承受大于 240℃ 的高温。如果要使用长时间的回流来补偿大组件吸热不足问题，就可以适当地减少预热时间。

4）冷却区参数设定。

熔锡直接降温，冷却速度要求同预热速度相同，正常情况下要求冷却至 70 ~ 80℃ 以下。

5）基板传送速度设置。

对于 PCB 来讲，过快或过慢的速度都会使组件经历太长或太短的加热时间，造成助焊剂的挥发和焊点吃锡性的变化，超过组件所允许的升温速率也将会对组件造成一定程度的损伤，故基板的传送速度应在满足标准炉温曲线与客户生产要求的前提下设置适当值。

确定基板传送速度，首先需要测量加热区的总长度，再根据被焊接的 SMA 尺寸的大小、元器件多少以及元器件大小决定 SMA 在加热区运行的时间。理想炉温曲线所需的焊接时间为 3 ~ 5min。有了加热区的长度以及所需时间，就可以计算出回流焊炉运行的速度了。

例如，若焊膏要求 8min 的加热时间，使用 6m 加热通道长度，则基板传送速度为 6 ÷ 8 = 0.75m/min。

【注 1】 不同电路板，其温度曲线参数设置有所不同，具体可查阅相关资料。

【注 2】 由于机型不同和软件版本的关系，实际界面和本操作指导有区别，所以以实际显示界面和该机型配套的说明书为准。

（2）对于第 3 步"回流焊作业"的说明

炉温测试目的是记录 PCB 在以一定速度经过回流焊炉时 PCB 上温度变化的轨迹，以获得实际产品所需要的温度曲线和满意的焊接效果。常用方式有回流焊炉自带测温装置和单独的炉温测试仪两种。

1）回流焊炉自带测温装置测试炉温。

利用本身配备长热偶线（一般常用的工业标准是 K 型热偶线）的一端焊接到 PCB 上，

另一端插到设备的预设热偶插口上。把 PCB 放进炉内，当板子从炉另一端出来时，用热偶线把板子从出口端拉回来。在测量的同时，温度曲线就可显示到设备的显示器上。这种方式的特点是简单、通道数量少，且大多专业性不高。

2) 单独的炉温测试仪测试炉温。

使用单独的炉温测试仪来测试炉温是多数厂家使用也较方便实用的方式。其品牌繁多、形式各异，从数据的输出上一般分为两类：一类是通过打印机直接将温度曲线或数据打印出来；另一类可传输到计算机专用软件上，可选择查看、编辑、存储，也可随时打印输出。

炉温测试仪性能的好坏主要取决于两方面，即热电偶感温线的品质，会直接决定测试温度的精度和可靠性，测温精度在2℃的居多；软件的方便实用性，对于炉温测试仪用户，实际用到的软件功能并不多，主要就是对曲线的编辑和查看，因此软件并非功能越多越好，而是要简洁、实用和稳定才好。最常见的 KIC 炉温测试仪测温范围为 0 ~ 400℃，测温精度为 ±2℃，通常有3通道或6通道，每个通道支持4 000 个测试温度点。KIC 炉温测试仪如图7-49所示。

图 7-49　KIC 炉温测试仪

测试炉温之前，将感温线插头从 KIC 信道1（CHI）依次向里插好，上盖朝上拿好，再将电源开关和存取开关均朝上打开，此时听到一连串的"嘀嘀"的声音，然后将 KIC 放入保护套，再将感温线平直放入回流炉中。出炉时，将 KIC 拿起来，拔掉插头，然后拿到计算机里读炉温图。

【注】在炉温仪出炉后不要将炉温仪开关关闭或碰触读取开关，否则炉温仪中的数据将会丢失。另外，测试炉温时的过炉方式与生产线过炉方式要保持一致。

3) 高温胶带用途。

在 SMT 的生产过程中都需要用到高温胶带。如测炉温时，用于固定热电偶线；可用它包裹不耐热的组件或是在返修中多次过炉容易造成损害的组件；用它固定质量较大的元器件，以免掉料；使用高温胶带屏蔽金手指；混装生产时，屏蔽焊盘；用于黏贴柔性电路板，从而进行印刷、贴片、测试等一系列工序。

高温胶带以聚酰亚胺薄膜作为基材，采用进口有机硅压敏胶黏剂，具有耐高温（260℃）、电气绝缘性、耐辐射性、耐溶剂的特点。

4. 回流焊作业过程中的注意事项

1) 若遇到紧急情况，则可以按机器两端的"应急开关"按钮。

2) 控制用的计算机禁止其他用途。

3) 在开起炉体进行操作时，务必要用支撑杆支撑上下炉体。

4) 在安装程序完毕后，对所有支持文件不要随意删改，以防止程序运行出现不必要的故障。

5) 对同机种的 PCB，要求一天测试一次曲线，对不同机种的 PCB 在转线时，必须测试一次温度曲线。

5. 回流焊成品检验

回流焊成品检验依据标准为 IPC-A-610C/D。

常见不良回流焊及对策如表7-12所示。

表7-12 常见不良回流焊及对策表

序号	缺陷	原因	对策
1	元器件移位	贴放位置不对；焊膏量不够或定位安放的压力不够；焊膏中焊剂含量太高，在回流过程中焊剂的流动导致元器件移位	校正定位坐标；加大焊膏量，增加安放元器件的压力；减少焊膏中焊剂的含量
2	焊点锡不足	焊膏不够；焊盘和元器件焊接性能差；回流焊时间短	扩大丝网和漏板孔径；改用焊膏或重新浸渍元器件；加长回流焊时间
3	焊点锡过多	丝网或漏板孔径过大；焊膏黏度小	扩大丝网和漏板孔径；增加焊膏黏度
4	墓碑现象	定放位置的移位；焊膏中的焊剂使元器件浮起；印刷焊膏的厚度不够；加热速度过快且不均匀；焊盘设计不合理；采用Sn63/Pb37焊膏；组件可焊性差	调整印刷参数；采用焊剂含量少的焊膏；增加印刷厚度；调整回流焊温度曲线；严格按规范进行焊盘设计；改用含Ag或Bi的焊膏；选用可焊性好的焊膏
5	锡珠	加热速度过快；焊膏吸收了水分；焊膏被氧化；PCB焊盘污染；元器件安放压力过大；焊膏过多	调整回流焊温度曲线；降低环境湿度；采用新的焊膏，缩短预热时间；换PCB或增加焊膏活性；减小压力；减小孔径，降低刮刀压力
6	虚焊	焊盘和元器件可焊性差；印刷参数不正确；回流焊温度和升温速度不当	加强对PCB和元器件的可焊性检查；减小焊膏黏度，检查刮刀压力及速度；调整回流焊温度曲线
7	桥接	焊膏塌落；焊膏太多；在焊盘上多次印刷；加热速度过快	增加焊膏金属含量或黏度、换焊膏；减小丝网或漏板孔径，降低刮刀压力；用其他印刷方法；调整再焊温度曲线
8	芯吸	印制板可焊性差，焊盘和组件引线回流焊时温差大	改善印制板可焊性，调整回流焊工艺，充分预热印制板，缩小焊盘与组件引线之间的温差
9	组件开裂	印制板变形，检测探针冲击焊点	印制板和器件在贴装前进行干燥处理

7.4.4 检测设备

在SMT生产过程中，不但要用到焊膏印刷机、贴片机和回流焊机等主要设备，而且要用到检测、返修和清洗等辅助设备。

1. 自动光学检测（AOI）仪

由于SMT产品中电路元件的小型化和高度密集，SMA的质量检测单靠人工目测已不能满足要求，在SMT生产中采用专用仪器进行自动检测已成为必不可少的一道工序，这类检测仪大多使用自动光学检测设备。

自动光学检测设备主要由多光源照明、高速数字摄像机、高速线性电动机、精密机械传动和图形处理软件等部分组成。自动光学检测设备实物外形图如图7-50所示。

图7-50 自动光学检测设备实物外形图

（1）AOI工作过程

当检测时，AOI设备通过摄像头自动扫描PCB，将PCB上的元器件或者特征（包括印刷的焊膏、贴片元器件的状态、焊点形态以及缺陷等）捕捉成像，通过软件处理后与数据库中合格的参数进行综合比较，以判断元器件及其特征是否合格，然后得出检测结论，诸如元器件缺失、桥接或者焊点质量等问题。

（2）AOI 采用方法

AOI 通常采用设计规则检验（DRC）和图形识别两种方法。

DRC 法按照一些给定的规则（如所有连线以焊点为端点，所有引线宽度不小于 0.127mm，所有引线之间的间隔不小于 0.102mm 等）检查电路图形。这种方法可以从算法上保证被检验电路的正确性，而且具有制造容易、算法逻辑容易实现高速处理、程序编辑量小、数据占用空间小等特点，为此采用该检验方法的较多。但是该方法确定边界能力较差，常用引线检验算法根据求得的引线平均值确定边界位置，并按设计确定灰度级。

图形识别法是将存储的数字化图像与实际图像进行比较。检查时，与一块完好的印制电路板或根据模型建立起来的检查文件进行比较，或者按照计算机辅助设计中编制的检查程序进行。精度取决于分辨率和所用检查程序，一般与电子测试系统相同，但是采集的数据量大，数据实时处理要求高。由于图形识别法用实际设计数据代替 DRC 中既定设计原则，所以具有明显的优越性。

（3）AOI 检测程序

AOI 检测系统进行组件检测的一般程序为自动记数已装元器件的印制板，开始检验；检查印制板有引线一面，以保证引线端排列和弯折适当；检查印制板正面是否有元器件缺漏、错误元器件、损伤元器件、元器件装接方向不当等；检查装接的 IC 及分立器件型号、方向和位置等；检查 IC 器件上标记印制；质量检验等。

若 AOI 发觉不良组件，则系统向操作者发出信号，或触发执行机构自动取下不良组件。系统对缺陷进行分析，向主计算机提供缺陷类型和频数（每个对象出现的次数），对制造过程作必要的调整。AOI 的检查效率与可靠性取决于所用软件的完善性。

AOI 还具有使用方便，调整容易，不必对视觉系统算法编程等优点。

（4）AOI 的特点

1）高速检测系统与 PCB 组装密度无关。

2）快速便捷的编程系统。

3）运用丰富的专用多功能检测算法和二元或灰度水平光学成像处理技术进行检测。

4）根据被检测元器件位置的瞬间变化进行检测窗口的自动化校正，达到高精度检测。

5）通过在 PCB 上直接标记或在操作显示器上用图形错误表示来进行检测与核对。

（5）AOI 的应用

AOI 可放置在印刷后、焊前、焊后的不同位置。

1）AOI 放置在印刷后。可对焊膏的印刷质量作工序检测。可检测焊膏量过多、过少、焊膏图形的位置有无偏移、焊膏图形之间有无粘连。

2）AOI 放置在贴装机后、焊接前。可对贴片质量作工序检测。可检测元器件贴错、元器件移位、元器件贴反（如电阻翻面）、元器件侧立、元器件丢失、极性错误以及贴片压力过大造成焊膏图形之间粘连等。

3）AOI 放置在再流焊炉。可作焊接质量检测。可检测元器件贴错、元器件移位、元器件贴反（如电阻翻面）、元器件丢失、极性错误、焊点润湿度、焊锡量过多、焊锡量过少、漏焊、虚焊、桥接、焊球（引脚之间的焊球）、元器件翘起（竖碑）等焊接缺陷。

总之，自动光学检测（AOI）是自动检测 PCB 上各种不同组装错误及焊接缺陷的高速、高精度视觉处理技术。PCB 的范围可从细间距高密度板到低密度大尺寸板，并可提供在线检测方案，以提高生产效率及焊接质量。通过使用 AOI 作为减少缺陷的工具，在装配工艺过程的早期可查找和消除错误，以实现良好的过程控制。

2. 自动 X 射线检测（AXI）仪

AOI 测试系统只能从外观上对 SMA 进行检测，对于焊点内部及不可见部分的焊点（如 BGA、CSP、FC 等）就无能为力了。这时，自动 X 射线检测（Automatic X-ray Inspection，AXI）就成为主要手段。

目前有两种类型的自动 X 射线检测仪：一种是直射式 X 光检测仪，另一种是断层扫描 X 光检测仪。自动 X 射线检测设备实物图如图 7-51 所示。

（1）AXI 检测原理

X 射线检测技术由计算机图像识别系统对微焦 X 射线透过 SMT 组件所得的焊点图像经过灰度处理来判别各种缺陷，它采用的是扫描束 X 射线分层照相技术。

普通 X 射线（直射式）影像分析只能提供检测对象的二维（2D）图像信息，对于遮蔽部分很难进行分析。断层扫描 X 射线分层照相技术能获得三维（3D）影像信息，可消除遮蔽阴影。AXI 原理图如图7-52 所示。

图 7-51　自动 X 射线检测设备实物图

在组装好的电路板（PCB）沿导轨进入机器内部后，位于电路板上方有一个 X 射线发射管，其发射的 X 射线穿过电路板后，被置于下方的探测器（一般为摄像机）接收，由于焊点中含有可以大量吸收 X 射线的铅，所以与穿过玻璃纤维、铜、硅等其他材料的 X 射线相比，照射在焊点上的 X 射线被大量吸收，而呈黑点产生良好图像，使得对焊点的分析变得相当直观，故简单的图像分析算法便可自动且可靠地检验焊点缺陷。BGA 焊点成像图如图 7-53所示。

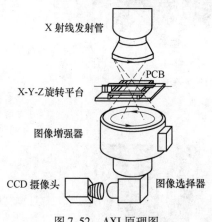

图 7-52　AXI 原理图

图 7-53　BGA 焊点成像图

AXI 技术已从以往的 2D 检验法发展到目前的 3D 检验法。前者为透射 X 射线检验法，对单面板上的元器件焊点可产生清晰的视像，但对于目前广泛使用的双面贴装电路板，效果就会很差，会使两面焊点的视像重叠而极难分辨。

3D 检验法采用分层技术，即将光束聚焦到任何一层并将相应图像投射到高速旋转的接受面上，由于接受面高速旋转使位于焦点处的图像非常清晰，而其他层上的图像则被消除，所以 3D 检验法可对电路板两面的焊点独立成像。

3DX-Ray 技术除了可以检验双面贴装电路板外，还可对那些不可见焊点（如 BGA 等）进行多层图像"切片"检测，即对 BGA 焊接连接处的顶部、中部和底部进行彻底检验。同时利用此方法还可测通孔焊点，检查通孔中焊料是否充实，从而极大地提高焊点连接质量。

（2）AXI 检测特点

1）对工艺缺陷的覆盖率高达 97%。可检查的缺陷包括虚焊、桥连、立碑、焊料不足、气孔、器件漏装等。尤其是 X 射线也可检查 BGA、CSP 等焊点隐藏器件。

2）较高的测试覆盖度。可以对肉眼和在线测试检查不到的地方进行检查。比如 PCBA 被判断有故障，怀疑是 PCB 内层走线断裂，X 射线可以很快地进行检查。

3）测试的准备时间大大缩短。

4）能观察到其他测试手段无法可靠探测到的缺陷，比如，虚焊、空气孔和成型不良等。

5）对双面板和多层板只需一次检查（带分层功能）。

6）提供相关测量信息，用来对生产工艺过程进行评估。如焊膏厚度、焊点下的焊锡量等。

（3）AXI 检测举例

1）桥联不良的 X 射线影像图如图 7-54 所示。

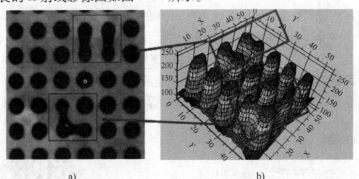

a)　　　　　　　　　　　b)

图 7-54　桥联不良的 X 射线影像图

a）2D 影像　b）3D 影像

2）漏焊不良的 X 射线影像图如图 7-55 所示。

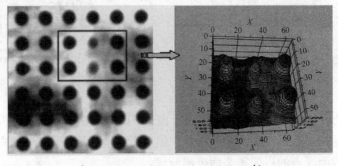

a)　　　　　　　　　　　b)

图 7-55　漏焊不良的 X 射线影像图

a）2D 影像　b）3D 影像

3）焊点不充分饱满的 X 射线影像图如图 7-56 所示。

总之，由于 X 射线具有很强的穿透性，所以常用来进行非破坏性探测，通过透视图像显示焊点形状、厚度及质量的密度分布，从而发现内部缺陷（孔、洞、气泡或裂纹等）。AXI 检测是获得高可靠性的焊接质量评估和焊接工艺过程控制的重要检测技术。

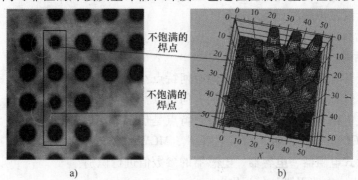

a)   b)

图 7-56　焊点不充分饱满的 X 射线影像图

a）2D 影像　b）3D 影像

3. 在线测试（ICT）仪

在线测试是生产中最常用的检测方法，它是将 SMA 放置在专门设计的针床夹具上，通过弹簧测试探针与元器件的引线或测试焊点接触，把检测用的电源、输入/输出信号线与被测电路板接通，可以很方便地进行加电、测量、观察，从而迅速对电路板进行诊断。

使用针床式在线测试需要预制大量针床，而且针床的制造费用高，结构复杂，易于损坏。由于大部分企业的 SMT 生产是多品种少批量生产，针床使用效率不高，所以飞针式检测仪应运而生。在线测试设备实物图如图 7-57 所示。

4. 飞针式测试仪

飞针式测试仪是用飞针代替针床，使用多个微型电动机，快速移动电气探针（飞针），与被测器件的引脚进行接触，自动生成隔离点，根据事先编好的程序对 SMA 进行全面测试，以实现对所要测试部分的电气测量。

飞针式测试仪在 X-Y 轴方向上装有高速移动的测试探头，其工作原理与贴片头类似，每个头装有两根针，共有 8 根测试针。飞针式测试仪实物图如图 7-58 所示。

图 7-57　在线测试设备实物图   图 7-58　飞针式测试仪实物图

除此之外，还需要显微镜、放大镜、超声波清洗器、返修工作站和电烙铁等设备。

7.5　习题

1. SMT、THT、MPT、SMA 的含义各是什么？
2. SMT 生产线常由哪些设备组成？
3. SMC 包括哪些器件？
4. SMD 包括哪些器件？
5. 表贴二极管有哪些封装形式？它们有何特点？
6. 表贴晶体管有哪些封装形式？它们有何特点？
7. 表贴集成电路有哪些封装形式及各自特点是什么？
8. SCP、PLCC、LCCC、QFP、BGA、CSP、MCM 的含义各是什么？
9. 如何对片式电阻器、电容器、电感器的参数值进行识别？
10. 对片式集成电路引脚如何识别？
11. 如何判别集成电路的好坏？
12. 试画出锡膏 – 回流焊工艺流程。
13. 试画出贴片 – 波峰焊工艺流程。
14. 波峰焊与回流焊的区别是什么？
15. 热风焊枪如何使用？
16. BGA 芯片如何进行手工焊接？
17. 焊膏印刷机的作用及种类是什么？
18. 焊膏印刷常用哪些材料？
19. 焊膏印刷机编程操作时应有哪些设定和安装？
20. 焊膏印刷作业应注意哪些事项？
21. 试分析常见焊膏印刷不良的原因及对策。
22. 贴片机的作用及种类是什么？
23. 当进行贴片机编程操作时要注意哪些环节？
24. 贴片作业应注意哪些事项？
25. 试分析常见贴片不良的原因及对策。
26. 回流焊机的作用及种类是什么？
27. 回流焊机的组成结构是什么？
28. 典型回流焊机炉温曲线由几部分组成？各自特点是什么？
29. 当进行回流焊编程操作时应注意哪些设定？
30. 炉温测试仪的作用是什么？
31. 高温胶带的作用是什么？
32. 回流焊作业应注意哪些事项？
33. 试分析常见回流焊不良的原因及对策。
34. 在 SMT 生产过程中常用的检测设备有哪些？

第8章 工艺文件与质量管理

本章要点

- 能描述编制工艺文件的方法和要求
- 能描述产品设计、试制和制造过程中的质量管理包括的内容
- 能描述 ISO 9000 标准系列的组成
- 能描述 GB/T 19000 标准系列的组成
- 能描述产品质量认证和质量体系认证的特征
- 会熟练编制一个电子产品的装配或其他工艺文件
- 会认识 3C 认证标志

8.1 电子产品工艺文件

8.1.1 工艺文件基础

1. 工艺文件的完整性

在企业中，工艺文件是非常重要的。它是组织生产，指导操作，保证产品质量的重要手段和法规。为此，编制的工艺文件应该正确、完整、统一、清晰。

（1）工艺文件的种类

电子产品有着各式各样的工艺文件，有单个器件的，也有成套的；有安装工艺，也有调试工艺；就连一根导线的加工也有其工艺文件。产品生产过程常备的工艺文件如图 8-1 所示。

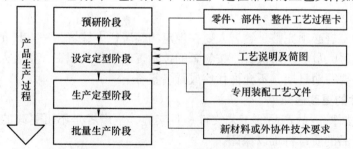

图 8-1 产品生产过程常备的工艺文件

（2）工艺文件的形式

工艺文件有通用工艺规程文件和工艺图样两种形式。

（3）工艺文件的成册要求

工艺文件可按整件成册，也可按工艺类型成册，还可以按整件与工艺类型混合交叉成册。工艺文件根据产品的复杂程度可分为若干分册，但每一分册都应具备封面和目录。

2. 工艺文件的编号与简号

工艺文件的编号是指工艺文件的代号，即"文件代号"，工艺文件代号组成如图 8-2 所示。

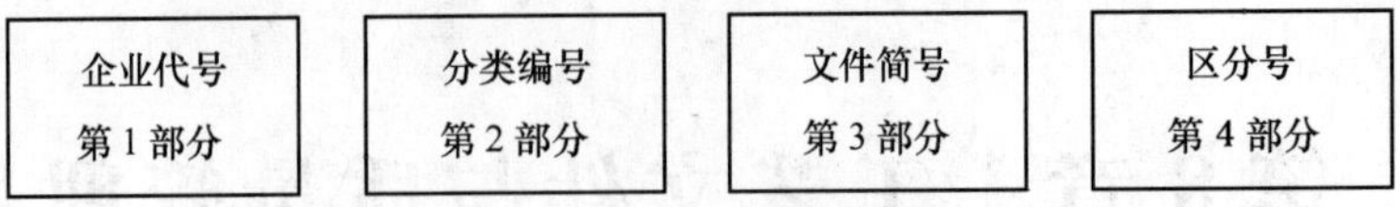

图 8-2　工艺文件代号组成

第 1 部分是企业区分代号，由大写的汉语拼音字母组成，用以区分编制文件的单位。

第 2 部分是设计文件的十进制分类编号。

第 3 部分是检验规范的工艺文件简号，由大写的汉语拼音字母组成。常用的工艺文件简号规定如表 8-1 所示。

表 8-1　常用的工艺文件简号规定

序号	工艺文件名称	简号	字母含义	序号	工艺文件名称	简号	字母含义
1	工艺文件目录	GML	工目录	9	塑料压制件工艺卡	GSK	工塑卡
2	工艺路线表	GLB	工路表	10	电镀及化学镀工艺卡	GDK	工镀卡
3	工艺过程卡	GGK	工过卡	11	电化涂覆工艺卡	GTK	工涂卡
4	元器件工艺表	GYB	工元表	12	热处理工艺卡	GRK	工热卡
5	导线与扎线表	GZB	工扎表	13	包装工艺卡	GBZ	工包卡
6	各类明细表	GBM	工明表	14	调试工艺	GTS	工调卡
7	装配工艺过程卡	GZP	工装配	15	检验规范	GJG	工检规
8	工艺说明及简图	GSM	工说明	16	测试工艺	GCS	工测试

第 4 部分是区分号，当同一简号的工艺文件有两种或两种以上时，可用标注脚号（数字）的方法以区分不同份数。

对于填有相同工艺文件名称及简号的各张工艺文件，不管其使用何种格式，都应认为它们是属于同一份独立的工艺文件，应将它们放在一起计算其页数。

3. 工艺文件的签署栏

（1）工艺文件签署栏的形式

在文件页的下方列出一表格，主要内容包含拟制、审核、标准化检验、批准、日期等内容，供签署者签字用。

（2）签署的要求

工艺文件的签署必须完整、签署人要在规定的签署栏中签署，一人只允许在一个签署栏内签署。各级签署人员应严肃认真，按签署的技术责任履行其职责。签署人书写字体要清楚并用真实姓名，要写明日期，不允许代签或冒名签署。

4. 工艺文件的更改通知单

"工艺就是法律"，故产品的工艺文件一旦实施，生产者是不可更改的，必须严肃认真地对待，否则产品的质量将难以保证。

若经过一段时间的运作，原工艺文件中的某些内容在保证产品的质量和生产效率不断提高方面已有明显不足，则可由专门部门拟发工艺文件更改通知单，并按规定的签署手续进行更改。"工艺文件更改通知单"格式如表 8-2 所示。

8.1.2　编制工艺文件

1. 编制工艺文件的方法

编制工艺文件应以保证产品质量，稳定生产为原则，按如下方法进行：

1）首先需仔细分析设计文件的技术条件、技术说明、原理图、安装图、接线图、线扎图及有关的零、部件图等。将这些图中的安装关系与焊接要求仔细弄清楚，必要时对照一下定型样机。

表8-2 "工艺文件更改通知单"格式

更改单号	工艺文件更改通知单	产品名称或型号	零部件、整件名称	图号	第　页
					共　页
生效日期	更改原因	通知单分发单位		处理意见	
更改标记	更改前		更改标记	更改后	
拟制	日期	审核	日期	批准	日期	批准	日期

2）编制时先考虑准备工序，如各种导线的加工处理、线把扎制、地线成形、器件焊接浸锡、各种组合件的装焊、电缆制作、印标记等，编制出准备工序的工艺文件。凡不适合直接在流水线上装配的元器件，可安排在准备工序里制作。

3）接下来考虑总装的流水线工序。先确定每个工序的工时，然后确定需要用几个工序。比如安装工序、焊接工序、调试工序、检验工序等。要仔细考虑流水线各工序的平衡性，另外，仪表设备、技术指标、测试方法也要在工艺文件中反映出来。

2. 编制工艺文件的要求

编制工艺文件不仅要从实际出发，而且要注意以下几点要求：

1）编制的工艺文件要做到准确、简明、正确、统一、协调，并注意吸收先进技术，选择科学、可行、经济效果最佳的工艺方案。

2）在工艺文件中所采用的名词、术语、代号、计量单位要符合现行国标或部标规定。书写要采用国家正式公布的简化汉字，字体要工整清晰。

3）工艺附图要按比例绘制，并注明完成工艺过程所需要的数据（如尺寸等）和技术要求。

4）尽量引用部颁通用技术条件和工艺细则及企业的标准工艺规程。最大限度地采用工装或专用工具、测试仪器和仪表。

5）易损或用于调整的零件、元器件要有一定的备件。并根据需要注明产品存放和在传递过程中必须遵循的安全措施与使用的工具、设备。

6）当编制关键件、关键工序及重要零、部件的工艺规程时，要指出准备内容、装联方法、在装联过程中的注意事项以及使用的工具、量具、辅助材料等工艺保证措施。要视需要进行工艺会签，以保证工序间的衔接和明确分工。

8.1.3 工艺文件的成套性

工艺文件是成套的，因此编制的工艺文件种类不是随意的，应该根据产品的具体情况，按照一定的规范和格式配套齐全。

我国电子行业标准对产品在设计定型、生产定型、样机试制和一次性生产时需要编制的工艺文件种类分别提出了明确的要求，即规定了工艺文件成套性标准。电子产品各个阶段工艺文件的成套性要求如表8-3所示。

表8-3　电子产品各个阶段工艺文件的成套性要求

序号	工艺文件名称	产品		产品的组成部分		
		成套设备	整机	整件	部件	零件
1	工艺文件封面	○	●	○	○	—
2	工艺文件明细表	○	●	○	—	—
3	工艺流程图	○	○	○	○	—
4	加工工艺过程卡	—	—	—	○	●
5	塑料工艺过程卡片	—	—	—	○	○
6	陶瓷、金属压铸和硬模铸造工艺过程卡片	—	—	—	○	○
7	热处理工艺卡片	—	—	—	○	○
8	电镀及化学涂敷工艺卡片	—	—	—	○	○
9	涂料涂敷工艺卡片	—	—	○	○	○
10	元器件引出端成形工艺表	—	—	○	○	—
11	绕线工艺卡	—	—	○	○	○
12	导线及线扎加工卡	—	—	○	○	—
13	贴插编带程序表	—	—	○	○	—
14	装配工艺过程卡片	—	●	●	●	—
15	工艺说明	○	○	○	○	○
16	检验卡片	○	○	○	○	○
17	外协件明细表	○	○	○	○	—
18	配套明细表	○	○	○	○	○
19	外购工艺装备汇总表	○	○	○	—	—
20	材料消耗工艺定额明细表	—	●	●	—	—
21	材料消耗工艺定额汇总表	○	●	●	—	—
22	能源消耗工艺定额明细表	○	○	○	—	—
23	工时、设备台时工艺定额明细表	○	○	○	—	—
24	工时、设备台时工艺定额汇总表	○	○	○	—	—
25	工序控制点明细表	—	○	○	○	○
26	工序质量分析表	—	○	○	○	○
27	工序控制点操作指导卡片	—	○	○	○	○
28	工序控制点检验指导卡片	—	○	○	○	○

注："●"表示必须编制的文件；"○"表示根据实际情况而编制的文件；"—"表示不应编制的文件。

8.1.4　任务23——HX108-2型收音机装配工艺文件编制

1. 实训目的

1）能描述工艺文件编制的方法。

2）能描述工艺文件编制的要求。

3）会熟练编制H108-2型收音机装配工艺文件。

2. 实训设备与器材准备

1）H108-2型收音机套件　1套。

2）H108-2型收音机安装说明书　1份。

3. 实训步骤与报告

☞（1）"工艺文件封面"编制

工艺文件封面是产品的全套工艺文件或部分工艺文件装订成册的封面。

在工艺文件的封面上，可以看出产品型号、名称、工艺文件主要内容以及册数、页数等内容。

HX108-2型收音机装配"工艺文件封面"举例如表8-4所示。

表 8-4　HX108-2 型收音机装配"工艺文件封面"举例

装配工艺文件

共××册
第××册
共××页

型　　号：HX108-2 型

名　　称：袖珍式调幅收音机

图　　号：XX

本册内容：元器件加工、导线加工、组件加工、基板插件焊接组装、整机组装

批　准
×年×月×日

×××××××公司

☞（2）"工艺文件目录"编制

工艺文件目录是归档时齐套的依据。在工艺文件目录中，可查阅每一种组件、部件和零件所具有的各种工艺文件的名称、页数和装订的册次。

HX108-2 型收音机"工艺文件目录"举例如表 8-5 所示。

表 8-5　HX108-2 型收音机"工艺文件目录"举例

		工艺文件目录		产品名称或型号		产品图号
				HX108-2 型调幅收音机		
	序号	文件代号	零部件、整件图号	零部件、整件名称	页数	备注
	0	1	2	3	4	5
	1	G1	工艺文件封面		1	
	2	G2	工艺文件目录		1	
使用性	3	G3	工艺路线表		1	
	4	G4	工艺流程图		1	
	5	G5	导线加工工艺		1	
旧底图总号	6	G6	组件加工工艺		1	
底图总号	更改标记	数量	文件名	签名	日期	签名	日期	第　页
						拟制		
						审核		共　页
日期	签名							第册
								第页

☞（3）"工艺路线表"编制

工艺路线表是生产计划部门作为车间分工和安排生产计划的依据，也是作为编制工艺文件分工的依据。

在工艺路线表中，可以看到产品的零件、部件、组件生产过程中由毛坯准备到成品包装，在工厂内顺序流经的部门及各部门所承担的工序，并列出零件、部件、组件的装入关系等内容。

HX108-2 型收音机"工艺路线表"举例如表 8-6 所示。

表 8-6　HX108-2 型收音机"工艺路线表"举例

		工艺路线表		产品名称或型号		产品图号		
				HX108-2 型调幅收音机				
	序号	图号	名称	装入关系	部件用量	整件用量	工艺路线表内容	
	0	1	2	3	4	5	6	
	1		导线加工	正极片导线				
				负极片导线				
使用性	2		元器件加工	基板插件焊接				
	3		电位器组件	基板装配				
	4		基板组件					
旧底图总号								

底图 总号		更改 标记	数量	文件名	签名	日期	签名		日期	第　页	
							拟制				
							审核			共　页	
日期	签名										
										第 册	第 页

☞（4）"元器件工艺表"编制

元器件工艺表是用来对新购进的元器件进行预处理的加工汇总表，其目的是为了提高插装（机插或手工插）的装配效率和适应流水线生产的需要。

在元器件工艺表中，可以看出各元器件引线进行弯折的预加工尺寸及形状。

HX108-2 型收音机"元器件工艺表"举例如表 8-7 所示。

表 8-7　HX108-2 型收音机"元器件工艺表"举例

元器件工艺表									产品名称或型号			产品图号	
									HX108-2 型调幅收音机				
序 号	编 号	名称、型号、规格	L/mm						数 量	设 备	工时 定额	备 注	
			A 端	B 端		正 端	负 端						
0	1	2	3	4	5	6	7	8	9	10	11	12	
1	R_1	RT-1/8W-100kΩ	10	10					1				
2	R_2	RT-1/8W-2kΩ	10	10					1				
3	R_3												
使用性　4	R_4												
旧底图总号		简图											
底图总号		更改标记	数量	文件名	签名	日期	签名		日期	第　页			
							拟制						
							审核			共　页			
日期	签名												
										第 册	第 页		

☞（5）"导线加工工艺表"编制

在导线加工工艺表中列出为整机产品或分机内部的电路连接所应准备的各种各样的导线和扎线等线缆用品。

在导线加工工艺表中，可以看出导线剥头尺寸、焊接去向等内容。

HX108-2 型收音机"导线加工工艺表"举例如表 8-8 所示。

表 8-8　HX108-2 型收音机"导线加工工艺表"举例

						导线加工工艺表					产品名称或型号		产品图号	
											HX108-2 型调幅收音机			
	序号	编号	名称规格	颜色	数量	长度/mm					去向、焊接处		设备	工时定额	备注
						L 全长	A 端	B 端	A 剥头	B 剥头	A 端	B 端			
	0	1	2	3	4	5	6	7	8	9	10	11	12	13	14
使用性	1	1-1	塑料线 AVR1×12	红	1	50			5	5	PCB	正极垫片			
	2	1-2	塑料线 AVR1×12	黑	1	50			5	5	PCB	负极弹簧			
旧底图总号	3	1-3	塑料线 AVR1×12	白	1	50			5	5	PCB	扬声器（+）			
	4	1-4	塑料线 AVR1×12	白	1	50			5	5	PCB	扬声器（-）			

底图总号		更改标记	数量		文件名	签名		日期		签名		日期	第　页
										拟制			
										审核			共　页
日期	签名											第册	第页

☞（6）"配套明细表"编制

配套明细表用来说明整件或部件装配时所需用的各种器件以及器件的种类、型号、规格及数量。

在配套明细表中，可以看出一个整件或部件是由哪些元器件和结构件构成的。

HX108-2 型收音机"配套明细表"举例如表 8-9 所示。

表 8-9　HX108-2 型收音机"配套明细表"举例

			配套明细表			装配件名称				装配件图号
			元器件清单				结构件清单			
	序号	编号	名称	数量	备注	序号	编号	名称	数量	备注
	0	1	2	3	4	0	1	2	3	4
	1	R_1	RT-1/8W-100kΩ	1	电阻	1		前框	1	
	2	R_2	RT-1/8W-2kΩ	1	电阻	2		后盖	1	
	3	R_3	RT-1/8W-100Ω	1		3		M2.5×5	2	双联螺钉
	4	R_4	RT-1/8W-20kΩ	1		4		M1.7×4	1	电位器螺钉
	5					5		周率板	1	
使用性	6	$C_6 \sim C_{10}$	CC-63V-0.022μF	5	瓷介	6		电位盘	1	
	7	C_4	CD-16V-4.7μF	1	电解	7		磁棒支架	1	
	8					8		PCB	1	
旧底图总号	9	B_1	磁棒天线线圈	1		9		正极片	1	
	10	B_2	振荡线圈	1	红	10		负极弹簧	1	
	11					11		拎带	1	
	12	$VT_1 \sim VT_4$	9018	4		12		正极导线	1	
	13					13		负极导线	1	
	14	$VD_1 \sim VD_4$	1N4148	4		14		扬声器导线	2	
	15					15		调谐盘	1	

底图总号		更改标记		数量	文件名	签名	日期	签名		日期	第 页	
								拟制				
								审核			共 页	
日期	签名											
											第册	第页

☞（7）"装配工艺过程"编制

装配工艺过程用来说明整件的机械性装配和电气连接的装配工艺全过程（包括装配准备、装联、调试、检验、包装入库等过程）。

在装配工艺过程卡中，可以看到具体器件的装配步骤与工装设备等内容。

HX108-2 型收音机"装配工艺过程"举例如表 8-10 所示。

表 8-10　HX108-2 型收音机"装配工艺过程"举例

		装配工艺过程					装配件名称		装配件图号
序号	装入件及辅助材料		车间	工序号	工种	工序（工步）内容及要求		工装设备	工艺工时定额
	代号、名称、规格	数量							
0	1	2	3	4	5	6		7	8
	1	负极弹簧					①导线焊在弹簧尾端5mm左右 ②焊接部分应与弹簧尾端平行	电烙铁	
使用性	2	导线（黑）							
	3	松香及焊锡丝					①导线焊牢固 ②焊点光亮无毛刺		
旧底图总号						图示			

底图总号		更改标记		数量	文件名	签名	日期	签名		日期	第 页	
								拟制				
								审核			共 页	
日期	签名											
											第册	第页

☞（8）"工艺说明及简图"编制

工艺说明及简图用来编制其他文件格式难以表达清楚且重要和复杂的工艺，也可用于说明某一具体零件、部件、整件。

在工艺说明及简图中，可以看到明确的产品对象。

HX108-2 型收音机"工艺说明及简图"举例如表 8-11 所示。

表 8-11　HX108-2 型收音机"工艺说明及简图"举例

			名　称			编号或图号			
	工艺说明及简图		工序名称			工序编号			

使用性	元器件位置分布						磁棒天线焊接位置		
旧底图总号									
	扬声器线焊接位置						电源线焊接位置		

底图总号	更改标记	数量	文件名	签名	日期	签名	日期	第　页	
						拟制			
						审核		共　页	
日期	签名								
								第册	第页

8.2　电子产品质量管理概述

随着电子工业的迅速发展，电子产品更新换代快，竞争激烈。只有不断使用新技术，推出新产品并保证其品质优良、可靠性高，才能使产品具有竞争力，企业具有生命力。因此，在电子产品的整个生产过程中必须推行全面质量管理。

产品质量包含产品的寿命、可靠性、安全性、经济性、性能水平等诸方面的内容。产品质量的优劣决定了产品的销售业绩，甚至决定了企业的前途和命运。

为了向用户提供满意的产品及服务，提高产品的竞争力和企业的竞争力，世界各国都在积极推进全面质量管理（TQC）。

目前，全面质量管理已经形成一门完整的科学，正在各企业中大力推行。全面质量管理并不仅限于产品的质量，而且涉及与产品质量有关的人员、材料、工艺、设备、环境等工序质量和组织、管理、技术等工作质量，以及影响产品质量的其他各种直接或间接的工作。

全面质量管理应贯穿于产品从市场调研到产品售后服务的全过程，包括操作工人、工程技术人员、管理干部等在内的企业全体职工都应参加全面质量管理。

8.2.1　产品设计质量管理

产品设计是产品质量产生和形成的起点，设计人员应着力设计完成具有很高性价比的产品，并根据企业本身具有的生产技术水平编制合理的生产工艺技术资料，使今后的批量生产得到有力的保证。搞好产品设计阶段的质量管理，便为今后制造出优质产品打下了良好的基础。

产品设计阶段的质量管理应包括如下内容：

1）广泛收集整理国内外同类产品或相似产品的技术资料，了解其质量情况与生产技术水平，开展市场调查，了解用户需求以及对产品质量的要求。

2）根据市场调查资料，进行综合分析后指定产品质量目标并设计实施方案。产品的设计方案和质量标准，应充分考虑用户需求，并对产品的性能指标、可靠性、价格定位、使用方法、维修手段以及批量生产中质量保证等方面进行全面综合的策划，尽可能从提出的多种方案中选择出最佳设计方案。

3）认真分析所选设计方案中的技术难点，组织技术力量进行攻关，解决关键技术问题，初步确定设计方案。

4）把经过试验的设计方案，按照实用可靠、经济合理、用户满意的原则进行产品样机设计，并对设计方案进行进一步综合审查，研究生产中可能出现的问题，最终确定合理的样机设计方案。

8.2.2　产品试制质量管理

产品试制过程包括完成样机试制、产品设计定性、小批量试生产 3 个步骤。

产品试制过程的质量管理应包括如下内容：

1）制订周密的样机试制计划，一般情况下，不宜采用边设计、边试制、边生产的突击方式。

2）对样机进行反复试验，并及时反馈存在的问题，以便对设计与工艺方案进行进一步调整。

3）组织有关专家和单位对样机进行技术鉴定，审查其各项技术指标是否符合国家有关规定。

4）在样机通过技术鉴定后，可组织产品的小批量试生产。通过试生产，可认真进行工艺验证，分析生产质量，验证工装设备、工艺操作、产品结构、原材料、环境条件、生产组织等工作能否达到要求，考察产品质量能否达到预定的设计质量要求，并进一步进行修正和完善。

5）按照产品定型条件，组织有关专家进行产品定型鉴定。

6）制定产品技术标准和技术文件，健全产品质量检测手段，取得产品质量监督检察机关的鉴定合格证。

8.2.3　产品制造质量管理

产品制造过程中的质量管理是产品质量能否稳定地达到设计标准的关键性因素，其质量管理的内容如下：

1）在各道工序、各个工种及产品制造中的每个环节都需要设置质量检验人员，严把产品质量关。严格做到：对不合格的原材料不投放到生产线上，对不合格的零部件不转到下道工序，对不合格的成品不出厂。

2）统一计量标准，并对各类测量工具、仪器、仪表定期进行计量检验，及时维修保养，保证产品的技术参数和精度指标。

3）严格执行生产工艺文件和操作程序。

4）加强操作人员的素质培养及其他生产辅助部门的管理。

8.3 电子产品质量管理方法

在电子工业工程中，常用五五法、人机法、双手发、动改法、流程法、防错法以及抽查法等管理方法。在品质管理中，常用控制图、因果图、直方图、排列图、检查表、层别法以及散布图等工具进行控制管理，现简要介绍以下几种。

8.3.1 5S 现场管理

5S 现场管理是指在生产现场中对人员、机器、材料及方法等生产要素进行有效的管理，是现代企业管理的一种模式。

5S 即整理（SEIRI）、整顿（SEITON）、清扫（SEISO）、清洁（SEIKETSU）、素养（SHITSUKE）。因为这 5 个词在日语中罗马拼音的第一个字母都是"S"，所以简称为"5S"。

5S 现场管理作用是：提高企业形象；提高生产效率和工作效率；提高库存周转率；减少故障、保障品质；加强安全、减少安全隐患；养成节约的习惯；降低生产成本、缩短作业周期；保证交期、改善企业精神面貌；形成良好企业文化。

8.3.2 4M1E 管理

现代电子产品的制造过程系统中，人、机、料、法及环五大质量因素对产品的质量管理起到了至关重要的作用，贯穿于电子产品的生产工艺全过程，最终表现为产品的质量。

人（人力 Man）是指操作员工自身的素养，是获得高可靠性产品的基本保证。操作人员能遵守企业的规章制度、具备熟练的操作技能，具备互相尊重，团结合作的意识，具有努力勤奋工作的敬业精神。

机（机器 Machine）是指企业的设备，是符合现代化企业要求，能进行生产的设备，且有专门人员进行定期检查维护。

料（材料 Material）是指原材料的准备、管理、合理使用。原材料必须经过质量认证、测试、筛选等必要的管理程序。

法（方法 Method）是指从产品的设计、试制、生产、销售到成为合格的产品全过程的生产操作方法、生产管理方法和生产质量控制法。

环（环境 Environment）是指企业的生产环境。设备摆放合理、物料摆放整齐、标识正确、人员操作有序、生产管理方法得当、生产环境整洁、温湿度适宜、防静电系统等符合设计规范标准。

在 5 个单词中，有 4 个的英语首字母为"M"、1 个为"E"，故称 4M1E 管理。

8.3.3 5W1H 管理

5W1H 是指 What（为什么要做，原因）、Why（做成什么，目标）、Where（在哪儿做，地点）、When（什么时候做，时间）、Who（谁来做，执行对象）、How（怎么做，方法）。

5W1H 管理实际为质疑创意法。目的就是对系统进行质疑，挖掘出问题的根源所在。广泛应用于电子企业管理、教学科研、生产生活等方面。

比如：为什么机器停了？因为超负荷，熔丝断了；为什么超负荷运转？因为轴承部分的润滑不够；为什么润滑不够？因为润滑泵吸不上油来；为什么吸不上油来？因为油泵磨损松动了；为什么磨损？因为没有安装过滤器，混进了铁屑。

8.4 电子产品质量管理标准

电子产品质量管理标准有国际标准、区域标准、国家标准、行业标准、企业标准等众多系列，现就常用的标准系列作简要说明。

8.4.1 ISO 9000 标准

1. ISO 9000 标准系列与 GB/T 19000-ISO 9000 标准系列

（1）ISO 9000 标准系列的组成

国际标准化组织（ISO）于1987年3月正式发布的 ISO 9000 ~ ISO 9004 国际质量管理和质量保证标准系列由以下5个标准构成：

1）ISO 9000《质量管理和质量保证标准——选择和使用指南》。

2）ISO 9001《质量体系——设计、开发、生产、安装和服务的质量保证模式》。

3）ISO 9002《质量体系——生产和安装的质量保证模式》。

4）ISO 9003《质量体系——最终检验和试验的质量保证模式》。

5）ISO 9004《质量管理和质量体系要素——指南》。

该标准系列中的 ISO 9000，是本标准系列的指导性文件，它阐述了应用本表标准系列时必须共同采用的术语、质量工作目的、质量体系环境、质量体系类别、运用本标准系列的程序和步骤等。

ISO 9001、ISO 9002、ISO 9003 是一组3项质量保证模式，即需方对供方质量体系要求的3种不同典型形式，也是在合同环境下供、需双方通用的外部质量保证要求文件。ISO 9004 阐述了质量体系的原则、结构和要素，是企业建立质量管理体系的指导文件。

（2）GB/T 19000-ISO 9000 标准系列的组成

GB/T 19000-ISO 9000 质量管理和质量保证标准系列是我国于1992年10月发布的质量管理国家标准，等同采用了 ISO 9000 质量管理和质量保证标准系列。

该标准系列由5项标准组成：

1）GB/T 19000-ISO 9000《质量管理和质量保证标准——选择和使用指南》。

2）GB/T 19001-ISO 9001《质量体系——设计、开发、生产、安装和服务的质量保证模式》。

3）GB/T 19002-ISO 9002《质量体系——生产和安装的质量保证模式》。

4）GB/T 19003-ISO 9003《质量体系——最终检验和试验的质量保证模式》。

5）GB/T 19004-ISO 9004《质量管理和质量体系要素——指南》。

这5项标准适用于产品开发、制造和使用单位。其基本原理、内容和方法具有一般指导意义，对各行业都有指导作用。

（3）GB/T 19000-ISO 9000 标准系列的性质

GB/T 19000-ISO 9000 标准系列是一套推荐性质的质量管理和质量保证标准，标准编号中的"T"为推荐性标准代号。GB/T 19000-ISO 9000 标准系列虽是推荐性标准，但并非可执行可不执行的标准系列。质量管理和质量标准系列是工业发达国家几十年质量管理工作经验的总结，尽管标准系列是各方面协调的产物，而且标准本身还存在一定的缺陷和不足，但它毕竟为实施质量管理和质量保证提供了规范，是一套比较出色的指导性文件，是各企业加强内部质量管理和实施外部质量保证所必须遵循的文件。

（4）GB/T 19000-ISO 9000 标准系列与 ISO 9000 标准系列的关系

采用国际标准是我国一项重要的技术经济政策。国际标准化组织和我国标准化管理部门规定，采用国际标准分为等同采用、等效采用和参照采用3种。

所谓等同采用国际标准，是指技术内容完全相同、不进行修改或稍进行不改变标准内容的编辑性修改。

所谓等效采用国际标准，是指技术上有小的差异（结合各国实际情况所进行的并可被国际准则接受的小改动），编写不完全相同。

所谓参照采用国际标准，是指技术的内容根据各国实际情况作了某些变动，但必须在性能和质量水平上与被采用的国际标准相当，在通用互换、安全、卫生等方面与国际标准协调一致。

国家技术监督局根据我国市场经济发展的情况，决定等同采用 ISO 9000 标准系列，并制定了相应的 GB/T 19000 标准系列。这对促进我国企业加速同国际市场接轨的步伐，提高企业质量管理水平，增强产品在国际市场上的竞争能力，都具有十分重大的意义。

GB/T 19000-ISO 9000 标准系列与 ISO 9000 标准系列的各项标准具体对应关系如下：GB/T 19000-ISO 9000 对应 ISO 9000；GB/T 19001-ISO 9001 对应 ISO 9001；GB/T 19002-ISO 9002 对应 ISO 9002；GB/T 19003-ISO 9003 对应 ISO 9003；GB/T 19004-ISO 9004 对应 ISO 9004。

2. 实施 GB/T 19000-ISO 9000 标准系列的意义

（1）提高质量管理水平

GB/T 19000-ISO 9000 标准系列，吸收和采纳了世界经济发达国家质量管理和质量保证的实践经验，是在全国范围内实施质量管理和质量保证的科学标准。

企业通过实施 GB/T 19000-ISO 9000 标准系列，建立并健全质量体系，对提高企业的质量管理水平将有着积极的推动作用。

1）促进企业的系统化质量管理。

GB/T 19000-ISO 9000 标准系列，对产品质量形成过程中的技术、管理和人员因素提出全面控制的要求，企业对照 GB/T 19000-ISO 9000 标准系列的要求，可以对企业原有质量管理体系进行全面审视、检查和补充，发现质量管理中的薄弱环节，尤其可以协调企业部门之间、工序之间、各项质量活动之间的衔接，使企业的质量管理体系更为科学与完善。

2）促进企业的超前管理。

通过健全质量管理体系，企业可以发现目前已存在的和潜在的质量问题，并采取相应的监控手段，使各项质量活动按照预定目标进行。企业的质量体系，应包括质量手册、程序文件、质量计划和质量记录等质量体系的整套文件，使各项质量活动按规律有序地开展，让企业员工在实施质量活动时有章可循、有法可依，减少质量管理工作中的盲目性。因此，企业建立健全了质量体系，就可以把影响质量的各方面因素组织成一个有机的整体，实施超前管理，保证企业长期、稳定地生产合格的产品。

3）促进企业的动态管理。

为使质量体系充分发挥作用，企业在全面贯彻质量体系文件的基础上，还应该定期开展质量体系的审核与评估工作，以便及时发现质量体系和产品质量的不足之处，进一步改进和完善企业的质量体系。审核与评估工作还可以发现因经营环境的变化、企业组织的变更、产品品种的更新等情况，对企业的质量体系提出新的要求，使之适应变化了的环境和条件。这些都需要企业及时协调、监控，进行动态管理，才能保证质量体系的适用性和有效性。

（2）使质量管理和国际规范接轨

ISO 9000 标准系列被世界上许多国家所采用，成为各国在贸易交往中质量保证能力的评价依据，或者作为第三方对企业的技术管理能力认证的依据。因此，世界各国按照 ISO 9000

质量标准系列的要求建立相应的质量体系，积极开展第三方的质量认证，已成为全球企业的共同认识和全球性的趋势。国内企业大力实施 GB/T 19000-ISO 9000 标准，建立健全质量体系，使我国质量管理与国际规范接轨，对提高我国企业管理水平和产品的竞争能力具有极其重要的战略意义。

（3）提高产品的竞争力

企业的技术能力和企业的管理水平，决定了该企业产品质量的提高。倘若企业的产品和质量体系通过了国际上公认机构的认证，则可以在其产品上粘贴国际认证标志，在广告中宣传本企业的管理水平和技术水平。因此，产品的认证标志和质量体系的注册证书，将成为企业最有说服力的形象广告，经过认证的产品必然成为消费者争先选购的对象。通过认证的企业名称将出现在认证机构的有关资料中，必将使企业的国际知名度大大提高，使国外购货机构对被认证的企业的技术、质量和管理能力产生信任，对产品予以优先选购。有些国家还对经过权威机构认证的产品给予免检、减免税率等优厚待遇，因而大大提高了产品在国际市场上的竞争能力。

（4）使用户的合法权益得到保护

用户的合法权益、社会与国家的安全等方面同企业的技术水平和管理能力息息相关。即使产品按照企业的技术规范进行生产，但当企业技术规范本身不完善或生产企业的质量体系不健全时，产品也就无法达到规定的或潜在的要求，发生质量事故的可能性就会增大。因此，贯彻 GB/T 19000-ISO 9000 标准系列，企业建立相应的质量体系，稳定地生产满足需要的产品，无疑是对用户利益的一种切实的保护。

8.4.2　IPC-A-610 标准

IPC-A-610 标准是针对印制电路板组件可接受性的标准，是电子行业内广泛使用的标准。在国际上，该标准是用来规范最终产品可接受级别和高可靠性印制电路板组件的宝典，受到全球 OEM 和 EMS 公司的青睐。

IPC-A-610A 标准制定于 1994 年 1 月，IPC-A-610B 标准修订于 1996 年，IPC-A-610C 标准修订于 2000 年 1 月，IPC-A-610D 标准修订于 2005 年 2 月，IPC-A-610E CN 标准修订于 2010 年 4 月，IPC-A-610F CN 标准修订于 2014 年 7 月。

8.4.3　国标与行标简介

GB 是国家标准，SJ 是电子行业标准。

1）SJ/T10668-1995《表面组装技术术语》。本标准规定了表面组装技术中常用术语，包括一般术语，元器件术语，工艺、设备及材料术语，检验及其他术语 4 个部分。适用于电子技术产品表面组装技术。

2）SJ/T10670-1995《表面组装工艺通用技术要求》。本标准规定了电子技术产品采用表面组装技术（SMT）时应遵循的基本工艺要求。适用于以印刷板（PCB）为组装基板的表面组装组件（SMA）的设计和制造。对采用陶瓷或其他基板的 SMA 的设计和制造也可参照使用。

3）SJ/T10669-1995《表面组装元器件可焊性试验标准》。本标准规定了表面组装元器件可焊性试验的材料、装置和方法。适用于表面组装元器件焊端或引脚的可焊性试验。

4）SJ/T10666-1995《表面组装组件的焊点质量评定》。本标准规定了表面组装元器件的焊端或引脚与印制电路板焊盘软钎焊连接所形成的焊点，进行质量评定的一般要求和细则。适用于对表面组装组件焊点的质量评定。

5）SJ/T10534-94《波峰焊接技术要求》。本标准规定了印制电路板组装件波峰焊接的基本技术要求，工艺参数及焊后质量的检验。适用于电子行业中使用引线孔安装元件方式的刚性单、双面印制电路板波峰焊接。

6）SJ/T10565-94《印制板组装件装联技术要求》。本标准规定了印制电路板组装件装联技术要求。适用于单面板、双面板及多层印制版的装联，不适用于表面安装元器件的装联。

7）SJ/T10666-1995《表面组装组件的焊点质量评定》。

8）SJ/T10667-1995《钎焊、封接的代号及标注方法》。

9）SJ/T10668-1995《表面组装技术术语》。

10）SJ/T10669-1995《表面组装元器件可焊性试验标准》。

11）SJ/T10670-1995《表面组装工艺通用技术要求》。

12）SJ/T10534-94《波峰焊接技术要求》。

13）GB/T19000-2000《质量管理体系基础和术语》。

14）GB/T19001-2000《质量管理体系要求》。

另外，在电子产品质量控制过程中，还会用到 MSA《测量系统》、SPC《统计过程控制》、FMEA《潜在失效模式及后果分析》、PPAP《生产件批准程序》、APQP《产品质量先期策划和控制计划》等参考手册。

8.5　电子产品质量认证

质量认证是指一个公认的权威的第三方机构，对产品和质量体系是否符合规定的要求（如标准、技术规范和有关法规）等所进行的鉴别，以及提供文件证明和标志的活动。

质量认证是随着现代工业的发展作为一种外部质量保证的手段发展起来的。目前，质量认证已不仅是某个国家或地区的局部行为，而且已成为一个覆盖全球的潮流。

8.5.1　质量认证介绍

1. 质量认证分类

质量认证可分为产品质量认证与质量体系认证（注册）。

（1）产品质量认证

这是依据产品标准和相应技术要求，经认证机构确认并通过颁布认证证书和认证标志来证明某一产品符合相应标准和技术要求的活动。

对获得产品质量认证的产品有两种证明方式，即认证证书（合格证书）和认证标志（合格标志）。

产品质量认证有强制性和自愿性之分。安全性的产品（如电子产品、电器产品、玩具和压力容器等）实行强制性认证，生产企业必须取得认证资格才能生产，并在出厂的产品上带有指定的标志，以保护使用者的安全。非安全性的产品实行自愿性认证，是否申请认证，由企业自行决定。

（2）质量体系认证

这是依据3种质量保证模式 ISO 9001～ISO 9003 的要求，经认证机构确认并通过颁发认证（注册）证书和认证标记来证明某企业的质量体系符合所申请模式要求的活动。

质量体系认证派生于产品质量认证而又不同于产品质量认证，两者的对比如表8-12所示。

由于企业在进行产品认证时，已对其质量体系进行了检查评定，一般情况下获得产品认证资格的企业无须再申请体系认证，但对同时生产几种不同类别产品的企业则属例外。获得质量体系认证资格的企业不等于获得产品认证资格。若其再申请产品认证时，则可免去对质量体系通过要求的检查评定。因而，可以说产品质量认证与质量体系认证是相互联系、相互包容的。

表 8-12 产品质量认证和质量体系认证的对比表

项目	产品质量认证	质量体系认证
对象	特定产品	企业的质量体系
获准认证条件	产品质量符合指定的标准要求；质量体系符合指定的质量保证标准及特定的产品的补充要求	质量体系符合申请的质量保证标准和必要的补充要求
证明方式	产品认证证书；认证标志	体系认证证书；认证标志
证明的使用	证书不能用于产品，标志可用于获准认证的产品	证书和标志都不能直接在产品上使用
性质	自愿；强制	一般为自愿；对有些规定领域具有强制性
两者关系	相互充分利用对方质量体系的审核结果	

2. 实行质量认证制度的意义

质量认证制度之所以得到世界各国的普遍重视，关键在于它是一个公正的机构对产品或质量体系作出的正确、可靠的评价，从而使人们对产品质量建立信任。这对卖方、买方、社会和国家的利益都具有重要意义，具体体现在以下几个方面：

1）可提高生产企业的质量信誉。

2）促进企业完善质量体系。

3）增强国际竞争能力。

4）有利于保护消费者利益。

5）减少社会重复检验和检查费用。

6）加强国家对安全性产品的管理。

7）作为国家提高产品质量的有效手段。

3. 获得认证资格的程序

企业在申请质量认证前，除做大量的内部准备工作外，还要进行选择判断工作。当企业在选择质量认证时，应把目标定在获得产品认证上，因为产品认证中包括了对质量体系的检查和评定。当然也可以分两步走，先取得质量体系认证的资格，再去为获得产品认证资格而努力。

另外，选择质量认证一定要根据产品类型来决定，若企业生产大型成套设备，获得质量体系认证已足够，不必再去申请产品质量认证。

企业应根据产品特点、目标市场等合理选择认证机构。若目标市场单一，则可选择目标市场所在国的认证机构；若目标市场分散，则可选择国际上最有权威的认证机构。在任何一个认证机构获得认证资格都要花费一定的费用。

目前，ISO组织正式进入了"质量体系评定国际承认制度（简称为 QSAR）"方案的实施阶段，确认了各国认可制度的等效性。通常情况下，企业可向国内认证机构申请认证，既可节省大量费用与外汇，又就近方便。

无论取得哪一种质量认证资格，都需经过严格的程序。首先，企业向认证机构提出申请，申请批准后，由认证机构任命一个检查组对企业的质量体系进行检查和评定。若是产品认证，检查组在现场随机抽取样品，送检验机构检验。检查组将检验报告送认证机构审查，若产品合格，则发给证书。在企业获得认证资格以后，认证机构将持续履行监督管理义务。企业如果发生不符合认证要求的情况，认证机构就应提出警告，对情节严重者撤销对其的认证。

8.5.2 3C 强制认证

我国于20世纪80年代初开始开展产品质量认证，虽然起步较晚，但起点较高。从1991

年起，我国陆续颁布了《中华人民共和国质量认证管理条例》等一系列有关质量认证的法规、规章，建立了实施质量认证制度必须具备的认证机构、产品检验机构和检查机构。

我国的质量认证工作一开始就由政府机构——国家技术监督局管理，严格以国际标准和国际指南为基础，实行国家注册检查员和评审员制度，不实行部门或地方认证，认证机构与咨询机构严格分开。

从 1981 年我国的第一个认证机构——中国电子元器件质量认证委员会建立起，国家已批准建立了 19 个产品认证机构和 113 个质量体系认证机构。近几年企业质量体系认证工作发展迅速，截至 2004 年 6 月 30 日，中国质量认证中心（CQC）共颁发强制性产品认证（CCC 认证）证书 12.4 万多份，CQC 标志认证证书 9 500 多份，管理体系认证证书 2.1 万多份，电工产品测试证书（CB）2 482 份。发证数量跃居世界第 3 位。

2001 年 12 月，国家质检总局发布了《强制性产品认证管理规定》，以强制性产品认证制度替代原来的进口商品安全质量许可制度和电工产品安全认证制度。

国家强制性产品认证制度于 2002 年 5 月 1 日起正式实施。列入《实施强制性产品认证的产品目录》中的产品包括家用电器、汽车、安全玻璃、医疗器械、电线电缆和玩具等 20 大类 135 种产品。

国家强制性认证标志名称为"中国强制认证"，英文名称为"China Compulsory Certification"，英文缩写为"CCC"。中国强制认证标志实施以后，逐步取代了原来实行的"长城"标志和"CCIB"标志，中国强制性产品认证简称为 CCC 认证或 3C 认证。3C 标志图例及说明如图 8-3 所示。

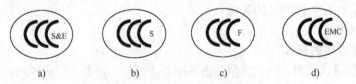

a)　　　　　　　　b)　　　　　　　　c)　　　　　　　　d)

图 8-3　3C 标志图例及说明

a）安全与电磁兼容标志　b）安全标志　c）消防认证标志　d）电磁兼容标志

3C 认证是一种法定的强制性安全认证制度，也是国际上广泛采用的保护消费者权益、维护消费者人身财产安全的基本做法。

8.6　习题

1. 工艺文件的编号由哪些部分组成？
2. 编制工艺文件有哪些要求？
3. 电子产品各个阶段必须编制的工艺文件有哪些？
4. 试编制一个电子产品的装配工艺文件。
5. 产品制造过程中的质量管理应包括哪些内容？
6. ISO 9000 标准系列由哪几部分组成？
7. 我国等同于 ISO 9000 标准系列由哪些组成？
8. 实施 GB/T 19000-ISO 9000 标准系列的意义是什么？
9. 什么叫质量认证？
10. 产品质量认证和质量体系认证有何区别与联系？
11. 3C 强制认证的作用是什么？

附录　常用典型电子产品简介

项目1　HX108-2型调幅收音机

由于HX108-2型收音机是全分离、全散件，且价格便宜，具有一定典型性和代表性。本教材中不论是电路组装、还是整机装配与调试，都以此为例。

1. HX108-2型收音机的电路原理图

HX108-2型收音机的电路原理图如附图1所示。

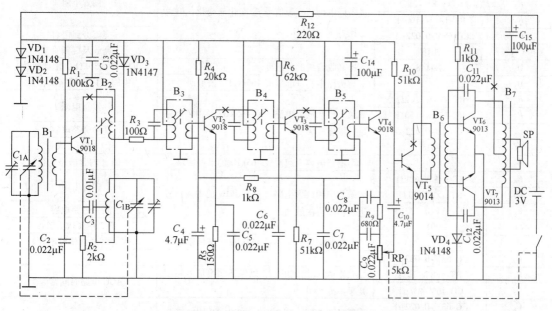

附图1　HX108-2型收音机的电路原理图

2. HX108-2型收音机的工作过程

空中的高频电台信号$f_高$→天线输入回路接收（C_{1A}、B_1的初级等构成）→磁棒天线B_1感应耦合本振电路（VT_1及其偏置、B_1等构成）→本振电路自身产生的本机振荡频率$f_本$与$f_高$进行差频→便获得收音机的固定中频频率信号$f_中$（$f_本 - f_高 = 465kHz$）→经过第1中频选频回路（B_3及槽路电容构成）→加到第1中放电路（VT_2及其偏置构成）→较大幅度的中频信号$f_中$→经过第2中频选频回路（B_4及槽路电容构成）→加到第2中放电路（VT_3及其偏置构成）→更大幅度的中频信号$f_中$→经过第3中频选频回路（B_5及槽路电容构成）→检波电路（VT_4作为检波二极管）→低频滤波器（C_8、C_9和R_9构成）获得频率在20Hz～20kHz范围的音频信号$f_音$→经过音量电位器进行幅度大小调节→加到低放电路（VT_5及其偏置构成）→经输入变压器B_6耦合→功放电路（VT_6、VT_7及偏置构成）→输出变压器B_7进行匹配→扬声器发出声音。

3. HX108-2 型收音机的元器件作用

HX108-2 型收音机各元器件的作用如附表 1 所示。

附表 1　HX108-2 型收音机各元器件的作用

序号	型号规格（参数）	作　用	备　注
R_{12}	RT-1/8W-220Ω	电源退耦电路	滤除低频成分
C_{14}、C_{15}	CD-16V-100μF		滤除低频成分
C_{13}	CC-63V-0.022μF		滤除高频成分
VD_1、VD_2	1N4148	获得 +1.4V 的电压，为小信号电路供电	稳压电路
C_1	/	C_{1A} 及其半可调与 B_1 初级构成选台回路	双联可调电容器
B_1	/	用于接收高频电磁波	磁棒天线
B_2	/	高频放大电路及混频电路。C_{1B} 及其半可调与 B_2 初级构成本振回路产生的本振频率 $f_本$ 随不同电台的高频信号 $f_高$ 变化而变化，但总是比 $f_高$ 高 465kHz	本振线圈
C_3	CC-63V-0.01μF		反馈电容
R_1	RT-1/8W-100kΩ		偏置电阻
R_2	RT-1/8W-2kΩ		
R_3	RT-1/8W-100Ω		
C_2	CC-63V-0.022μF		交流旁路电容
VT_1	9018		高放及混频管
D_3	1N4148	提高收音机的灵敏度	可用 10~30kΩ 电阻代替
B_3	/	与槽路电容一起形成 465kHz 的谐振回路	中周（内含槽路电容）
R_4	RT-1/8W-20kΩ	第 1 中频放大电路。对 465kHz 的中频信号进行幅度放大	偏置电阻
R_5	RT-1/8W-150Ω		
C_5	CC-63V-0.022μF		高频旁路电容
VT_2	9018		第 1 中频放大管
B_4	/	与槽路电容一起形成 465kHz 的谐振回路	中周（内含槽路电容）
R_6	RT-1/8W-62kΩ	第 2 中频放大电路。对 465kHz 的中频信号进行幅度再次放大	偏置电阻
R_7	RT-1/8W-51Ω		
C_6	CC-63V-0.022μF		高频旁路电容
VT_3	9018		第 2 中频放大管
B_5	/	与槽路电容一起形成 465kHz 的谐振回路	中周（内含槽路电容）
C_7	CC-63V-0.022μF	获得 AGC 控制电压，以保证输出信号幅度几乎不变	AGC 电路时间常数
R_8	RT-1/8W-1kΩ		
C_4	CD-16V-4.7μF		
C_8	CC-63V-0.022μF	低通滤波器。让 20Hz~20kHz 范围的音频信号通过	构成 "∏型" 滤波器
C_9	CC-63V-0.022μF		
R_9	RT-1/8W-680Ω		
RP_1	5kΩ	调节收音机声音大小	带电源开关的音量电位器
C_{10}	CD-16V-4.7μF	隔直耦合	
R_{10}	RT-1/8W-51kΩ	低频放大电路。对 20Hz~20kHz 的音频信号进行幅度再次放大	偏置电阻
VT_5	9014		低频放大管
B_6、B_7	/	阻抗匹配	输入变压器/输出变压器
R_{11}	RT-1/8W-1kΩ	功率放大电路。对 20Hz~20kHz 的音频信号进行功率放大，以推动扬声器发声	偏置电阻
D_4	1N4148		
VT_6、VT_7	9013		功放管
C_{11}、C_{12}	CC-63V-0.022μF		消除自激
SP	/	电能与声能的转换	扬声器

4. HX108-2 型收音机实物

HX108-2 型收音机实物图参见本书中的任务 17~20。

项目 2　JMD20 型小体积开关电源

1. JMD20 型小体积开关电源电路原理图

JMD20 型小体积开关电源电路原理图如附图 2 所示。

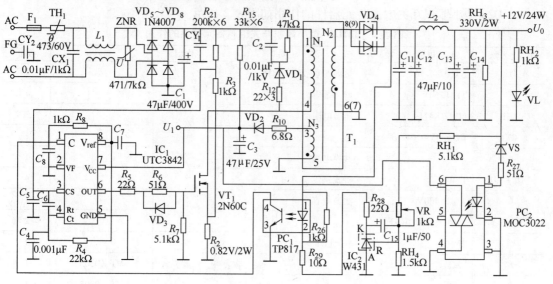

附图 2　JMD20 型小体积开关电源电路原理图

2. JMD20 型小体积开关电源电路工作过程

220V 交流电→电源噪声滤波器（PNF）滤掉射频干扰→整流器（VD$_5$ ~ VD$_8$）和 C_1 滤波获得约 +300V 直流电压。该电压分成两路供电：一路经 N$_1$ 绕组→VT$_1$ 的 D 极，另一路经 R_{15} 降压后向 IC$_1$ 提供 +13V 左右的启动电压→IC$_1$ 内部振荡→IC$_1$（6）脚输出开关脉冲→VT$_1$ 处于开关状态→N$_1$ 绕组产生变化的磁场：一方面耦合到反馈绕组 N$_3$→整流滤波（VD$_2$、C_3）→U_1 输出 +13V 电压为 IC$_1$ 供电。另一方面耦合到次级绕组 N$_2$→整流（VD$_4$）→滤波（C_{11} ~ C_{14}、L_2）→U_0 输出 +12V 电压。

为了使输出的直流电压稳定，电路中设置了稳压电路。假若 VD$_4$ 整流输出端电压高于额定值时→经电阻 RH$_1$、VR→精密取样电路 IC$_2$ 的 R 端的电压亦相应升高→IC$_2$ 的 K 端电压则降低→使流经光耦合器 IC$_2$ 的①、②脚电流增大→内部发光管亮度增强→使得 IC$_2$ 的③、④脚之间的电阻下降→IC$_1$ 的①脚电位下降→经 IC$_2$ 内部电路处理后→使⑥输出的方波脉冲变窄→开关管 VT$_1$ 的导通时间缩短→开关变压器 T1 传输的能量降低→次级绕组 N$_2$ 感应电压下降→则输出电压下降→从而达到稳压输出的目的。调节 VR 的大小，可使输出在 ±10% 的范围调整。

为了保护电源自身与负载不致损坏，电路中设置了保护电路。当外因致使流经开关管 VT$_1$（2N60C）的电流增大时→流经取样电阻 R_2 的电流亦相应增加→经过 R_3 使得 IC$_1$（3）电压升高。当该脚电压大于 1V 时→N301 内部振荡电路自动停振→达到了过流保护的目的。当输出端过压时→稳压管 VS 击穿→PC$_2$（光耦合器）的①、②脚→内部 LED 发光→PC$_2$ 的④、⑥脚晶闸管导通→U_1 电压下降为 0V→IC$_1$ 停止振荡→输出降为 0V→从而保护了输出负载。

另外，当外因致使其 IC_1 ⑦脚电压低于 10V 或高于 34V 时，其内部设的过电压、欠电压检测电路可自动切断 IC_1 ⑥脚输出方波脉冲，则开关电源停机，从而达到过电压、欠电压保护的目的。

3. JMD20 型小体积开关电源的元器件作用

JMD20 型小体积开关电源各元器件的作用如附表 2 所示。

附表 2　JMD20 型小体积开关电源各元器件的作用

序号	型号规格（参数）	说明	作用	备注	数量
TH_1	NTC5D-7	负温度系数热敏电阻	输入整流滤波电路		1
F_1	T1AL250V	1A 保险管			1
ZNR	MYG7K471	压敏电阻			1
CX1	CC-630V-0.047μF				1
L_1	/	共模电感			1
$VD_5 \sim VD_8$	IN4007	桥式整流			4
C_1	47μF/400V	滤波电容			1
CY_1、CY_2	CC-1000V-0.01μF				2
VT_1	2N60C	MOSFET	开关电路		1
R_5	22Ω			SMT（0805）	1
R_6	51Ω			SMT（0805）	1
R_7	5.1kΩ			SMT（0805）	1
VD_3	MUR120	快恢复二极管		SMT（0805）	1
R_1	RT-2W-47kΩ				1
R_{12}	22Ω×3	3 只贴片电阻串联使用		SMT（0805）	3
VD_1	HER106	快速整流二极管			1
C_2	0.01μF/1kV				1
R_2	RT-2W-0.82Ω				1
T_1	EFD25 磁心与骨架	开关变压器			1
IC_1	UTC3842		振荡与脉宽调制电路（PWM）		1
$C_5 \sim C_8$	CC-63V-0.01μF			SMT	4
C_4	CC-63V-1000pF				1
R_8	RT-1/8W-1kΩ				1
R_4	RT-1/8W-22kΩ				1
R_{21}	200kΩ×6	6 只贴片电阻串联使用		SMT（0805）	6
R_3	RT-1/8W-1kΩ				1
R_{10}	15Ω×1/2	两只贴片电阻并联使用	振荡与脉宽调制电路（PWM）	SMT（0805）	2
VD_2	HER102	超快恢复整流二极管			1
C_3	CD-25V-47μF				1
R_{15}	33kΩ×6	6 只贴片电阻串联使用		SMT（0805）	6

序号	型号规格（参数）	说明	作用	备注	数量
VD$_4$	YG902C2	快恢复二极管	输出电路		1
L_2	/	滤波电感			1
$C_{11} \sim C_{14}$	CD-10V-470μF				4
RH$_3$	RT-2W-330Ω				1
RH$_2$	RT-1/8W-1kΩ				1
LED		红光		φ3	1
RH$_1$	RT-1/8W-5.1kΩ		输出稳压与可调电路		1
VR	1kΩ	电位器			1
RH$_4$	RT-1/8W-1.5kΩ				1
R_{28}	22Ω			SMT（0805）	1
R_{29}	RT-1/8W-10Ω				1
R_{26}	1kΩ			SMT（0805）	1
IC$_2$	W431	可调式精密并联稳压器		TO-92	1
PC$_1$	TP817	光耦合器			1
C_{15}	CD-50V-1μF				1
VS	1N5245B	15V 稳压管（15V 0.5W）	输出保护电路		1
R_{27}	RT-1/8W-51Ω				1
PC$_2$	MOC3022	带晶闸管的光耦合器			1
接线座	5 引脚	输入输出接线座	输入输出		1

4. JMD20 型小体积开关电源实物

JMD20 型小体积开关电源的 PCB 元器件分布图、组装后成品印制电路板图和整机装配图分别如附图 3、4、5 所示。

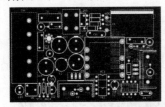

附图 3　PCB 元器件分布图

附图 4　组装后成品印制电路板图

电路主板　前盖

后盖　　绝缘胶片

附图 5　开关电源整机装配图

5. JMD20 型小体积开关电源实训注意事项

1）用示波器进行测量"开关电源初级电路"的波形时会烧毁测量电路、示波器或者导致市电电路跳闸等情况发生，这是由于示波器接地电路造成的。

示波器的"地"一般是跟示波器外壳相连的，而外壳又是连接到三芯插头的接地端、再通过插座连接到大地的。如果直接测量开关电源初级电路、市电，就将开关电源的地接到了地球这个大地上，电流就会通过示波器地线连接到大地，从而造成短路。

解决这个问题的办法如下：

① 将示波器电源插头的接地端拆掉（或不用），这种方法是可行的，但拆掉（或不用）接地端，示波器外壳可能会带电，这样不安全，还会造成电磁干扰，影响测量。

② 示波器使用隔离变压器作为电源或者将测量电路用隔离变压器供电。将隔离变压器与电路隔离了，也就不会短路了。

③ 使用差分探头（又称为隔离探头）代替普通探头进行浮地测量。由于差分探头的特性，所以其测量结果能够比普通探头精确。

④ 使用浮地示波器或者便携式示波器等不需要外接电源的设备来代替测量。

2）当连接交流调压器时，一定要分清输入端和输出端。

3）当连接开关电源时，若 AC 接线端是 220V 的交流电，则严防短路，注意安全！

项目3　DT-8 型声光延时控制器

声光延时控制器是用来控制楼道、走廊或门外白炽灯照明情况的，简称楼道节电灯控器。当有人走动时，它自动开启，然后延迟几分钟后自动关闭，使用非常方便。

应用中的声光延时控制器种类较多，这里介绍一款元器件易购、价格低廉、全分立元器件构成的声光延时控制器，且非常适合电子初学者自制，具有一定的实用性。

1. DT-8 型声光延时控制器的电路原理图

DT-8 型声光延时控制器的电路原理图如附图 6 所示。

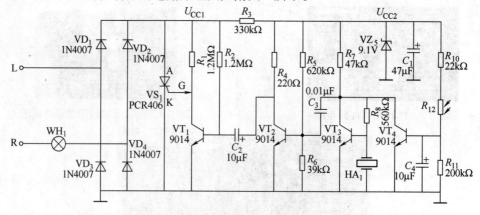

附图6　DT-8 型声光延时控制器的电路原理图

2. DT-8 型声光延时控制器的工作过程

（1）电路供电过程

该装置与灯泡串联分压后由 $VD_1 \sim VD_4$ 整流成脉动电压 U_{CC1}，对 VT_1 供电；再经 R_3、VZ_5 和 C_1 稳压滤波后，形成直流电压 U_{CC2}，对 $VT_2 \sim VT_4$ 供电。

（2）白天工作过程

白天有光照→光敏元件 R_{12} 阻值减小→VT_4 处于饱和导通→U_{CC2} 电压经 R_7、VT_4 的 C-E 到地 →VT_3（设计在放大状态，是用来放大拾取的声音信号）的 C 极电压受 VT_4 的饱和而钳位很低 →VT_3 处于截止状态→显然，不管是有声或无声均无法控制。另外，电路设计时使 VT_2 处于截 止状态→VT_2 的 C 极输出"1"电平（9V 左右）→经 C_2 耦合到 VT_1 的 B 极→VT_1 处于饱和状态 →使单向晶闸管 VS_1 的 G 极与 K 极之间触发电压很小→VS_1 不能导通→白炽灯 WH_1 不亮。

【注 1】白天，不管是有声或无声，白炽灯一直不亮。

（3）晚上工作过程

晚上无光照→光敏元件 R_{12} 阻值增大→VT_4 的 B 极供电低面截止→U_{CC2} 电压经 R_7 为 VT_3 的 C 极供电，经 R_8 为 VT_3 的 B 极供电→VT_3 处于放大状态，由电陶瓷片 HA_1 拾取的声音信号 可由 VT_3 放大而输出。

1）无声响时：VT_3 无放大信号输出→不会改变 VT_2 截止、VT_1 饱和导通的状态，则 VT_1 饱和导→VS_1 的 G 极与 K 极之间触发电压很小→VS_1 不能导通→白炽灯 WH_1 不亮。

2）有声响时：VT_3 输出放大的峰值触发信号→经 C_3 耦合到 VT_2 的 B 极→使 VT_2 饱和导 通后的 C 极为"0"电平→经 C_2 耦合到 VT_1 的 B 极→使 VT_1 截止→VS_1 的 G 极与 K 极之间触 发电压提高→VS_1 导通→白炽灯 WH_1 点亮。

【注 2】晚上，有声时，白炽灯亮；一直无声，白炽灯一直不亮。

3）灯亮延时：在 VT_1 饱和期间→U_{CC2} 电压便通过 R_4 对 C_2 很快充电完毕（充电方向为 U_{CC2}→ C_2→VT_1 的 B-E 结→地，充电过程很快，是因为 R_4 阻值较小，C_2 上电压极性为左正右负）。

白炽灯 WH_1 被点亮后，一方面，整流管 $VD_1 \sim VD_4$ 的输出电压 U_{CC1} 也突然下降（由 200V 左右降到 1.3V 左右），此时即使开关管 VT_2 的 B 极上触发电压消失（即声响消失），VT_2 的 C 极仍会保持"0"使 VT_1 截止，从而使 VS_1 一直处于导通状态。

另一方面，C_2 开始放电（放电方向为 C_2 正→R_4→R_3→R_1→C_2 负，放电时间较长，是因 为 R_1 阻值很大），放电过程中使得 VT_1 基极为负电位→VT_1 保持截止→VS_1 导通→白炽灯 WH_1 继续点亮。当 C_2 放电接近完毕，其电位差已不能维持 VT_1 截止时，则 VT_1 导通→VS_1 截 止→白炽灯 WH_1 熄灭，整个电路又处于待备状态，等待下次触发工作。

【注 3】灯点亮的时间长短与 C_2 的容量有关，若要延长灯亮的时间，则只需适当增加容 量即可。本电路灯亮的时间为 30s 左右。

3. DT-8 型声光延时控制器的元器件作用

DT-8 型声光延时控制器各元器件的作用如附表 3 所示。

附表 3　DT-8 型声光延时控制器各元器件的作用

序号	型号规格（参数）	说明	作用	备注	数量
$VD_1 \sim VD_4$	1N4007	桥式整流电路	形成 U_{CC1} 电压		4
R_3	RT-1/8W-330kΩ				1
VD_5	9.1V	稳压二极管	形成 U_{CC2} 电压		1
C_1	CD-16V-47μF				1

序号	型号规格（参数）	说明	作用	备注	数量
R_{10}	RT-1/8W-22kΩ				1
R_{12}	GL5649	光敏电阻（CdS）		φ5mm	1
R_{11}	RT-1/8W-200kΩ		构成光控电路		1
C_4	CD-16V-10μF				1
VT_4	9014				1
R_7	RT-1/8W-47kΩ				1
R_8	RT-1/8W-560kΩ				1
HA_1	HTD-27A	压电陶瓷片	构成声控电路	外径为27mm	1
VT_3	9014				1
R_4	RT-1/8W-220Ω				1
R_5	RT-1/8W-620kΩ				1
R_6	RT-1/8W-39kΩ		构成开关电路		1
C_3	CC-63V-0.01μF				1
VT_2	9014				1
R_1、R_2	RT-1/8W-220Ω		构成触发电路		1
VT_1	9014				1
C_2	CD-16V-10μF		与 R_2 构成放电时间常数		1
VS_1	PCR406	单向晶闸管	控制外接白炽灯亮与灭	TO-92 封装	1
WH_1	/	外接白炽灯		≤100W	1

4. DT-8 型声光延时控制器实物

DT-8 型声光延时控制器的 PCB 元器件分布图、组装后成品电路板图、电路板安装示意图、整机示意图分别如附图 7、8、9、10 所示。

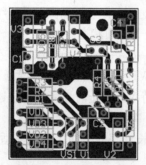

附图7　PCB 元器件分布图

附图8　组装后成品电路板图

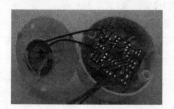

附图9　电路板安装示意图

附图10　整机示意图

5. DT-8 型声光延时控制器实训注意事项

1）本装置不能使用电子节能灯。电子节能灯中的电路需要有固定方向的电流，而此装置中白炽灯的电流方向不固定。

2）本装置的负载不得短路。因为白炽灯在电路中要起限流的作用，一旦短路，会使得桥式整流输出电压升高而损坏后面电路。正常情况时，白炽灯只有**断路**的现象。

3）本装置严禁超载使用，这与 VS_1（PCR406）单向晶闸管的电流参数有关。单向晶闸管（PCR406）的参数为电流/IT（RMS）：0.6A；电压/VDRM：≥400V；触发电流/IGT：$10 \sim 30 \mu A / 30 \sim 60 \mu A$；触发电压/VGT：$0.62 \sim 0.8V$。流过 VS_1 的电流不能超过 0.6A，否则，会损坏单向晶闸管等元器件。

项目 4　MF47A 型万用表

万用表是学习电工电子技术必备的仪器仪表之一，每个学习者都应该熟练掌握其工作原理及使用方法。选用万用表这个典型电子产品作为实训载体，对其培养学生理解万用表的工作原理，掌握焊接、安装和调试等技能起着重要作用。

1. 指针式万用表基本工作原理

指针式万用表由表头、电阻测量档、电流测量档、直流电压测量档和交流电压测量档等几部分组成。"－"为黑表笔插孔，"＋"为红表笔插孔。指针式万用表基本电路图如附图 11 所示。

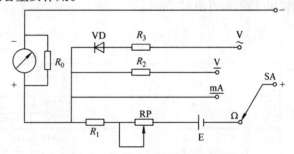

附图 11　指针式万用表基本电路图

（1）测量电压和电流

测电压和电流时，外部有电流过表头，因此，不须内接电池。

当把档位开关旋钮 SA 置于交流电压档时，通过二极管 VD 整流，电阻 R_3 限流，由表头中指针指示表盘数据。

当置于直流电压档时，无须二极管整流，通过电阻 R_2 限流，表头中指针指示表盘数据。

当置于直流电流档时，既不用二极管整流，也不用电阻限流，表头中指针就能指示表盘数据。

（2）测量电阻

测电阻时，将转换开关 SA 置于"Ω"档，外部没有电流通过，因此必须使用内部电池作为电源。

设外接的被测电阻为 R_x，表内的总电阻为 R，形成的电流为 I，由 R_x、电池 E、可调电位器 RP、固定电阻 R_1 和表头部分组成闭合电路，形成的电流 I 使表头的指针偏转。

红表笔（"－"插孔）与电池的负极相连，通过电池的正极与电位器 RP 及固定电阻 R_1 相连，经过表头、接到黑表笔（"＋"插孔）与被测电阻 R_x 形成回路产生电流，使表头中指针指示表盘数据。回路中的电流为：$I = E/(R_x + R)$。

从上式可知，回路电流 I 和被测电阻 R_x 不呈线性关系，所以表盘上电阻标度尺的刻度是不均匀的。当被测电阻 R_x 越小时，回路中的电流就越大，指针摆动也越大。

当万用表红、黑两表笔直接连接短路时，相当于外接被测电阻 R_x 最小，即 $R_x = 0$，那么 $I = E/(R_x + R) = E/R$。此时通过表头的电流 I 最大，表头摆动最大，指针向右偏转最大并指向满刻度处，显示阻值为 0Ω。因此，电阻档在表盘刻度上最右边是 0Ω。

反之，当万用表红、黑两表笔开路时，相当于外接被测电阻 R_x 最大，即 $R_x \to \infty$，R 可以忽略不计，那么 $I = E/(R_x + R) \approx E/R_x = 0$，此时没有电流通过表头，指针保持原地（最左边）不动，指示阻值为 ∞。因此，电阻档在表盘刻度上最左边是 ∞。

2. MF47A 型万用表的组成

MF47A 型万用表由公共指示、保护电路、直流电流、直流电压、交流电压和电阻测量等几部分组成。表头是一个直流微安（μA）表，RP_2 是电位器用于调节表头回路中的电流大小，两个二极管 VD_3、VD_4 反向并联，且与电容并联，用于限制表头两端的电压而起保护表头的作用，使表头不至过压、过流而烧坏。

电阻档分别为：$\times 1\Omega$、$\times 10\Omega$、$\times 100\Omega$、$\times 1k\Omega$、$\times 10k\Omega$ 几个量程，当转换开关置于某一个量程时，与某一个电阻形成回路，使表头指针偏转并测出阻值的大小。MF47A 型万用表电路图如附图 12 所示。

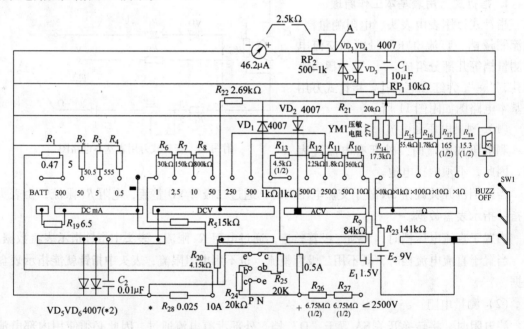

附图 12　MF47A 型万用表电路图

3. MF47A 型万用表元器件清单

MF47A 型万用表元器件清单如附表 4 所示。

4. MF47A 型万用表实物

MF47A 型万用表的印制电路板与元器件分布图、整机示意图如附图 13、附图 14 所示。请读者观察电阻档表盘刻度与其他功能档表盘刻度的区别。

电阻器与电位器				电阻器与电位器			
序号	参数	数量	备注	序号	参数	数量	备注
R_1	0.47Ω	1	1/2W	R_{28}	0.025Ω	1	分流器
R_2	0.5Ω	1	1/2W	YM1		1	压敏电阻
R_3	50.5Ω	1	1/4W	RP₁	10kΩ	1	电阻档调零电位器
R_4	555Ω	1	1/4W	RP₂	500Ω 或1kΩ	1	
R_5	15kΩ	1	1/4W	二极管			
R_6	30kΩ	1	1/4W	序号	参数	数量	备注
R_7	150kΩ	1	1/4W	VD₁~VD₆	1N4007	6	
R_8	800kΩ	1	1/4W	电容器			
R_9	84kΩ	1	1/4W	序号	参数	数量	备注
R_{10}	360kΩ	1	1/4W	C_1	10μF/16V	1	有极性
R_{11}	1.8MΩ	1	1/4W	C_2	0.01μF	1	无极性
R_{12}	2.25MΩ	1	1/4W	其他器件			
R_{13}	4.5MΩ	1	1/2W				
R_{14}	17.3kΩ	1	1/4W				
R_{15}	55.4kΩ	1	1/4W	熔丝夹两只；熔丝（0.5~1A，内阻小于0.5Ω）1只；连接线4根；短接线1根（电路板J1短接）；电路板1块、蜂鸣器（BUZZ）1只；1.表头组件（面板+表头[46.2μA]+档位开关旋钮+电刷旋钮+档位牌+标志+弹簧+钢珠）1个；后盖1个；电位器旋钮1个；晶体管插座1个；螺钉M3×12（用于后盖固定）两只；电池夹4片（小夹为1.5V+）；V形电刷1个；晶体管插片6片；输入插管4片；表棒两副；2号1.5V电池1个；9V叠层电池1个；使用说明书1份			
R_{16}	1.78kΩ	1	1/4W				
R_{17}	165Ω	1	1/2W				
R_{18}	15.3Ω	1	1/2W				
R_{19}	6.5Ω	1	1/2W				
R_{20}	4.15kΩ	1	1/4W				
R_{21}	20kΩ	1	1/4W				
R_{22}	2.69kΩ	1	1/4W				
R_{23}	141kΩ	1	1/4W				
R_{24}/R_{25}	20kΩ	2	1/4W				
R_{26}/R_{27}	6.75MΩ	2	1/2W				

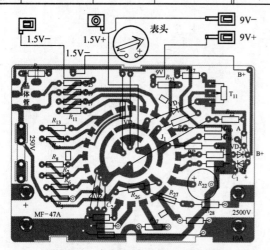

附图13　印制电路板与元器件分布

附图14　整机示意图

5. MF47A 型万用表调试说明

（1）使用数字万用表校准（基本校准）

1）焊好表头引线正端。

2）数字万用表拨至 20k 档，红表棒接电路图上 A 点，黑表棒接表头负端。

3）调节可调电阻 RP_2，使显示值为 $2.5k\Omega$。

4）焊好表头线负端。

只要装配没有错误，用上述方法进行校准，就能够让该万用表的准确度达到基本要求。若有更好的教学条件，可选用专用数字校验台进行校准。

（2）专用数字校验台校准（精密校准）

参见专用数字校验台的说明书。

参 考 文 献

[1] 吴劲松，周鑫．电子产品工艺实训（第2版）[M]．北京：电子工业出版社，2016.

[2] 王卫平．电子工艺基础（第3版）[M]．北京：电子工业出版社，2011.

[3] 夏西泉，刘良华．电子工艺与技能实训教程 [M]．北京：机械工业出版社，2010.

[4] 解相吾，解文博，胡望波．电子生产工艺实践教程 [M]．北京：人民邮电出版社，2008.

[5] 王振红，张常年，张萌萌．电子产品工艺 [M]．北京：化学工业出版社，2008.

[6] 蔡建军．电子产品工艺与标准化 [M]．北京：北京理工大学出版社，2008.

[7] 李朝林．SMT制程 [M]．天津：天津大学出版社，2008.

[8] 门宏．怎样识别和检测电子元器件 [M]．北京：人民邮电出版社，2007.

[9] 付家才．电子工程实践技术 [M]．北京：化学工业出版社，2003.